Lecture Notes in Economics and Mathematical Systems

For information about Vols. 1–100, please contact your bookseller or Springer-Verlag

continuation on page 277

Lecture Notes in Economics and Mathematical Systems

Managing Editors: M. Beckmann and W. Krelle

224

Manfred Kiy

Ein disaggregiertes Prognosesystem für die Bundesrepublik Deutschland

Springer-Verlag
Berlin Heidelberg New York Tokyo 1984

Managing Editors

Prof. Dr. M. Beckmann
Brown University
Providence, RI 02912, USA

Prof. Dr. W. Krelle
Institut für Gesellschafts- und Wirtschaftswissenschaften
der Universität Bonn
Adenauerallee 24–42, D-5300 Bonn, FRG

Autor

Dr. Manfred Kiy
Sonderforschungsbereich 21
Adenauerallee 24–42, D-5300 Bonn, FRG

ISBN-13: 978-3-540-12894-6 e-ISBN-13: 978-3-642-95444-3
DOI: 10.1007/978-3-642-95444-3

Vorwort des Verfassers

Das Disaggregierte Bonner Prognosesystem ist ein Forschungsprojekt des Bonner Sonderforschungsbereichs 21, Teilprojekt B1 "Gesamtwirtschaftliche Prognosemodelle", das im Jahr 1966 von Prof. Dr. Wilhelm Krelle initiiert wurde. Im Rahmen der mittlerweile fünfzehnjährigen Forschungstätigkeit sind zwei Modellversionen (1. Version für die Referenzperiode 1954 - 1967; 2. Version für die Referenzperiode 1960 - 1974) erstellt und getestet worden. Das Projekt fand mit einem DFG-Kolloquium im Juli 1982 seinen vorläufigen Abschluß.

In der vorliegenden Arbeit wird die Neukonstruktion des Modells auf der derzeit aktuellsten Datenbasis für die Jahre 1960 bis 1974 behandelt. Diese Modellvariante umfaßt alle im ursprünglichen Forschungsplan vorgesehenen Subsysteme, wobei versucht wurde, alle bisher erzielten Resultate in die Konstruktion des Systems miteinzubeziehen. Insofern stellt diese Arbeit auch einen Abschlußbericht zu sämtlichen Forschungsergebnissen im Rahmen des Disaggregierten Prognosesystems dar. Sie ist von der Rechts- und Staatswissenschaftlichen Fakultät der Universität Bonn als Dissertation angenommen worden.

Die Anregung zu dieser Untersuchung verdanke ich Prof. Dr. W. Krelle, der durch seine vielfältigen Ratschläge wesentlich zum Gelingen dieser Arbeit beigetragen hat. Ihm gebührt mein besonderer Dank. Weiterer Dank gilt allen Mitarbeitern des SFB 21 für anregende Diskussionen über anstehende Probleme und wertvolle Hinweise.

Zum Abschluß sei noch darauf hingewiesen, daß die ökonometrischen Schätzungen und Simulationsläufe mit dem IAS-System Bonn durchgeführt worden sind.

Bonn, November 1982 Manfred Kiy

Vorwort

Dieses Buch berichtet über ein langfristiges Arbeitsprogramm des Sonderforschungsbereichs 21 an der Universität Bonn, nämlich über die Arbeit an dem Disaggregierten Bonner Prognosemodell. Dies Modell geht auf ein von der Deutschen Forschungsgemeinschaft unterstütztes Forschungsvorhaben zurück, an dem mehrere Institute mitgewirkt haben, insbesondere das DIW Berlin, das Rheinisch-Westfälische Institut für Wirtschaftsforschung in Essen und der Lehrstuhl Prof. Helmstädter in Münster. Über erste Versionen dieses Modells liegen drei Veröffentlichungen vor: W. Frerichs, "Ein disaggregiertes Prognosesystem für die Bundesrepublik Deutschland, 1. Die Staatssektoren", Meisenheim 1975; Knut Kübler, "Ein disaggregiertes Prognosesystem für die Bundesrepublik Deutschland, 2. Die Unternehmenssektoren", Meisenheim 1977; Wolfgang Jäger, "Die Struktur des Arbeitsmarktes in der Bundesrepublik Deutschland - Ein nach Berufsgruppen und Wirtschaftssektoren disaggregiertes Prognosemodell", Düsseldorf 1980. Durch die Umstellung der Datenbasis von Seiten des DIW (Neuberechnung der Input-Output-Tabellen für 1960 - 1974) wurde eine vollständige Neuberechnung des Modells notwendig. Gleichzeitig wurde die Gesamtkonzeption des Modells in Teilen abgewandelt und den neueren Erfahrungen angepaßt.

Das Ergebnis dieser Arbeit wird in diesem Buch von Herrn Kiy vorgelegt. Es handelt sich um ein disaggregiertes Prognosemodell von etwa 2000 Gleichungen mit etwa 1200 Verhaltens- und 800 Definitionsgleichungen. Von den etwa 2000 Variablen des Systems sind nur 20 exogen. Dies zeigt, daß alle wesentlichen Größen endogen erklärt werden. In dem Modell ist das Input-Output-System voll integriert, so daß für jeden Input-Output-Koeffizienten eine Schätzgleichung angesetzt ist. Bei der Einteilung in 14 Sektoren, die sowohl für die Importe als auch für die Inlandsproduktion und für die Vorleistungs- und Endnachfrage voll durchgehalten wird, entsteht ein gewaltiges Schätzproblem; es wurden etwa 100.000 Schätzgleichungen untersucht. Ein so großes System zu beherrschen, zum Laufen zu bringen, zu lösen und es für Politiksimulationen zu benutzen, ist eine (im Rahmen eines Modells für die Volkswirtschaft eines Landes) wohl ziemlich einzigartige Leistung. Bei so großen Modellen ist die numerische Stabilität ein wichtiges Erfordernis. Eine einzige "falsche" Gleichung kann das ganze System unlösbar machen oder zu sinnlosen Ergebnissen führen. Aus diesem Grunde wurde als theoretische Grundlage eine "stabile" Funktion, nämlich die erweiterte Cobb-Douglas-Funktion für die repräsentative Firma zugrundegelegt. Darin unterscheidet sich dies Modell von dem sehr viel kleineren, nur auf die Faktornachfrage und die Preisbildung konzentrierten Modells von Nakamura "An Inter-Industry Translog Model of Prices and Technical Change", ebenfalls in dieser Reihe erschienen, 1983. Da Kiy die gesamte Volkswirtschaft einschließlich den Staat behandelt und damit in andere Größenordnungen vorstößt, wurden theoretisch einfachere Funktionsformen zugrundegelegt. Andernfalls wäre das Risiko, ein numerisch nicht lösbares System zu erhalten, zu groß gewesen. Aus der Arbeit von Nakamura ergibt sich aber, daß in 75 von 89 Fällen die Preis-Aggregations-Funktion vom Cobb-Douglas-Typ ist, so daß mit der durchgehenden Annahme von Cobb-Douglas-Produktionsfunktionen im Rahmen dieses Ansatzes keine großen Fehler gemacht werden; Nakamura und Kiy benutzen ja dieselbe Datenbasis.

Die Erweiterung der Cobb-Douglas-Funktion für die repräsentative Firma besteht im wesentlichen in der Berücksichtigung der Zeitstruktur, anderer erklärender Variabler (vor allem der Kapazitätsausnutzung) sowie in der Annahme zeitabhängiger Koeffizienten.

Die theoretische Basis zur Ableitung von Konsum-, Investitions- und Transferfunktionen der Staatssektoren (Bund, Länder, Gemeinden, Sozialversicherung) ist die Nutzenmaximierung des Staates unter Nebenbedingungen, wobei in die Nutzenfunktion im wesentlichen ökonomische, bevölkerungspolitische und andere Größen eingehen (Lebensstandard, Erwerbsstruktur, Konjunkturlage usw.). Dieser Ansatz ist von früheren Versionen des Prognosemodells übernommen worden und bewährt sich sehr gut. Für den privaten Konsum wird die Kleinsche Konsumfunktion zugrundegelegt, wobei die Konsumstruktur in einem mehrstufigen Schätzverfahren mit Hilfe eines dynamischen Ausgabensystems geschätzt wird. Dies impliziert die Trennbarkeit der Nutzenfunktion.

Bei den Bruttoanlageinvestitionen werden verschiedene Investitionsfunktionen ausprobiert und verglichen. Am Ende entscheidet sich Kiy für die Coen-Hickman-Investitionsfunktion. Die Güterstruktur der Investitionen beruht wieder auf einem produktionstheoretischen Ansatz, ähnlich wie in der o.a. Arbeit von Kübler. Es zeigt sich, daß die Preisabhängigkeit der Nachfragekoeffizienten nur bei wenigen Koeffizienten nachzuweisen ist. Die Vorratsinvestitionen machen, wie üblich, mehr Schwierigkeiten. Die theoretische Basis ihrer Erklärung ist der flexible und variable Akzelerator. Das Hauptproblem ist hierbei aber eine Verbesserung der Datenbasis. Offensichtlich sind die Mehrzahl der Fehler in der Volkswirtschaftlichen Gesamtrechnung bei den Vorratsinvestitionen konzentriert, und dann helfen keine noch so raffinierten Schätzansätze.

Für die Exporte hat Kiy einen neuen Schätzansatz entwickelt, der die früheren Ansätze erheblich verbessert. Auch hier handelt es sich wiederum um eine Erweiterung des ursprünglichen Cobb-Douglas-Ansatzes.

Der Arbeitsmarkt ist zwar nicht so eingehend behandelt wie bei Jäger, aber doch so weit, daß sektorale Lohnsätze, Arbeitsnachfrage und durchschnittliche Wochenarbeitszeiten einzeln erklärt werden.

Für das Preissystem ist ein etwas bescheidenerer Ansatz als der von Nakamura gewählt, weil ein analoger Ansatz im Rahmen dieses Modells an numerischer Instabilität bei der Lösung scheiterte. Der Grundgedanke ist aber der gleiche: Die Produktpreise werden aus den Produktionskoeffizienten und den exogenen Importpreisen, den Lohnsätzen und Steuersätzen und anderen endogenen Größen erklärt. Die Schätzergebnisse sind gut bis sehr gut, mit Ausnahme bei der Landwirtschaft, wo Sonderverhältnisse herrschen.

Auch das in der Bundesrepublik sehr ausgebaute System der Transferzahlungen wird im Rahmen einer Transfertabelle erfaßt und auf der Basis eines nutzentheoretischen Ansatzes erklärt.

So ist ein System entstanden, das in dieser Detailliertheit und Kohärenz wohl ziemlich einzigartig dasteht. Es ist voll funktionsfähig. Die prozentualen Fehler bei dynamischen ex post-Prognosen sind erstaunlich gering. Die Prognosen der sektoralen Bruttoproduktion liegen in fast 70 % aller Fälle zwischen Null und 5 % vom wahren Wert entfernt. Es gibt keine Abweichungen über 20 %. Leider kann man bei den ex ante-Prognosen nur die aggregierten geschätzten Werte mit den tatsächlichen vergleichen, da die Input-Output-Tabellen des DIW, die den ganzen Rechnungen zugrundeliegen, nicht über das Jahr 1974 hinaus fortgeführt wurden. Die mittleren durchschnittlichen prozentualen Prognosefehler liegen erstaunlich niedrig, meist zwischen 2 und 4 %. Allerdings gibt es auch größere Abweichungen, insbesondere bei den Investitionen. Insgesamt ist dies wohl ein hervorragendes Ergebnis.

Auch die Simulationen mit dem Modell (durch Variation der Lohnsätze, der Investitionsausgaben des Staates und des Welthandelsvolumens) zeigen, daß das Modell qualitativ interpretierbare und plausible Ergebnisse erbringt, die den theoretischen Erwartungen entsprechen. Die Ergebnisse sind interessant und auch wirtschaftspolitisch bedeutungsvoll.

Da, wie gesagt, das DIW die Datenbasis der 14x14 Input-Output-Tabellen über das Jahr 1974 hinaus nicht fortgeführt hat, müssen die hierauf beruhenden

Arbeiten am Bonner Disaggregierten Prognosemodell eingestellt werden. Dies ist also gleichzeitig ein Abschlußbericht. Später, wenn einmal wieder eine lange Zeitreihe von konsistent errechneten Input-Output-Tabellen (einschließlich Investitionsmatrizen, der Endnachfrage, der primären Inputs) vorliegt, kann man den Faden wieder aufnehmen und dort fortfahren, wo die Arbeit von Kiy jetzt aufhören mußte. Allerdings wird die Aktivität auf dem Gebiet disaggregierter Prognosemodelle deswegen nicht eingestellt. Herr Kiy wird (gemeinsam mit dem DIW) ein neues disaggregiertes Prognosemodell erstellen, das sehr viel stärker disaggregiert ist, dafür aber nur jährliche Daten über die Randsummen der Input-Output-Tabellen für die Schätzung benutzt, während Input-Output-Tabellen selbst nur in größeren Zeitabschnitten benötigt werden. Ein solcher Ansatz ist vom theoretischen Standpunkt aus sicher nur "second best", aber angesichts der hohen Kosten der jährlichen Schätzung von Input-Output-Tabellen eines hohen Disaggregationsgrades wird man sich damit zufriedengeben müssen.

Die Arbeit von Kiy setzt einen Standard für disaggregierte ökonometrische Prognosemodelle, von dem aus man weiterarbeiten kann, sobald wieder einmal eine hierfür ausreichende Datenbasis zur Verfügung steht.

Bonn, November 1983

Wilhelm Krelle

I N H A L T

VERZEICHNIS DER TABELLEN

Lfd. Nr.

VERZEICHNIS DER ABBILDUNGEN

Einleitung

Seit Beginn der siebziger Jahre hat das öffentliche Interesse an Strukturanalysen in verstärktem Maße zugenommen. Vor allem die erste Rohölkrise 1973/74 hat deutlich gemacht, wie sehr die Konjunktur und Struktur von Volkswirtschaften durch sektorale Einflüsse, wie Angebotsverknappungen einzelner Güter, extreme Preiserhöhungen usw. beeinflußt werden können. Die Analyse struktureller Entwicklungslinien ist u.a. das Ziel der von der Bundesregierung in Auftrag gegebenen Strukturberichterstattung, die von den fünf größten deutschen Wirtschaftsforschungsinstituten durchgeführt wird. Man hat relativ früh erkannt, daß zur Messung des Strukturwandels ein Instrumentarium erforderlich ist, das einerseits eine Vielzahl wirtschaftlicher Vorgänge gleichzeitig erfaßt, andererseits mittel- bis langfristige Aussagen ermöglicht. Partialanalysen und einfache Input-Output-Techniken können beide Anforderungen nicht gleichzeitig erfüllen. Dies führte dazu, daß einige der an der Strukturberichterstattung beteiligten Institute ihre Untersuchungen zum Teil mit Hilfe von ökonometrischen Input-Output-Systemen durchführen wollten (vgl. Görzig, Kirner [47], Kirner, Stäglin [68]). Allerdings ist die Entwicklung solcher Modelle mit einem erheblichen Aufwand an Personal, Geld und vor allem Zeit verbunden. Dies gilt insbesondere dann, wenn das System den drei Grundanforderungen

a) vollständige Berücksichtigung der Interdependenzen
b) theoretisch fundierte Vergangenheitsanalyse
c) plausible ex ante-Prognosen und Simulationen

genügen soll. Zwar existieren in den U.S.A. seit vielen Jahren funktionsfähige, disaggregierte Modelle (vgl. z.B. Almon [1], Hudson, Jorgenson [57], Preston [117]), doch handelt es sich weitgehend um gekoppelte Systeme, die ein Sektormodell unter Vorgabe der Resultate eines Makromodells lösen. Solche Systeme sind zwar leicht handhabbar, können aber aufgrund fehlender Rückkopplungsbeziehungen nur bedingt zur Strukturanalyse eingesetzt werden. Die Modellbauentwicklung in der B.R.D. weist sowohl einfache gekoppelte Modelltypen (Hujer [58]), rein theoretisch ausgerichtete ex post-Prognosesysteme (Friede [44], Nakamura [111], [112]), als auch aus Plausibilitätsüberlegungen hergeleitete, dafür aber vollintegrierte Prognosesysteme (Rettig [118]) auf. Das Spektrum ist hier sehr breit. Das einzige Modell, das versucht, alle oben genannten Anforderungen zu erfüllen, ist das von Krelle initiierte und konzipierte Disaggregierte Bonner Prognosesystem, über das im Rahmen dieser Arbeit berichtet werden soll.

a) Die Entwicklungsgeschichte des Disaggregierten Modells [1)]

Im März 1966 regte Krelle in einem an zehn Wirtschaftsforschungsinstitute gerichteten Schreiben die Entwicklung eines sektoral disaggregierten Prognosesystems für die Bundesrepublik Deutschland an. Die finanzielle Unterstützung der Deutschen Forschungsgemeinschaft seit April 1967 ermöglichte es, dieses Projekt auf der Basis eines von Helmstädter und Krelle konzipierten, detaillierten Forschungsplans [76] in Angriff zu nehmen.

Die erste Arbeitsphase bestand in der Erstellung einer konsistenten Datenbasis für die damals vorgesehene Referenzperiode 1954 - 1967. Diese Arbeiten sind im wesentlichen vom

- Deutschen Institut für Wirtschaftsforschung (DIW)
- Rheinisch-Westfälischen Institut für Wirtschaftsforschung (RWI)
- Institut für industriewirtschaftliche Forschung der Universität Münster

durchgeführt worden. Das anfangs an der Datenerstellung beteiligte Ifo-Institut schied schon 1968 wegen konzeptioneller Schwierigkeiten aus dem Forschungsprojekt aus. Es ergab sich folgende Arbeitsteilung:

- Das DIW erstellte jährliche nominelle und reale Input-Output-Tabellen, Import- und Investitionsmatrizen in einer 14-Sektorengliederung (12 Sektoren der privaten Wirtschaft, Staat, private Organisationen und Haushalte), einschließlich sektoraler Preisindizes für inländische Produktion, Importe und Exporte. Diese Arbeiten wurden 1972 abgeschlossen und in den Beiträgen des DIW zur Strukturforschung veröffentlicht [67], [93], [94]. Von einer detaillierteren Aufgliederung der sektoralen inländischen Preisindizes in Preise für Vorleistungs-, Konsum- und Investitionsgüterlieferungen mußte wegen des zu hohen Arbeitsaufwandes abgesehen werden.
- Das RWI lieferte 1973 die Zahlen zur weitergehenden Disaggregierung des Staatssektors in die Teilbereiche Bund, Länder, Gemeinden und Sozialversicherung [63], [74].

---

1) Eine ausführliche Darstellung, insbesondere unter dem Aspekt der Datenerstellung findet man bei Krengel [95], S. 119 - 126.

- Das Institut für industriewirtschaftliche Forschung unter der Leitung von Helmstädter erstellte bis 1972 jährliche Transaktionsmatrizen des monetären Einkommenskreislaufs für die Jahre 1950 - 1970 [124], die die Grundlage für die konsolidierten Transfertabellen des Disaggregierten Prognosesystems bildeten.

Das von den **Wirtschaftsforschungsinstituten** vorgelegte Datenmaterial mußte in der Folgezeit durch eigene Berechnungen ergänzt werden. Dazu gehörten u.a. die Aggregation der Transaktionsmatrizen des monetären Einkommenskreislaufs und ihre Hochrechnung auf den großen Gebietsstand (einschließlich Saargebiet) für die Jahre 1954 - 1959, die Berechnung der Investitionsverflechtungsmatrizen für importierte Güter, der sektoralen Kapitalbestände und Arbeitsvolumina. Diese Arbeiten waren 1973 fertiggestellt, so daß eine konsistente Datenbasis für den Zeitraum 1954 - 1967 vorlag (vgl. Frerichs, Kübler [33]).

Die <u>zweite Arbeitsphase</u> bestand im theoretischen und ökonometrischen Aufbau des Modells auf der Grundlage eines detaillierten Forschungsplans von Krelle [80], [81]. Demnach sollte das Gesamtsystem zunächst in sechs Submodelle unterteilt und jeweils von einem Mitarbeiter bearbeitet werden. Folgende Aufteilung war geplant:

<u>Submodell 1</u>: die Unternehmenssektoren
(Empfänge von sekundären und primären Inputs (ohne Arbeitsinputs), Anlage- und Vorratsinvestitionen, sowie die Lieferung von Investitionsgütern).

<u>Submodell 2</u>: die Staatssektoren
(Vorleistungsempfänge, Konsum und Anlageinvestitionen von Bund, Ländern, Gemeinden und Sozialversicherung; die Transferbeziehungen zwischen den Sektoren Unternehmen, private Haushalte, private Organisationen, Gebietskörperschaften, Sozialversicherung und Ausland).

<u>Submodell 3</u>: die privaten Haushalte und Organisationen
(Empfänge von sekundären und primären Inputs (ohne Arbeitsinputs), Konsum und Investitionen).

<u>Submodell 4</u>: der Außenhandel (ohne Importe)

<u>Submodell 5</u>: der Arbeitsmarkt
(Arbeitsvolumina, Erwerbstätige, Lohnsätze und durchschnittliche Wochenarbeitszeiten).

Submodell 6: das Preissystem
(die sektoralen Preisindizes für die inländische Produktion, Importe und Exporte).

Bis zum Jahr 1976 sind die beiden Modellteile "Staat" von Frerichs [34] und "Unternehmen" von Kübler [96] fertiggestellt worden. Die verbleibenden Submodelle konnten aus Personalgründen zunächst nur provisorisch bearbeitet werden. Mitte 1976 begann die dritte Arbeitsphase, in der die bisher erstellten Subsysteme zu einem Gesamtmodell von ca. 1700 Gleichungen, davon 1000 Verhaltens- und 700 Definitionsgleichungen, zusammengebaut wurden. Mit Hilfe des Bonner IAS-Systems [32] ist die Funktionsfähigkeit dieses Modells anhand von ex post-, ex ante-Prognosen und Simulationen getestet worden. Die Resultate liegen zum Teil in veröffentlichter Form vor (vgl. Frerichs, Kübler [37], [39], [40], Krelle u.a. [86]). Eine detaillierte Auswertung des Disaggregierten Prognosesystems war wegen des damals zu kleinen Mitarbeiterstabes, aber auch wegen fehlender Vergleichsdaten, nicht möglich. Da aber die vorläufigen Ergebnisse durchaus zufriedenstellend waren, schien eine Weiterentwicklung des Modells erfolgversprechend zu sein.

Die vierte Arbeitsphase begann mit der Veröffentlichung realer und nominaler Input-Output-Tabellen, Import- und Investitionsmatrizen für die Jahre 1960 - 1974 durch das DIW im Jahre 1979 [136]. Es war zunächst geplant, die bereits bestehende Modellvariante mit Hilfe des neuen Datenmaterials vollständig auszutesten und dann nachzuschätzen. In Absprache mit den am Disaggregierten Prognosesystem beteiligten Wirtschaftsforschungsinstituten sollte diese aktualisierte Modellvariante in die seit 1978 laufende Strukturberichterstattung eingebracht werden. Leider wichen die für die Jahre vor 1968 ermittelten neuen Input-Output-Matrizen so sehr von den entsprechenden Tabellen der alten Datenbasis ab, daß eine einfache Nachschätzung der ersten Modellvariante nicht möglich war. Es mußte zunächst eine neue konsistente Datenbasis für die Referenzperiode 1960 - 1974 erstellt werden. Die Fortführung der konsolidierten Transfertabellen, der Investitionsverflechtungsmatrizen für importierte Güter und die Aufteilung des Staates in die Teilsektoren Bund, Länder, Gemeinden, Sozialversicherung erfolgte dabei zum größten Teil in eigener Arbeit (vgl. Frerichs u.a. [42], [54]). Zudem lag aufgrund einer Erhebung des Institutes für Arbeitsmarkt- und Berufsforschung (IAB) ein umfangreiches Datenmaterial über den Arbeitsmarkt vor. Daraus hat Jäger [59] eine Datenbasis erstellt, die einerseits mit der 18-Sektorenklassifikation des Disaggregierten Prognosesystems abgestimmt war, und andererseits innerhalb jedes Sektors fünf Berufskategorien unterschied. Leider war dieser detaillierten neuen Datenbasis von vornherein eine kurze

Lebensdauer beschieden, da das Statistische Bundesamt schon 1977 tiefgehende Revisionen der Volkswirtschaftlichen Gesamtrechnung durchgeführt hatte [140]. Somit war die praktische Nutzanwendung des Disaggregierten Prognosesystems innerhalb der Strukturberichterstattung von Anfang an in Frage gestellt. Man entschloß sich deshalb im SFB 21, zunächst die bisher zurückgestellten Arbeiten am Disaggregierten Modell wiederaufzunehmen und eine vollständige Neuschätzung im Sinne des Forschungsplans durchzuführen. Dazu wurden drei Projekte parallel in Angriff genommen:

- Die Neukonstruktion eines Disaggregierten Bonner Prognosesystems II für die Referenzperiode 1960 - 1974 einschließlich aller bisher nicht bearbeiteten Subsysteme.

- Die Erstellung eines detaillierten Arbeitsmarktmodelles auf der Basis der IAB-Erhebungen. Dieses System sollte später zu Simulationszwecken an das neue Gesamtmodell gekoppelt werden.

- Die Entwicklung eines Modells zur konsistenten Bestimmung von Mengen und Preisen auf der Grundlage der "translog"-Ansätze von Jorgenson, Christensen und Lau [25]. Hier sollten die bisherigen produktionstheoretischen Konzepte des Disaggregierten Modells mit neueren theoretischen Entwicklungen verglichen werden.

Alle drei Projekte sind abgeschlossen. In dieser Arbeit soll die Neukonstruktion des Gesamtsystems beschrieben werden.

b) <u>Gegenstand und Ziel der Arbeit</u>

Gegenstand dieser Arbeit ist das Gesamtsystem, das aufgrund der im Forschungsplan vorgesehenen Abgrenzungen und der in früheren Arbeiten getesteten Konzepte theoretisch erklärt und durch ein System von Verhaltensgleichungen ökonometrisch geschätzt worden ist. Dabei sind die wichtigsten zu bestimmenden Größen:

i) Vorleistungsempfänge der Sektoren der privaten Wirtschaft, der Staatssektoren und der privaten Organisationen

ii) Konsum der privaten Haushalte und seine Aufteilung auf die einzelnen Güterarten; Konsum der privaten Organisationen

iii) Konsum-, Investitions- und Transferausgaben der Staatssektoren

iv) Anlageinvestitionen der Sektoren der privaten Wirtschaft und der privaten Organisationen

v) Güterstruktur der Anlageinvestitionen aller Sektoren

vi) Input- und Outputvorratsinvestitionen

vii) Exporte der Industriesektoren und des Staates

viii) Empfänge an primären Inputs (ohne Arbeitsinputs) aller Sektoren

ix) der Arbeitsmarkt, d.h. Arbeitsvolumina, Arbeitszeiten und Lohnsätze aller Sektoren

x) das Preissystem, d.h. sektorale Inlands- und Exportpreisindizes

xi) Transferbeziehungen zwischen den Sektoren Unternehmen, private Haushalte, private Organisationen, Gebietskörperschaften, Sozialversicherung und Ausland

xii) sonstige modellendogene Variable, z.B. sektorale Brutto- und Nettoanlagevermögen, Produktionskapazitäten, Kapazitätsauslastungsgrade

Für die in den Punkten i), iii), v), vi), xi), xii) und Teilen aus iv), viii) aufgeführten Variablen liegen aufgrund der Veröffentlichungen von Frerichs und Kübler bereits ökonometrisch getestete Konzepte vor. Diese Ansätze sind auf der Grundlage der aktuellen Datenbasis einer weiteren empirischen Untersuchung unterzogen worden. Besonders im Bereich der Vorleistungs- und Investitionsverflechtung weicht die neue Datenbasis aber so stark von der alten ab, daß eine einfache Nachschätzung der bisherigen Ansätze nicht möglich ist. Allein hier sind ca. 70.000 Schätzgleichungen mit preis-, technologie- und kapazitätsabhängigen Input- und Investitionskoeffizienten ausprobiert worden. Die Schätzresultate werden zusätzlich anhand von Systemprüfungen und sensitivitätsanalytischen Untersuchungen im Modellzusammenhang überprüft. Die hierfür entwickelten Testmethoden weisen den Vorteil auf, daß sie sowohl bei Systemprüfungen, in denen wesentliche Modellteile exogen vorgegeben werden, als auch bei statischen bzw. dynamischen Prognosen mit dem Gesamtsystem angewandt werden können. Ein Vergleich zu Prognosen mit konstanten Vorleistungs- und Investitionskoeffizienten gibt einen guten Eindruck von der Erklärungsgüte der im Modell verwendeten Ansätze.

Es würde den Rahmen dieser Einleitung sprengen, alle zugrundeliegenden theoretischen Konzepte im Überblick darzustellen. An dieser Stelle wollen wir nur kurz auf die Erklärung der privaten Konsumgüternachfrage eingehen. In der Theorie ist das Konsumentenverhalten sehr ausgiebig untersucht worden. Allerdings sind komplette Nachfragesysteme äußerst selten in ökonometrischen Prognosesystemen anzutreffen. Dies liegt u.a. an der Schätzproblematik bei großen Systemen. Es ist uns gelungen ein dynamisches, lineares Ausgabensystem simultan zu schätzen (14 Gleichungen unter Berücksichtigung von 208 Parameternebenbedingungen) und in das Disaggregierte Prognosesystem zu implementieren. Die Nachfragefunktionen werden aus einer mehrstufigen, affin homothetischen Nutzenfunktion hergeleitet, so daß alle Bedingungen für ein "consistent budgeting" im Sinne von Blackorby [13] gewährleistet sind. Hier liegt eine wesentliche Neuerung gegenüber der ersten Modellvariante vor.

Die Arbeit gliedert sich in drei Hauptabschnitte.
Im ersten Teil wird ein allgemeiner Überblick über die Zielsetzungen, die Datenbasis, das definitorische Gerüst und die exogenen Variablen des Gesamtmodells gegeben. Man erhält somit einen ersten Eindruck von der Größenordnung, dem Interdependenzgrad und anderen wichtigen Modelleigenschaften. Die Darstellung entspricht weitgehend der methodischen Vorgehensweise beim Aufbau eines ökonometrischen Prognosesystems.
Im zweiten Teil werden die Verhaltensgleichungen aller modellendogenen Variablen vom zugrundeliegenden theoretischen Konzept bis zum Schätzansatz entwickelt und die wichtigsten Schätzresultate dargestellt. Wegen der Fülle der zu erklärenden Größen können wir die Ergebnisse nur im Überblick und exemplarisch angeben. Zur besseren Übersicht haben wir das Modell in 12 Variablengruppen (s.o.) eingeteilt. Jeder dieser Variablenblöcke wird in einem Kapitel behandelt. Den Anfang bilden die Ausführungen zur inhaltlichen Gliederung und zum gedanklichen Aufbau der Untersuchungen. Es folgt ein Überblick über die verwendeten Schätzverfahren.
Der dritte Teil soll die Funktionsfähigkeit des Gesamtsystems anhand von dynamischen ex post- und ex ante-Prognosen und Simulationen aufzeigen. Vergleichende Modelläufe mit konstanten Inputstrukturen und Sensitivitätsanalysen werden dabei in die Untersuchung miteinbezogen. Von der Vielzahl der möglichen Simulationen betrachten wir die Auswirkung einer

- Veränderung der Weltkonjunkturlage,
- Erhöhung der Investitionsausgaben des Staates und
- Lohnsatzvariation.

Die Ergebnisse können auch hier nur exemplarisch wiedergegeben werden.

Teil 1

Grundstruktur, Datenbasis,

Definitorischer Rahmen und

Exogene Variable

1. Modelltyp und Zielsetzungen

Folgt man der von Frerichs [41] vorgeschlagenen Klassifizierung sektoral gegliederter ökonometrischer Modelle nach

a) Erklärungsziel
b) methodischer Ansatz
c) Modellaufbauprinzip,

so läßt sich das Disaggregierte Bonner Prognosesystem wie folgt charakterisieren:

a) Es handelt sich um ein Modell zur Erklärung der allgemeinen sektoralen Wirtschaftsentwicklung. Dies bedeutet, daß alle Sektoren gleichwertig behandelt werden. Somit unterscheidet es sich von Spezialmodellen, in denen nur die Entwicklung bestimmter Sektoren, z.B. des Energiesektors, betrachtet wird.

b) Die Modellvariablen werden unter Zugrundelegung ökonomischer Theorien mit ökonometrischen Schätzverfahren erklärt. Das Modell unterscheidet sich dadurch wesentlich von "system-dynamics"-Systemen (vgl. Meadows [107]) oder Projektionsmodellen, die auf der Basis iterativer Prognoseverfahren, z.B. MODOP, erstellt werden (vgl. Weiß [151]).

c) Das Disaggregierte Prognosemodell enthält ein vollintegriertes Input-Output-System; d.h. die Vorleistungs- und Investitionsverflechtungsmatrizen sind so implementiert, daß bei der Erklärung sektoraler und gesamtwirtschaftlicher Abläufe nahezu alle Interdependenzen berücksichtigt werden können. Die meisten der z.Z. existierenden Input-Output-Modelle sind gekoppelte Systeme (vgl. Hudson, Jorgenson [57]). In ihnen sind ein Makromodell und ein gesondertes Input-Output-System über Anteilskoeffizienten verbunden. Gekoppelte Modelle weisen zwar Vorteile bezüglich Arbeitsaufwand, Rechenzeit und Stabilität auf, vernachlässigen aber wichtige Rückkopplungseffekte.

Aufgrund dieser durch den Forschungsplan [80] vorgegebenen Charakterisierung als

vollintegriertes ökonometrisches Input-Output-Modell der allgemeinen sektoralen Wirtschaftsentwicklung

(vgl. Frerichs [41], S. 174) weist das Disaggregierte Bonner Prognosesystem

Dimensionen in Bezug auf die Größenordnung (ca. 2000 Gleichungen) und den Interdependenzgrad auf, die bisher in keinem anderen ökonometrischen Prognosemodell bewältigt worden sind. Aus diesem Grunde sind bei der Konstruktion des Gesamtsystems sowohl modellbautechnische, als auch ökonomisch-empirische Zielsetzungen berücksichtigt worden.
Die modellbautechnischen Vorgaben beziehen sich u.a. auf

- die allgemeine Lösbarkeit von großen Systemen
- die Stabilität des Modells bei Variation exogener Größen
- Möglichkeiten der schnellen Aktualisierung von großen Systemen
- Rechenzeit-, Speicherplatzbedarf und Softwareprobleme.

Die ökonomisch-empirischen Zielsetzungen beinhalten im wesentlichen

- eine gute Beschreibung der sektoralen und gesamtwirtschaftlichen Entwicklung in der Vergangenheit
- plausible mittelfristige Prognosen (bis zu 10 Jahren)
- plausible Simulationsergebnisse in Bezug auf Wechselkursveränderungen, Zinsänderungen, wirtschafts- und finanzpolitische Maßnahmen des Staates.

2. Die Datenbasis

Die Datenbasis des Disaggregierten Prognosesystems setzt sich im wesentlichen aus vier Bestandteilen zusammen. Diese sind

- jährliche Sozialproduktstabellen in einer 18-Sektoreneinteilung, einschließlich sektoraler Preisindizes für die inländische Produktion, Importe und Exporte

- jährliche konsolidierte Transfertabellen in einer 6-Sektoreneinteilung

- jährliche Tabellen der Investitionsfinanzierung in einer 6-Sektorengliederung

- Daten des Arbeitsmarktes in einer 18-Sektorengliederung.

Wir werden in den folgenden vier Unterabschnitten einen kurzen Überblick über die Zusammensetzung und Herkunft dieses Datenmaterials geben.

2.1. Die Sozialproduktstabellen

Die Sozialproduktstabellen sind durch Zusammenfassung jährlicher nominaler bzw. realer Input-Output-Tabellen, Import- und Investitionsverflechtungsmatrizen des DIW [9], [136] in einer 14-Sektoreneinteilung (12 Unternehmenssektoren, Staat, private Organisationen und Haushalte) und Tabellen des RWI mit einer Aufteilung der Aktivitäten des Staatssektors auf die Teilbereiche Bund, Länder, Gemeinden und Sozialversicherung entstanden. Die Berechnung der Investitionsstruktur für importierte Güter erfolgte in eigener Arbeit. Hier konnte auf die Berechnungsmethoden bei der Erstellung der Datenbasis für die erste Modellvariante zurückgegriffen werden (vgl. Braun [15], Frerichs u.a. [33], [42]).

Die Sektoreinteilung erfolgt nach dem <u>institutionellen</u> Prinzip durch Zusammenfassung von Unternehmen. Dabei wird jede Firma nach dem <u>Schwerpunktprinzip</u> dem Produktionssektor zugeordnet, auf den, gemessen am Umsatz,

Tabelle 1

Die Sektoreinteilung der Sozialproduktstabellen

lfd. Ind.	Sektor	ausführliche Bezeichnung
01	Landwirtschaft	Land- und Forstwirtschaft, Fischerei und gewerbliche Gärtnerei
02	Energie, Bergbau	Elektrizitäts-, Gas- und Wasserwirtschaft, Kohlebergbau, Eisenerz-, Kali- und Steinsalzbergbau, Erdölgewinnung, restlicher Bergbau
03	Chemie	Steine und Erden, Chemie, Mineralölverarbeitung, Gummi- und Asbestverarbeitung, Feinkeramik, Herstellung und Verarbeitung von Glas, Kunststoffverarbeitung
04	Eisen, NE	Eisen- und Stahlerzeugung, Eisen-, Stahl- und Tempergießereien, Ziehereien und Kaltwalzwerke, NE-Metallerzeugung, NE-Metallgießerei, Stahlverformung, Schlosserei, Schweisserei, Schmiederei
05	Stahl-, Maschinen-, Fahrzeugbau	Stahlbau, Maschinenbau, Straßenfahrzeugbau, Schiffbau, Luftfahrzeugbau
06	Elektro, EBM	Elektrotechnik, Feinmechanik, Optik, Herstellung und Reparatur von Uhren, Herstellung von EBM-Waren, Musikinstrumenten, Sportgeräten, Spiel- und Schmuckwaren
07	Holz, Textil	Sägewerke und Holzverarbeitung, Papier- und Papperzeugung, Holz-, Papier- und Pappverarbeitung, Druckerei, Ledererzeugung und -verarbeitung, Textilgewerbe, Bekleidungsgewerbe, Polsterei und Dekorateurgewerbe
08	Nahrung	Ölmühlen und Margarineherstellung, Zucker, Brauerei, Tabakverarbeitung, restl. Nahrungs- und Genußmittelgewerbe, Herstellung von Futtermitteln
09	Bau	Bauhauptgewerbe, Ausbau- und Bauhilfsgewerbe
10	Handel	Groß- und Einzelhandel, Handelsvermittlung
11	Verkehr	Eisenbahnen, Straßenverkehr, Schiffahrt, Wasserstraßen und Häfen, Luftfahrt, Transport in Leitungen Spedition, Lagerei, Deutsche Bundespost
12	Dienstleistungen	Kredit- und Versicherungsgewerbe, Wohnungsvermietung, Gaststätten- und Beherbungsgewerbe, Wäscherei und Reinigung, Verlagsgewerbe, Wissenschaft, Kunst, Erziehung, Gesundheitswesen u.a.
B	Bund	Staat
L	Länder	Staat
G	Gemeinden	Staat
SV	Sozialversicherung	Staat
PO	private Organisationen	private Organisationen ohne Erwerbscharakter
PH	private Haushalte	

der größte Teil seiner wirtschaftlichen Tätigkeit entfällt [1]. Diese Abgrenzung erfolgt in Abstimmung mit der amtlichen Volkswirtschaftlichen Gesamtrechnung vor der Revision des Jahres 1977. Die 18 Sektoren der Sozialproduktstabellen und ihre jeweilige Zusammensetzung sind in Tabelle 1 wiedergegeben.

In den Importverflechtungsmatrizen werden die Bereiche Bund, Länder, Gemeinden und Sozialversicherung zu einem Sektor Staat (ST) und die Bereiche private Haushalte und private Organisationen zu einem Sektor OH zusammengefaßt [2].

In den Investitionsverflechtungsmatrizen ist der Sektor 12 (Dienstleistungen) in die Komponenten WO (Wohnungsvermietung) und SO (Sonstige Dienstleistungen) aufgespalten worden [3].

Im Rahmen dieser Arbeit ist es leider nicht möglich, auf alle Einzelheiten der Sozialproduktstabellen einzugehen. Hierzu sei auf die entsprechenden Veröffentlichungen des DIW [9], [136] und des RWI [64], [74] verwiesen.

Wichtig sind aber noch folgende Hinweise:

- Die Preisbereinigung der Input-Output-Tabellen und Importmatrizen erfolgt zeilenweise; dies bedeutet u.a., daß die Vorleistungs-, Konsum- und Investitionsgüterlieferungen eines Sektors jeweils mit dem gleichen Preisindex bewertet werden.

- Die Transaktionen des Sektors 10 (Handel) sind in die Komponenten Warenwert und Handelszuschlag aufgeteilt. Der Handelszuschlag wird in der Sozialproduktstabelle als Leistung des Sektors 10 verbucht, während der Warenwert beim entsprechenden Zuliefterersektor erfaßt wird.

- Im Kreuzungsfeld der sektoralen Anlage- und Vorratsinvestitionen mit dem Bruttoeinkommen aus Unternehmertätigkeit [4] ist ab dem Jahr 1968 der Vorsteuerabzug für die Mehrwertsteuer auf Investitionsgüterlieferungen verbucht worden.

---

1) Baumgart [9], S. 8ff
2) s. Tabelle 2, Zeilen 31, 32
3) s. Tabelle 2, Spalten 36, 37
4) s. Tabelle 2, Zeile 38, Spalten 25 - 37, 42, 43

Zum Abschluß wollen wir noch kurz auf die originär und modellmäßig ermittelten Zeitreihen der Input-Output-Tabellen eingehen. Teile der inländischen Vorleistungsmatrizen und die Investitionsmatrizen sind modellmäßig mit dem Verfahren der doppelten Proportionalität (MODOP) (vgl. Schindke [125], Stäglin [138]) erstellt worden. Bei dieser Methode wird eine originär ermittelte Verflechtungsmatrix

$$X_{t0} := (x_{ij,t0}), \quad i \in \{1,...,n\}, \; j \in \{1,...,m\}$$

für ein Basisjahr t_0 zugrundegelegt. Sind $x_{i.,t_1}$ bzw. $x_{.j,t_1}$ die Zeilen- bzw. Spaltensummen der Matrix des Folgejahres t_1, so ergeben sich die Felderwerte von X_{t_1} nach der Vorschrift

$$x_{ij,t_1} := \left[(x_{i.,t_1}/x_{i.,t_0}) \cdot (x_{.j,t_1}/x_{.j,t_0})\right]^{1/2} \cdot x_{ij,t_0}$$

Für die Referenzperiode 1960 - 1974 sind die originär erhobenen Tabellen der Jahre 1967 und 1972 als Basismatrizen verwendet worden. Wegen der Revision des Jahres 1967 mußten deshalb die schon in der alten Datenbasis des Disaggregierten Prognosesystems ausgewiesenen Tabellen der Jahre 1960 - 1966 neu berechnet werden. Hier ergaben sich zum Teil erhebliche Veränderungen [1].

Für die sektoralen Importe nach Herkunft liegen überwiegend Originaldaten vor. Demgegenüber erfolgt die Aufteilung der Einfuhren nach Verwendungsbereichen auf der Grundlage eines für das Jahr 1967 konstruierten Verteilungsschlüssels. Veränderungen dieser Aufteilungsverhältnisse im Zeitablauf werden in Abstimmung mit Branchenexperten erfaßt [2]. Die Zeitreihen der Importmatrizen können somit nur mit Einschränkung als originär ermittelt bezeichnet werden.

Aus der modellmäßigen Erstellung der Vorleistungs- und Investitionsverflechtungsmatrizen resultieren Ungenauigkeiten, die bei der ökonometrischen Analyse ökonomischer Theorien zu fehlerhaften Ergebnissen führen können [3]. Dies gilt vor allem für die Import- und Investitionstabellen. Die empirischen Untersuchungen der Kapitel 7 und 11 werden diese Voreinschätzung bestätigen.

1) Man vergleiche dazu auch Baumgart [9], S. 16 ff. und Krengel [95].
2) Detailliertere Angaben entnehme man Baumgart [9], S. 16 - 22.
3) Man vergleiche dazu auch die Ausführungen von Hansen [50] und Lindner u.a. [102].

Tabelle 2

TABELLE DER VWG SPALTE 1-12 VORLIEFERUNGEN AN DIE INDUSTRIE (IN MIO. DM)
JAHR 1972

LFD.NUMMER	1	2	3	4	5	6	7	8	9	10	11	12
SEKTOR	1	2	3	4	5	6	7	8	9	10	11	12
1 LANDWIRT	265.0	94.0	418.0	32.0	88.0	69.0	2082.0	25088.0	29.0	181.0	33.0	2157.0
2 EN/B.BAU	1199.0	15726.0	5653.0	5140.0	2009.0	1355.0	1542.0	1032.0	374.0	728.0	1354.0	3263.0
3 CHEMIE	3002.0	2594.0	39830.0	2333.0	10512.0	6614.0	9484.0	2823.0	18691.0	1567.0	4012.0	3270.0
4 EISEN-NE	722.0	1445.0	1940.0	16576.0	17949.0	11033.0	602.0	100.0	4339.0	152.0	665.0	710.0
5 ST.MA.FZ	1953.0	1868.0	1398.0	2302.0	32139.0	1883.0	677.0	368.0	3983.0	1681.0	2676.0	2585.0
6 ELEKTRO	204.0	1630.0	3234.0	1872.0	11956.0	18945.0	2326.0	1203.0	3598.0	1113.0	1646.0	2812.0
7 HOLZ-TEX	198.0	847.0	6137.0	638.0	3198.0	3736.0	28454.0	2879.0	4185.0	1983.0	1530.0	7482.0
8 NAHRUNG	4535.0	118.0	1960.0	254.0	867.0	602.0	729.0	28088.0	134.0	643.0	148.0	14445.0
9 BAU	380.0	481.0	309.0	175.0	534.0	165.0	205.0	142.0	4198.0	984.0	751.0	8018.0
10 HANDEL	1035.0	803.0	6108.0	2260.0	5266.0	3754.0	4376.0	3947.0	3085.0	14384.0	1190.0	2556.0
11 VERKEHR	690.0	1408.0	7042.0	2495.0	2781.0	2341.0	3051.0	2506.0	2792.0	11779.0	12853.0	3466.0
12 SO.DIEN.	2277.0	1725.0	8847.0	2427.0	6178.0	4395.0	4278.0	4225.0	1382.0	7481.0	3485.0	27508.0
13 BUND	26.4	45.6	87.8	13.0	59.6	13.0	21.6	6.5	4.3	2.1	200.2	277.1
14 LAENDER	180.7	79.9	95.9	45.6	95.3	139.2	101.8	195.7	90.4	204.7	112.0	1256.9
15 GEMEINDEN	256.9	110.5	201.4	138.4	237.1	150.9	226.6	445.8	285.3	547.2	222.8	1732.0
16 SOZ.VERS.	0.0	0.0	0.0	0.0	0.0	0.0	0.0	0.0	0.0	0.0	0.0	0.0
17 PRIV.ORG.	0.0	0.0	0.0	0.0	0.0	0.0	0.0	0.0	0.0	0.0	0.0	0.0
18 PRIV.HAU.	0.0	0.0	0.0	0.0	0.0	0.0	0.0	0.0	0.0	0.0	0.0	0.0
19	591.0	0.0	350.0	0.0	0.0	19.0	2544.0	6831.0	50.0	0.0	7.0	428.0
20	35.0	1834.0	7442.0	2522.0	13.0	9.0	14.0	9.0	0.0	5.0	16.0	1.0
21	339.0	227.0	8691.0	367.0	1027.0	912.0	1516.0	255.0	1493.0	217.0	1027.0	575.0
22	10.0	0.0	504.0	3619.0	4920.0	3328.0	8.0	0.0	726.0	0.0	43.0	4.0
23	6.0	105.0	39.0	65.0	2871.0	77.0	80.0	9.0	180.0	69.0	212.0	56.0
24	31.0	111.0	56.0	53.0	802.0	4786.0	142.0	103.0	326.0	243.0	61.0	247.0
25 IMPORTE	50.0	8.0	407.0	3.0	54.0	119.0	10082.0	168.0	404.0	240.0	35.0	146.0
26	954.0	0.0	114.0	0.0	0.0	9.0	34.0	3349.0	0.0	0.0	94.0	467.0
27	25.0	0.0	0.0	0.0	54.0	56.0	0.0	0.0	40.0	0.0	25.0	51.0
28	0.0	0.0	0.0	0.0	0.0	0.0	0.0	0.0	0.0	2400.0	0.0	0.0
29	78.0	126.0	329.0	248.0	207.0	223.0	358.0	216.0	100.0	638.0	1932.0	361.0
30	137.0	216.0	1205.0	913.0	1721.0	1172.0	537.0	393.0	111.0	204.0	212.0	265.0
31	0.0	0.0	0.0	0.0	0.0	0.0	0.0	0.0	0.0	0.0	0.0	0.0
32	0.0	0.0	0.0	0.0	0.0	0.0	0.0	0.0	0.0	0.0	0.0	0.0
33 ABSCHREIB	4860.0	7140.0	9520.0	5130.0	7320.0	4160.0	5630.0	4110.0	4610.0	6270.0	9530.0	19460.0
34 IN.STE ST	1465.0	4030.0	18311.0	3546.0	6135.0	6270.0	8201.0	16770.0	8080.0	23298.0	3773.0	12011.0
35 IN.STE AU	0.0	5.0	0.0	65.0	0.0	0.0	0.0	0.0	0.0	0.0	0.0	0.0
36 -SUBVENT	-2245.0	-355.0	-61.0	-41.0	-125.0	-50.0	-51.0	-400.0	-20.0	-1398.0	-5603.0	-981.0
37 LOEHNE	3930.0	10820.0	32090.0	18480.0	51620.0	33900.0	33750.0	14050.0	40430.0	42710.0	30530.0	33180.0
38 GEWINNE	16770.0	8420.0	6440.0	3700.0	16570.0	9980.0	14740.0	8030.0	18960.0	31910.0	8980.0	66680.0
39 SUMME	44020.0	61662.0	168698.0	75371.0	187058.0	120165.0	135741.0	127002.0	122660.0	150236.0	81752.0	214489.0

TABELLE DER VWG SPALTE 13-24 VORLIEFERUNGEN UND KONSUM DES STAATES U. DER PRIVATEN H.H. (IN MIO. DM)
JAHR 1972

LFD.NUMMER	13	14	15	16	17	18	19	20	21	22	23	24
SEKTOR	B	L	G	SV	PRO	PRH	CBST	CLST	CGST	CSVST	CPH	CPO
1 LANDWIRT	48.2	200.0	413.4	12.4	61.0	0.0	0.0	0.0	0.0	0.0	9929.0	0.0
2 EN/B.BAU	334.2	519.0	1561.8	67.0	82.0	0.0	0.0	0.0	0.0	0.0	12891.0	0.0
3 CHEMIE	614.6	1109.8	1370.1	3475.5	431.0	0.0	0.0	0.0	0.0	0.0	25759.0	0.0
4 EISEN-NE	363.6	160 3	146.1	0.0	42.0	0.0	0.0	0.0	0.0	0.0	1964.0	0.0
5 ST.MA.FZ	3497.8	243.9	279.3	15.0	192.0	0.0	0.0	0.0	0.0	0.0	20329.0	0.0
6 ELEKTRO	2173.7	816.5	437.4	361.3	307.0	0.0	0.0	0.0	0.0	0.0	18369.0	0.0
7 HOLZ-TEX	1521.2	1133.4	1110.7	410.7	470.0	0.0	0.0	0.0	0.0	0.0	49611.0	0.0
8 NAHRUNG	329.6	625.6	255.1	20.7	430.0	0.0	0.0	0.0	0.0	0.0	67023.0	0.0
9 BAU	1947.6	1009.0	1591.4	142.0	37.0	0.0	0.0	0.0	0.0	0.0	1160.0	0.0
10 HANDEL	2140.4	582.1	906.5	2655.0	276.0	0.0	0.0	0.0	0.0	0.0	70584.0	0.0
11 VERKEHR	1215.2	1054.1	1200.8	804.0	178.0	0.0	0.0	0.0	0.0	0.0	12235.0	0.0
12 SO.DIEN.	1792.9	1989.6	1653.4	15455.1	1803.0	0.0	0.0	0.0	0.0	0.0	102673.0	0.0
13 BUND	0.0	0.0	0.0	0.0	0.0	0.0	35765.3	0.0	0.0	0.0	450.0	0.0
14 LAENDER	0.0	0.0	0.0	1670.0	37.2	0.0	0.0	46667.9	0.0	0.0	650.2	0.0
15 GEMEINDEN	0.0	0.0	0.0	4000.0	26.7	0.0	0.0	0.0	25360.6	0.0	2512.0	0.0
16 SOZ.VERS.	0.0	0.0	0.0	0.0	5.1	0.0	0.0	0.0	0.0	38706.1	18.8	0.0
17 PRIV.ORG.	0.0	480.0	2180.0	4930.0	0.0	0.0	0.0	0.0	0.0	0.0	1410.0	6060.0
18 PRIV.HAU.	0.0	0.0	0.0	0.0	0.0	0.0	0.0	0.0	0.0	0.0	3770.0	0.0
19	103.9	34.6	108.9	6.6	25.0	0.0	0.0	0.0	0.0	0.0	5811.0	0.0
20	0.0	0.0	0.0	0.0	0.0	0.0	0.0	0.0	0.0	0.0	64.0	0.0
21	363.4	24.2	96.9	358.5	33.0	0.0	0.0	0.0	0.0	0.0	2488.0	0.0
22	0.0	0.0	0.0	0.0	0.0	0.0	0.0	0.0	0.0	0.0	4.0	0.0
23	1326.0	0.0	0.0	0.0	3.0	0.0	0.0	0.0	0.0	0.0	2573.0	0.0
24	918.7	0.0	4.6	3.7	14.0	0.0	0.0	0.0	0.0	0.0	3066.0	0.0
25 IMPORTE	28.0	60.7	28.0	5.3	9.0	0.0	0.0	0.0	0.0	0.0	10251.0	0.0
26	54.5	54.5	163.6	33.3	27.0	0.0	0.0	0.0	0.0	0.0	7102.0	0.0
27	146.4	36.6	61.0	0.0	4.0	0.0	0.0	0.0	0.0	0.0	0.0	0.0
28	0.0	0.0	0.0	0.0	0.0	0.0	0.0	0.0	0.0	0.0	0.0	0.0
29	147.6	98.4	82.0	0.0	21.0	0.0	0.0	0.0	0.0	0.0	1351.0	0.0
30	16.2	48.7	16.2	43.9	16.0	0.0	0.0	0.0	0.0	0.0	10812.0	0.0
31	1778.0	0.0	0.0	0.0	0.0	0.0	0.0	0.0	0.0	0.0	0.0	0.0
32	0.0	0.0	0.0	0.0	0.0	0.0	0.0	0.0	0.0	0.0	0.0	0.0
33 ABSCHREIB	340.0	1220.0	3310.0	110.0	830.0	0.0	0.0	0.0	0.0	0.0	0.0	0.0
34 IN.STE ST	90.0	150.0	180.0	20.0	90.0	0.0	0.0	0.0	0.0	0.0	0.0	0.0
35 IN.STE AU	0.0	0.0	0.0	0.0	0.0	0.0	0.0	0.0	0.0	0.0	0.0	0.0
36 -SUBVENT	0.0	0.0	0.0	0.0	0.0	0.0	0.0	0.0	0.0	0.0	0.0	0.0
37 LOEHNE	16110.8	39972.3	19297.0	4130.0	9610.0	3770.0	0.0	0.0	0.0	0.0	0.0	0.0
38 GEWINNE	0.0	0.0	0.0	0.0	0.0	0.0	0.0	0.0	0.0	0.0	0.0	0.0
39 SUMME	37402.5	51623.2	36454.2	38730.0	15050.0	3770.0	35765.3	46667.9	25360.6	38706.1	444859.9	6060.0

TABELLE DER VWG SPALTE 25-35 INVESTITIONSVERFLECHTUNG DER SEKTOREN 1 - 11 (IN MIO. DM)
JAHR 1972

LFD.NUMMER	25	26	27	28	29	30	31	32	33	34	35
SEKTOR	1	2	3	4	5	6	7	8	9	10	11
1 LANDWIRT	151.4	4.0	3.0	3.0	1.0	1.0	1.0	1.0	1.0	10.0	4.0
2 EN/B.BAU	8.2	1566.0	16.5	6.2	16.5	10.3	12.4	12.4	1.0	60.8	40.2
3 CHEMIE	4.2	103.8	1436.0	22.8	22.8	22.8	29.1	32.2	4.2	122.5	157.8
4 EISEN-NE	21.6	273.7	198.3	384.7	76.5	29.0	40.9	47.4	64.7	76.5	301.7
5 ST.MA.FZ	2951.4	4186.8	3916.0	2328.3	4093.3	1673.6	2231.5	3321.2	3277.7	5053.5	6342.2
6 ELEKTRO	224.7	4016.9	2197.5	1004.8	912.9	1133.3	686.0	585.6	661.2	1201.4	4287.0
7 HOLZ-TEX	62.0	237.6	172.4	74.6	147.2	92.5	258.6	188.2	82.0	651.8	610.8
8 NAHRUNG	0.0	0.0	0.0	0.0	0.0	0.0	0.0	124.0	0.0	0.0	0.0
9 BAU	1049.1	1908.1	1307.0	508.6	1223.8	797.4	843.6	828.2	734.7	3621.1	3797.8
10 HANDEL	656.8	908.3	807.2	427.2	518.4	363.5	395.4	598.5	749.0	1578.2	642.5
11 VERKEHR	13.1	5.0	17.1	9.1	22.2	15.1	21.2	30.2	63.5	166.3	2197.0
12 SO.DIEN.	16.1	87.5	64.4	29.2	73.4	44.3	53.3	53.3	13.1	263.5	160.9
13 BUND	0.0	0.0	0.0	0.0	0.0	0.0	0.0	0.0	0.0	0.0	0.0
14 LAENDER	0.0	0.0	0.0	0.0	0.0	0.0	0.0	0.0	0.0	0.0	0.0
15 GEMEINDEN	0.0	0.0	0.0	0.0	0.0	0.0	0.0	0.0	0.0	0.0	0.0
16 SOZ.VERS.	0.0	0.0	0.0	0.0	0.0	0.0	0.0	0.0	0.0	0.0	0.0
17 PRIV.ORG.	0.0	0.0	0.0	0.0	0.0	0.0	0.0	0.0	0.0	0.0	0.0
18 PRIV.HAU.	0.0	0.0	0.0	0.0	0.0	0.0	0.0	0.0	0.0	0.0	0.0
19	0.0	0.0	0.0	0.0	0.0	0.0	0.0	0.0	0.0	0.0	0.0
20	0.0	0.0	0.0	0.0	0.0	0.0	0.0	0.0	0.0	0.0	0.0
21	0.0	0.0	1.0	0.0	0.0	0.0	0.0	0.0	0.0	0.0	0.0
22	0.1	1.8	5.6	3.4	2.1	2.0	2.5	1.6	2.5	2.2	3.9
23	400.6	455.8	898.4	356.0	556.2	463.7	1097.0	336.8	869.4	742.2	1391.2
24	34.0	226.5	348.5	92.7	172.6	114.3	209.6	73.0	189.1	129.7	561.1
25 IMPORTE	3.3	11.[illegible]	35.5	10.9	25.1	15.0	61.9	17.6	17.0	55.9	54.7
26	0.0	0.0	0.0	0.0	0.0	0.0	0.0	0.0	0.0	0.0	0.0
27	0.0	0.0	0.0	0.0	0.0	0.0	0.0	0.0	0.0	0.0	0.0
28	0.0	0.0	0.0	0.0	0.0	0.0	0.0	0.0	0.0	0.0	0.0
29	0.0	0.0	0.0	0.0	0.0	0.0	0.0	0.0	0.0	0.0	0.0
30	0.0	0.0	0.0	0.0	0.0	0.0	0.0	0.0	0.0	0.0	0.0
31	0.0	0.0	0.0	0.0	0.0	0.0	0.0	0.0	0.0	0.0	0.0
32	0.0	0.0	0.0	0.0	0.0	0.0	0.0	0.0	0.0	0.0	0.0
33 ABSCHREIB	0.0	0.0	0.0	0.0	0.0	0.0	0.0	0.0	0.0	0.0	0.0
34 IN.STE ST	0.0	0.0	0.0	0.0	0.0	0.0	0.0	0.0	0.0	0.0	0.0
35 IN.STE AU	0.0	0.0	0.0	0.0	0.0	0.0	0.0	0.0	0.0	0.0	0.0
36 -SUBVENT	0.0	0.0	0.0	0.0	0.0	0.0	0.0	0.0	0.0	0.0	0.0
37 LOEHNE	0.0	0.0	0.0	0.0	0.0	0.0	0.0	0.0	0.0	0.0	0.0
38 GEWINNE	-273.2	-683.0	-557.6	-256.8	-383.8	-233.2	-290.1	-305.1	-328.5	-670.4	-1003.1
39 SUMME	5323.5	13310.7	10866.8	5004.7	7480.1	4543.7	5653.9	5946.0	6401.5	13065.2	19549.7

TABELLE DER VWG SPALTE 36-46 INVESTITIONSVERFLECHTUNG DES SEKTORS 12 (BAU U. SONST.), DES STAATES, DER PRIV.HH. UND VORRATSINVEST., EXPORTE, BRUTTO-PROD.-WERT (IN MIO. DM)
JAHR 1972

LFD.NUMMER	36	37	38	39	40	41	42	43	44	45	46
SEKTOR	WO	SO	IB	IL	IG	ISV	PRHUO	IVORI	IVORO	EX	SUMME
1 LANDWIRT	125.4	35.1	0.0	33.7	201.6	0.7	6.0	0.0	113.0	2124.0	44020.0
2 EN/B.BAU	679.4	235.1	3.3	38.4	125.2	6.1	44.0	-88.0	490.0	3548.0	61662.0
3 CHEMIE	592.9	427.8	2.4	5.5	225.1	5.0	41.0	-69.0	353.0	27664.0	168698.0
4 EISEN-NE	676.7	324.3	0.0	7.4	176.1	5.5	49.0	-32.0	149.0	13592.0	75371.0
5 ST.MA.FZ	3409.2	6295.4	130.8	1102.7	1001.9	39.5	388.0	-981.0	122.0	58104.0	187058.0
6 ELEKTRO	673.1	4215.7	60.3	471.7	682.6	22.4	191.0	-2.0	19.0	23916.0	120165.0
7 HOLZ-TEX	2690.3	2023.8	4.8	258.8	718.8	25.6	235.0	162.0	44.0	11476.0	135741.0
8 NAHRUNG	0.0	0.0	0.0	0.0	0.0	0.0	0.0	-3.0	220.0	5454.0	127002.0
9 BAU	42111.7	14248.9	4745.3	3418.1	15480.5	290.1	2701.0	20.0	175.0	621.0	122660.0
10 HANDEL	0.0	3980.1	20.8	52.3	517.7	14.2	122.0	3812.0	0.0	8104.0	150236.0
11 VERKEHR	0.0	158.2	1.1	3.7	17.2	0.0	1.0	2.0	2.0	9116.0	81752.0
12 SO.DIEN.	2642.2	1024.9	10.8	189.2	475.2	18.8	199.0	79.0	170.0	9246.0	214489.0
13 BUND	0.0	0.0	120.0	0.0	0.0	0.0	0.0	0.0	0.0	310.0	37402.5
14 LAENDER	0.0	0.0	0.0	0.0	0.0	0.0	0.0	0.0	0.0	0.0	51623.2
15 GEMEINDEN	0.0	0.0	0.0	0.0	0.0	0.0	0.0	0.0	0.0	0.0	36454.2
16 SOZ.VERS.	0.0	0.0	0.0	0.0	0.0	0.0	0.0	0.0	0.0	0.0	38730.0
17 PRIV.ORG.	0.0	0.0	0.0	0.0	0.0	0.0	0.0	0.0	0.0	0.0	15060.0
18 PRIV.HAU.	0.0	0.0	0.0	0.0	0.0	0.0	0.0	0.0	0.0	0.0	3770.0
19	0.0	0.0	0.0	0.0	0.0	0.0	0.0	0.0	0.0	0.0	16910.0
20	0.0	0.0	0.0	0.0	0.0	0.0	0.0	0.0	0.0	0.0	11964.0
21	0.0	0.0	0.0	0.0	0.0	0.0	0.0	0.0	0.0	0.0	20011.0
22	3.4	2.8	1.0	0.0	0.0	0.0	0.0	0.0	0.0	0.0	13201.0
23	1713.2	396.5	255.3	50.3	95.4	0.0	70.0	0.0	0.0	0.0	17819.0
24	376.3	159.0	26.4	55.0	29.6	0.0	20.0	0.0	0.0	0.0	13786.0
25 IMPORTE	41.2	29.0	0.0	15.0	0.0	0.0	3.0	0.0	0.0	0.0	22495.0
26	0.0	0.0	0.0	0.0	0.0	0.0	0.0	0.0	0.0	0.0	12456.0
27	0.0	0.0	0.0	0.0	0.0	0.0	0.0	0.0	0.0	0.0	499.0
28	0.0	0.0	0.0	0.0	0.0	0.0	0.0	0.0	0.0	0.0	2400.0
29	0.0	0.0	0.0	0.0	0.0	0.0	0.0	0.0	0.0	0.0	6516.0
30	0.0	0.0	0.0	0.0	0.0	0.0	0.0	0.0	0.0	10790.0	28829.0
31	0.0	0.0	0.0	0.0	0.0	0.0	0.0	0.0	0.0	0.0	1778.0
32	0.0	0.0	0.0	0.0	0.0	0.0	0.0	0.0	0.0	0.0	0.0
33 ABSCHREIB	0.0	0.0	0.0	0.0	0.0	0.0	0.0	0.0	0.0	0.0	93550.0
34 IN.STE ST	0.0	0.0	0.0	0.0	0.0	0.0	0.0	0.0	0.0	0.0	112420.0
35 IN.STE AU	0.0	0.0	0.0	0.0	0.0	0.0	0.0	0.0	0.0	0.0	70.0
36 -SUBVENT	0.0	0.0	0.0	0.0	0.0	0.0	0.0	0.0	0.0	0.0	-11330.0
37 LOEHNE	0.0	0.0	0.0	0.0	0.0	0.0	0.0	0.0	0.0	770.0	439149.9
38 GEWINNE	-2720.3	-1637.9	0.0	0.0	0.0	0.0	0.0	-357.0	0.0	-1500.0	200039.6
39 SUMME	53014.7	31919.2	5382.3	5701.8	19746.9	427.9	4070.0	2543.0	1857.0	183335.0	

2.2. Die konsolidierten Transfertabellen

Grundlage der konsolidierten Transfertabellen sind jährliche Transaktionsmatrizen des monetären Einkommenskreislaufs der Bundesrepublik Deutschland. Diese sind für die Jahre 1950 - 1972 am Institut für industriewirtschaftliche Forschung der Universität Münster erstellt worden (vgl. Schäfer, Zerwas [124], Spörel [134]). Hellmuth [54] hat eine Aktualisierung dieser Zeitreihen bis zum Jahr 1975 durchgeführt. Die Konsolidierung der Transaktionsmatrizen auf die in Tabelle 3 angegebene Sektoreinteilung erfolgte nach den Konzepten von Frerichs [34] und Schäfer, Zerwas [124] im Bonner SFB 21.

Tabelle 3

Die Sektoreinteilung der konsolidierten Transfertabellen

Index	Sektor	genaue Bezeichnung
U	Unternehmen	Sektoren 1 - 12 der Sozialproduktstabellen
PrH	private Haushalte	Selbständigen-, Arbeitnehmer- und Rentnerhaushalte
PrO	private Organisationen	private Organisationen ohne Erwerbscharakter
GK	Gebietskörperschaften	Bund, Länder, Gemeinden
SV	Sozialversicherung	
E	Ausland	

Kernstück der konsolidierten Transfertabellen sind die Transferzahlungen und -empfänge der o.g. Sektoren untereinander. Die Transfereinnahmen eines Sektors werden durch die aus der Sozialproduktstabelle übertragenen Werte der primären Inputs, z.B. die Abschreibungen und Gewinne im Unternehmenssektor, ergänzt. Zu den sektoralen Transferausgaben wird jeweils der nominelle Konsum (bzw. die nominellen Exporte beim Sektor Ausland) hinzugezählt. Durch die Verbuchung der sektoralen Ersparnisbildung als Restgröße ergibt sich die Übereinstimmung der gesamten Einnahmen und Ausgaben einer Wirtschaftsgruppe.

Anhand der in Tabelle 4 ausgewiesenen konsolidierten Transfertabelle des Jahres 1972 wollen wir exemplarisch die Transaktionen des Sektors PrH (private Haushalte) erläutern. Die Gesamteinnahmen dieses Sektors bestehen aus den Transferempfängen, also im wesentlichen:

- entnommene Gewinne ($Q_{U,PrH}$)
- Transfers der Unternehmen ($T^r_{U,PrH}$)
- Transfers der Gebietskörperschaften ($T^r_{GK,PrH}$), z.B. Kindergeld, Kriegsopferversorgung, Sozialhilfe, Geldleistungen nach dem Mutterschaftsgesetz u.a., Vermögensübertragungen im Rahmen des Lastenausgleichs u.a., Zinszahlungen
- Transfers der Sozialversicherung ($T^r_{SV,PrH}$), z.B. Pensionen, Renten, Vermögensübertragungen
- Transfers des Auslands ($T^r_{E,PrH}$)

und dem Bruttoeinkommen aus unselbständiger Arbeit (L).

Die Gesamtausgaben enthalten die

- Transfers an die Unternehmen ($T^r_{PrH,U}$), z.B. Prämien für Schadensversicherungen, Zinszahlungen u.a.
- Transfers an die privaten Organisationen ($T^r_{PrH,PrO}$), z.B. Gewerkschaftsbeiträge, Kirchensteuern
- Transfers an die Gebietskörperschaften ($T^r_{PrH,GK}$), z.B. Verwaltungsgebühren, Erstattungen von Sozialleistungen, Strafen, Vermögensübertragungen u.a.
- Lohnsteuer ($T^{dir}_{PrH(L),GK}$)
- Gewinnsteuer ($T^{dir}_{PrH(Q),GK}$)
- Transfers an die Sozialversicherung ($T^{dir}_{PrH,SV}$), z.B. Sozialversicherungsbeiträge
- Transfers an das Ausland ($T^r_{PrH,E}$), z.B. Gastarbeiterüberweisungen, Erbschaften u.a.

Hinzu kommt der Konsum und die Ersparnis der privaten Haushalte.

Tabelle 4

KONSOLIDIERTE TRANSFERTABELLE 1972

von \ an		Transferempfänge: (1) und (2) U (Q)	(3) prH	(4) prO	(5) GK	(6) SV	(7) E	(8) S	(8) C	(8) E	$\sum$
Transferzahlungen: (1) und (2)	U (Q)		$Q_{U,prH}$ 177230 $T^r_{U,prH}$ 14130		$T^{Körp}_{U,GK}$ 10990 $T^r_{U,GK}$ 7724	$T^r_{U,SV}$ 5180	$T^r_{U,E}$ 560	S^U 107286			$Z_{1,2}$ 323100
(3)	prH	$T^r_{prH,U}$ 17000		$T^r_{prH,prO}$ 6382	$T^{dir}_{prH(Q),GK}$ 25950 $T^{dir}_{prH(L),GK}$ 52690 $T^r_{prH,GK}$ 3506	$T^{dir}_{prH,SV}$ 103690	$T^r_{prH,E}$ 8850	S^{prH} 87622	C^{prH} 444860		Z_3 750550
(4)	prO							S^{prO} 3152	C^{prO} 6060		Z_4 9212
(5)	GK	$T^r_{GK,U}$ 12220	$T^r_{GK,prH}$ 30810	$T^r_{GK,prO}$ 2830		$T^r_{GK,SV}$ 22180	$T^r_{GK,E}$ 7760	S^{GK} 15666	C^{GK} 107794		Z_5 199260
(6)	SV		$T^r_{SV,prH}$ 88960		$T^r_{SV,GK}$ 0		$T^r_{SV,E}$ 960	S^{SV} 8024	C^{SV} 38706		Z_6 136650
(7)	E	$T^r_{E,U}$ 290	$T^r_{E,prH}$ 270		$T^r_{E,GK}$ 2490	$T^r_{E,SV}$ 300		S^E 60		E 183335	Z_7 186745
(8)	Aus S.P.-Tabelle	D 93550 Q 200040	L 439150		$T^{ind\ GK}$ 107120 $-S^{ubv\ GK}$ 11210	$T^{ind\ SV}$ 5300	$T^{ind\ E}$ 70 M 168665 $-S^{ubv\ E}$ 120				
	$\sum$	$Z_{1,2}$ 323100	Z_3 750550	Z_4 9212	Z_5 199260	Z_6 136650	Z_7 186745	S = I 221810	C 597420	E 183335	

Im Kreuzungsfeld der Summenzeile mit der Spalte der Ersparnis ist das gesamte Sparen (S) verbucht. Es muß ex post mit den in der Sozialproduktstabelle aufgeführten Bruttoinvestitionen (I) übereinstimmen.

Detaillierte Angaben zur Konzeption der konsolidierten Transfertabellen und über die Zusammensetzung der einzelnen Transaktionen entnehme man den Darstellungen von Frerichs [34], Hellmuth [54] und Kiy [69].

2.3. Die Tabellen der Investitionsfinanzierung

Die aus den Transfertabellen entnommenen Werte für die Ersparnis der Sektoren U, PrH, PrO, GK, SV und E sowie die in den Sozialproduktstabellen verbuchten Bruttoinvestitionen gehen in die Investitionsfinanzierungsmatrizen ein. Die sektoralen Finanzierungssalden werden dann wie folgt berechnet.

$$F_j := S_j - I_j \; , \; j \in \{U, PrH, PrO, GK, SV, E\}$$

mit

F_j - Finanzierungssaldo des Sektors j

S_j - Ersparnis des Sektors j

I_j - Bruttoinvestitionen des Sektors j

Wegen der Gleichheit der Größen gesamte Ersparnis (S) und gesamte Investitionen (I) gilt [1]:

$$\sum_j F_j = 0$$

In Tabelle 5 ist exemplarisch die Investitionsfinanzierungsmatrix des Jahres 1972 wiedergegeben.

1) vgl. Tabelle 4

Tabelle 5

Die Tabelle der Investitionsfinanzierung 1972

Sektor	Vermögensbildung	Investitionen	Finanzierungs-differenz
Unternehmen	S_U 107286	I_U 186481	F_U -79195
Private Haushalte	S_{PH} 87622		F_{PH} 87622
Private Organisationen	S_{PO} 3152	I_{PO} 4070	F_{PO} -918
Gebiets-körperschaften	S_{GK} 15666	I_{GK} 30831	F_{GK} -15165
Sozial-versicherung	S_{SV} 8024	I_{SV} 428	F_{SV} 7596
Ausland	S_E 60		F_E 60
Summe	S 221810	I 221810	F 0

2.4. Die Daten des Arbeitsmarktes

In den jährlichen Sozialproduktstabellen sind in der Zeile 37 (Löhne) die bei den 18 Wirtschaftssektoren entstandenen Einkommen aus unselbständiger Arbeit verbucht. Zur Bestimmung der produktionstheoretischen Zusammenhänge im Disaggregierten Prognosesystem und zur Analyse der Beschäftigungswirkungen von Strukturveränderungen wird dieses Datenmaterial durch Zeitreihen über sektorale

- Erwerbstätigenzahlen
- Arbeitsvolumina
- Arbeitsvolumina Nichtselbständiger
- Arbeitszeiten
- Lohnsätze

in konsistenter Weise ergänzt. Aufgrund einer Erhebung des Instituts für Arbeitsmarkt- und Berufsforschung (vgl. Bach [3], [4]) und durch eigene Berechnungen ist von Jäger [59] eine Datenbasis erstellt worden, die zu den o.g. sektoralen Größen eine zusätzliche Aufteilung in die Berufskategorien

- Kaufmännische und Verwaltungsangestellte
- Technische Angestellte
- Facharbeiter
- sonstige Arbeiter

enthält. Dieses umfangreiche Datenmaterial ist die Grundlage eines Arbeitsmarktmodells für die Bundesrepublik Deutschland (vgl. Jäger [59]). Von dem ursprünglichen Vorhaben, dieses Modell mit der neuen Version des Disaggregierten Prognosesystems zu koppeln, mußte leider Abstand genommen werden, da in absehbarer Zeit nicht mit einer Fortschreibung dieser detaillierten Datenbasis durch das IAB gerechnet werden kann. Statt dessen haben wir ein kleineres Arbeitsmarktmodell konstruiert, das auf die Unterscheidung in Berufskategorien verzichtet.

3. Das definitorische Gerüst des Gesamtsystems

Im Disaggregierten Bonner Prognosesystem entspricht jedem Feld der Sozialprodukts-, Transfer- und Investitionsfinanzierungstabellen eine Modellvariable. Diese Variablen werden entweder durch Verhaltens- oder Definitionsgleichungen erklärt. Das System der Definitionsgleichungen ist dabei so spezifiziert, daß das Modell zu jedem Prognosezeitpunkt konsistente Sozialprodukts- und Transfertabellen berechnet. Im Einzelnen müssen über die Modellstruktur folgende Konsistenzbedingungen erfüllt sein:

a) Übereinstimmung der sektoralen nominellen Bruttoproduktionswerte von der Verwendungs- und der Entstehungsseite [1].

b) Übereinstimmung der übrigen Größen der Randzeile bzw. -spalte der Sozialproduktstabelle, also

   - gesamte nominelle Importe
   - gesamte Abschreibungen, indirekte Steuern, Subventionen, Löhne und Gewinne
   - gesamter Konsum des Staates und der privaten Haushalte
   - sektorale Anlageinvestitionsentscheidungen
   - gesamte Vorratsinvestitionen und Exporte

   mit der jeweiligen Zeilen- und Spaltensumme der entsprechenden sektoralen Komponenten [2].

c) Übereinstimmung der gesamten Einnahmen eines Sektors der konsolidierten Transfertabelle mit seinen Ausgaben [3].

d) Aufsummierung der sektoralen Finanzierungssalden zu Null. Dies bedeutet, daß in jedem Prognosezeitpunkt die gesamten Investitionen mit der gesamten Ersparnis übereinstimmen.

Zur Gewährleistung der Konsistenzbedingungen a) - d) ist es erforderlich, gewisse Modellvariablen über Definitionsgleichungen als Restgrößen zu erklären. Bei der Auswahl der entsprechenden Variablen ist zu berücksichtigen, daß Differenzgrößen bei der Lösung des Gesamtsystems häufig mit großen Prognosefehlern behaftet sind, und diese Fehler bei Rückkopplungen zu anderen Modellteilen weitergegeben werden.

---

1) vgl. Tabelle 2, Spalte 46, Zeile 1 - 18 und Zeile 39, Spalten 1 - 18
2) vgl. Tabelle 2, Spalte 46, Zeile 19 - 38 und Zeile 39, Spalten 19 - 45
3) vgl. Tabelle 4

Im Folgenden werden die grundlegenden Definitionsgleichungen des Disaggregierten Bonner Prognosesystems dargestellt. Dabei sind die jeweils auf der linken Seite der Gleichungen angegebenen Variablen über die definitorische Beziehung erklärt. Alle anderen Größen werden im Modell durch Verhaltensgleichungen bestimmt oder exogen vorgegeben.

3.1. Die Verwendung der sektoralen Bruttoproduktion

(3.1) $x = Ax + \sum_m c^m + c^{PH} + Bi^{ANL} + i^{VORI} + i^{VORO} + e$

(3.2) $X_i = (x_i - e_i)\cdot p_i + e_i \cdot p_i^E \quad , \qquad i \in \{1,\ldots,PH\}$

mit

$x = (x_1,\ldots,x_{PH})'$	Vektor der realen Bruttoproduktionen
$A = (a_{ij})$	Matrix der realen inländischen [1] Input-Koeffizienten
$c^m = (c_1^m,\ldots,c_{PH}^m)'$	Vektor der realen Konsumnachfrage des Sektors $m \in \{B,L,G,SV,PO\}$ nach inländischen Gütern
$c^{PH} = (c_1^X,\ldots,c_{PH}^X)'$	Vektor der realen Konsumnachfrage der privaten Haushalte nach inländischen Gütern
$B = (b_{il})$	Matrix der realen inländischen [1] Investitionskoeffizienten

1) Der Einfachheit halber vereinbaren wir folgende Bezeichnungsweisen:
a) Ein Koeffizient a_{ij} zur Beschreibung der realen inländischen Vorlieferungen des Sektors i pro Einheit der realen Bruttoproduktion des Sektors j wird "realer inländischer Input-Koeffizient" genannt.
b) Ein Koeffizient b_{il} zur Beschreibung der realen inländischen Investitionsgüterlieferungen des Sektors i pro Einheit der realen Anlageinvestition des Sektors l heißt "realer inländischer Investitionskoeffizient".

$i^{ANL} = (i_1^{ANL},\dots,i_{OH}^{ANL})'$	Vektor der realen Anlageinvestitionen
$i^{VORI} = (i_1^{VORI},\dots,i_{PH}^{VORI})'$	Vektor der realen Vorratsinvestitionen an Inputgütern
$i^{VORO} = (i_1^{VORO},\dots,i_{PH}^{VORO})'$	Vektor der realen Vorratsinvestitionen an Outputgütern
$e = (e_1,\dots,e_{PH})'$	Vektor der realen Exporte
X_i	nominelle Bruttoproduktion des Sektors i
p_i	inländischer Preisindex des Sektors i
p_i^E	Preisindex für Exporte des Sektors i

$i,j \in \{1,\dots,12,B,L,G,SV,PO,PH\}$
$l \in \{1,\dots,11,WO,SO,B,L,G,SV,OH\}$

3.2. Die Verwendung der sektoralen Importe

(3.3) $m = A^m x + c^{M,PH} + B^M i^{ANL} + e^M$

(3.4) $M_k = m_k \cdot p_k^M$

(3.5) $M = \sum_k M_k$

mit

$m = (m_1,\dots,m_{12},m_{ST},m_{OH})'$	Vektor der realen Importe

$A^M = (a_{kj}^M)$	Matrix der realen ausländischen [1] Input-Koeffizienten
$c^{M,PH} = (c_1^M,...,c_{OH}^M)'$	Vektor der realen Konsumnachfrage der privaten Haushalte nach ausländischen Gütern
$B^M = (b_{kl}^M)$	Matrix der realen ausländischen [1] Investitionskoeffizienten
$e^M = (e_1^M,...,e_{OH}^M)'$	Vektor der direkt in den Export gehenden realen, sektoralen Importe
M_k	nominelle Importe von Gütern der Art i
M	gesamte nominelle Importe
p_k^M	Preisindex für Importe der Art k

$k \in \{1,...,12,ST,OH\}$

$j \in \{1,...,12,B,L,G,SV,PO,PH\}$

$l \in \{1,...,11,WO,SO,B,L,G,SV,OH\}$

1) Wir vereinbaren folgende Bezeichnungsweisen:

a) Ein Koeffizient a_{kj}^M zur Beschreibung der realen Vorlieferungen von importierten Gütern der Art k pro Einheit der realen Bruttoproduktion des Sektors j wird "realer ausländischer Input-Koeffizient" oder "Importkoeffizient" genannt.

b) Ein Koeffizient b_{kl}^M zur Beschreibung der realen Lieferungen von importierten Investitionsgütern der Art k pro Einheit der realen Anlageinvestition des Sektors j heißt im folgenden "realer ausländischer Investitionskoeffizient".

3.3. Die Primären Inputs und ihre Komponenten

(3.6) $$D = \sum_{j=1}^{PO} d_j \cdot p_j^I$$

(3.7) $$T^{ind} = \sum_{j=1}^{PO} T_j^{ind}$$

(3.8) $$T^{ind,E} = \sum_{j=1}^{PO} T_j^{ind,E}$$

(3.9) $$SUB = \sum_{l=1}^{12} SUB_l$$

(3.10) $$L = \sum_{i=1}^{PH} L_i + L^E = \sum_{i=1}^{PH} l_i \cdot ANSE_i + L^E$$

(3.11) $$Q = \sum_{l=1}^{12} Q_l + QIVI + Q^E$$

mit

D	gesamte nominelle Abschreibungen
d_j	reale Abschreibungen des Sektors j
p_j^I	Preisindex für Anlageinvestitionen im Sektor j
T^{ind}	gesamte Zahlungen von indirekten Steuern an den Staat
T_j^{ind}	Zahlungen von indirekten Steuern des Sektors j an den Staat
$T^{ind,E}$	gesamte Zahlungen von indirekten Steuern an das Ausland
$T_j^{ind,E}$	Zahlungen von indirekten Steuern des Sektors j an das Ausland
SUB	gesamte Subventionszahlungen
SUB_l	Subventionszahlungen an den Sektor l
L	gesamte Lohnsumme
L_i	Einkommen aus unselbständiger Arbeit in Sektor i
l_i	Lohnsatz in Sektor i

$ANSE_i$	Arbeitsvolumen Nichtselbständiger in Sektor i [1]
Q	gesamte Gewinne
Q_l	Einkommen aus Unternehmertätigkeit und Vermögen in Sektor l
QIVI	Vorsteuerabzug auf Investitionen [2]
Q^E	Saldo der Kapitalertragsbilanz
L^E	Saldo der Dienstleistungsbilanz

$j \in \{1,\ldots,12,B,L,G,SV,PO\}$
$l \in \{1,\ldots,12\}$
$i \in \{1,\ldots,12,B,L,G,SV,PO,PH\}$.

3.4. Übereinstimmung der nominellen Bruttoproduktionswerte von der Verwendungs- und Entstehungsseite

Über die Gleichungen (3.1) und (3.2) haben wir den definitorischen Rahmen für die in der Randspalte der Sozialproduktstabelle ausgewiesenen [3] nominellen Produktionswerte abgesteckt. Es muß nun gewährleistet sein, daß diese Größen zu jedem Prognosezeitpunkt in Übereinstimmung mit den in den einzelnen Sektoren entstandenen Bruttoproduktionen, die in der Randzeile der Sozialproduktstabelle verbucht sind [4], errechnet werden. Für die Zweige der privaten Wirtschaft erreichen wir dies, indem wir die sektoralen Gewinne als Differenzgröße aus Erlös und Kosten definieren [5], also

$$(3.12) \quad Q_j = X_j - \Big(\sum_{i=1}^{PH} a_{ij}\cdot p_i\cdot x_j + \sum_{k=1}^{OH} a^M_{kj}\cdot p^M_k\cdot x_j + d_j\cdot p^I_j + T^{ind}_j + T^{ind,E}_j - SUB_j + L_j\Big) ,$$

$$j \in \{1,\ldots,12\} .$$

---

1) In den Sektoren B, L, G, SV, PO, und PH stimmt das Arbeitsvolumen der Nichtselbständigen mit dem gesamten Arbeitsvolumen A_j überein.

2) Der Vorsteuerabzug auf Investitionen wird auf die Anlageinvestitionen der privaten Wirtschaftssektoren und die Vorratsinvestitionen aufgeteilt. Man vergleiche auch die Anmerkung in Kapitel 2.1.

3) vgl. Tabelle 2, Spalte 46, Zeilen 1 - 18

4) vgl. Tabelle 2, Zeile 39, Spalten 1 - 18

5) Diese Methode entspricht der Vorgehensweise des DIW bei der Datenerstellung. Man vergleiche dazu z.B. Baumgart [9], S. 13.

Die Staatssektoren, die privaten Organisationen und die privaten Haushalte weisen keine Gewinne auf. Hier ergibt sich die geforderte Übereinstimmung durch die Spezifikation der jeweiligen Preise als Einheitskosten:

$$(3.13) \quad p_j = \sum_{i=1}^{PH} a_{ij} \cdot p_i + \sum_{k=1}^{OH} a_{kj}^M \cdot p_k^M + dk_j \cdot p_j^I + t_j^{ind} \cdot p_j + l_j \cdot h_j \quad ,$$

$$j \in \{B,L,G,SV,PO,PH\}$$

mit

$dk_j := \frac{d_j}{x_j}$ realer Abschreibungskoeffizient des Sektors j

$T_j^{ind} := \frac{T_j^{ind}}{x_j \cdot p_j}$ indirekter Steuersatz in Sektor j

$h_j := \frac{A_j}{x_j}$ Arbeitskoeffizient in Sektor j

A_j Arbeitsvolumen in Sektor j .

3.5. Gesamtkonsum und Konsumgüterstruktur der privaten Haushalte

Der nominelle Gesamtkonsum der privaten Haushalte [1] soll im Disaggregierten Prognosemodell durch die Konsumfunktion von Klein [2] erklärt werden. Die Nachfragestruktur wird durch ein lineares Ausgabensystem bestimmt [3]. Die Übereinstimmung der gesamten Konsumausgaben mit der Summe der nominellen Einzelnachfragen erhalten wir entweder durch die Parameternebenbedingungen bei der Schätzung des Nachfragesystems oder die Definition einer Einzelnachfrage als Restgröße. Somit gilt:

$$(3.14) \quad C^{PH} = \sum_{i=1}^{PH} c_i^X \cdot p_i + \sum_{k=1}^{OH} c_k^M \cdot p_k^M \quad .$$

C^{PH} ist der nominelle Gesamtkonsum der privaten Haushalte.

---

1) vgl. Tabelle 2, Zeile 39, Spalte 23
2) vgl. Kapitel 9.2.
3) vgl. Kapitel 9.3.

3.6. Die Investitionsgüterstruktur und die sektoralen Anlageinvestitionsentscheidungen

Im Disaggregierten Prognosesystem wird die Investitionsgüterstruktur durch das System der inländischen und ausländischen Investitionskoeffizienten b_{il} (bzw. b^M_{kl}) erklärt [1]. Die sektoralen, realen Anlageinvestitionsentscheidungen bestimmen wir aber unabhängig von der Nachfragestruktur [2]. Somit ergeben sich die sektoralen, nominellen Anlageinvestitionen I^{ANL}_l [3] einerseits als

$$(3.15) \qquad I^{ANL}_l = i^{ANL}_l \cdot p^I_l \,,$$

und andererseits durch die Summe

$$(3.16) \qquad I^{ANL}_l = \sum_{i=1}^{PH} b_{il} \cdot p_i \cdot i^{ANL}_l + \sum_{k=1}^{OH} b^M_{kl} \cdot p^M_k \cdot i^{ANL}_l \text{ [4]} \,,$$

$$l \in \{1,\ldots,11,WO,SO,B,L,G,SV,OH\} \,.$$

Die Gleichheit der Anlageinvestitionsentscheidung in (3.15) mit der Summe der nominellen Investitionsgüternachfragen in (3.16) ist durch folgende Definition der Preisindizes für Anlageinvestitionen gesichert [5]:

$$(3.17) \qquad p^I_l = \sum_{i=1}^{PH} b_{il} \cdot p_i + \sum_{k=1}^{OH} b^M_{kl} \cdot p^M_k \,.$$

3.7. Sonstige Definitionsgleichungen der Sozialproduktstabelle

$$(3.18) \qquad E = \sum_{i=1}^{PH} e_i \cdot p^E_i + \sum_{k=1}^{OH} e^M_k \cdot p^E_k$$

E ist das gesamte nominelle Exportvolumen.

---

1) vgl. Kapitel 11.
2) vgl. Kapitel 10.
3) vgl. Tabelle 2, Zeile 39, Spalten 25 - 42
4) Der Einfachheit halber verzichten wir darauf, den bei den Sektoren der privaten Wirtschaft seit 1968 verbuchten Vorsteuerabzug auf Investitionen anzugeben. Man vergleiche dazu Kapitel 11.2.
5) vgl. Kapitel 11.2.

$$(3.19)\quad I^{VORI} = \sum_{l=1}^{12} i_l^{VORI} \cdot p_l \quad 1)$$

$$(3.20)\quad I^{VORO} = \sum_{l=1}^{12} i_l^{VORO} \cdot p_l \quad 1)$$

I^{VORI} (bzw. I^{VORO}) sind die gesamten nominellen Vorratsinvestitionen an Inputgütern (bzw. Outputgütern).

3.8. Das definitorische Gerüst der Transfertabelle

Die Übereinstimmung der Zahlungen und Empfänge eines Sektors der konsolidierten Transfertabelle wird durch die Erklärung der sektoralen Ersparnis als Restgröße erreicht. Im einzelnen gilt:

$$(3.21.a)\quad Z_{1,2} = \sum_i T^r_{i,U} + D + Q$$

$$(3.21.b)\quad S^U = Z_{1,2} - \sum_j T^r_{U,j}$$

$$(3.22.a)\quad Z_3 = \sum_i T^r_{i,PH} + L$$

$$(3.22.b)\quad S^{PH} = Z_3 - \sum_j T^r_{PH,j} - C^{PH}$$

$$(3.23.a)\quad Z_4 = \sum_i T^r_{i,PO}$$

$$(3.23.b)\quad S^{PO} = Z_4 - \sum_j T^r_{PO,j} - C^{PO}$$

$$(3.24.a)\quad Z_5 = \sum_i T^r_{i,GK} + T^{ind,GK} - SUB^{GK}$$

$$(3.24.b)\quad S^{GK} = Z_5 - \sum_j T^r_{GK,j} - C^{GK}$$

---

1) Vorratsinvestitionen sind nur bei den Sektoren der privaten Wirtschaft verbucht. In Kapitel 3.1. ist diese Tatsache der Einfachheit halber nicht angegeben worden. Die Bewertung der sektoralen Vorratsinvestitionen erfolgt - entsprechend der zeilenweisen Preisbereinigung - durch die jeweiligen inländischen Preisindizes. Man vergleiche dazu Kapitel 12.

(3.25.a) $$Z_6 = \sum_i T^r_{i,SV} + T^{ind,SV}$$

(3.25.b) $$S^{SV} = Z_6 - \sum_i T^r_{SV,j} - C^{SV}$$

(3.26.a) $$Z_7 = \sum_i T^r_{i,E} + M - SUB^E$$

(3.26.b) $$S^E = Z_7 - E$$

mit

$Z_{1,2}$	gesamte Empfänge des Sektors Unternehmen
Z_3	gesamte Empfänge des Sektors private Haushalte
Z_4	gesamte Empfänge des Sektors private Organisationen
Z_5	gesamte Empfänge der Gebietskörperschaften
Z_6	gesamte Empfänge der Sozialversicherung
Z_7	gesamte Empfänge des Auslands
$T^r_{i,j}$	Transferzahlungen von Sektor i an Sektor j, $i,j \in \{U,PH,PO,GK,SV,E\}$
C^k	nomineller Konsum des Sektors $k \in \{PH,PO,GK,SV\}$
$T^{ind,l}$	indirekte Steuerzahlungen an Sektor $l \in \{GK,SV\}$, wobei gilt: $T^{ind} := T^{ind,GK} + T^{ind,SV}$.
SUB^m	Subventionszahlungen des Sektors $m \in \{GK,E\}$, wobei gilt: $SUB := SUB^{GK} + SUB^E$.
S^j	Ersparnis des Sektors $j \in \{U,PH,PO,GK,SV,E\}$.

3.9. Gleichheit von Ersparnis und Investitionen

Die durch die Definitionsgleichungen (3.1 - 3.26) bestimmte Grundstruktur des Disaggregierten Bonner Prognosesystems erfüllt die am Anfang dieses Kapitels aufgeführten Konsistenzbedingungen a), b) und c). Es bleibt zu zeigen, daß sich die sektoralen Finanzierungssalden in jedem Prognosezeitpunkt zu Null aufsummieren.

<u>Satz:</u> Bei Gültigkeit der Definitionsgleichungen (3.1 - 3.26) erfüllt das Disaggregierte Prognosemodell in jedem Lösungszeitpunkt die Gleichungen

(3.27.a) $$S = I$$

bzw. äquivalent dazu

(3.27.b) $$\sum_j F_j = 0$$

mit

S - gesamte Ersparnis
I - gesamte Investitionen
F_j - Finanzierungssaldo des Sektors $j \in \{U, PH, PO, GK, SV, E\}$.

<u>Beweis:</u> Summiert man in der Sozialproduktstabelle alle Felderwerte zeilen- und spaltenweise auf, so ergibt sich unter Berücksichtigung der Definitionsgleichungen (3.1 - 3.20):

(i) $$\sum_{i=1}^{PH} X_i + M + D + T^{ind} + T^{ind,E} - SUB + L + Q =$$

$$\sum_{j=1}^{PH} X_j + C^{GK} + C^{PO} + C^{PH} + \underbrace{\sum_{l=1}^{OH} I_l^{ANL} + I^{VORI} + I^{VORO}}_{=: I} + E .$$

Somit gilt:

(ii) $$M + D + T^{ind} + T^{ind,E} - SUB + L + Q = C^{GK} + C^{PO} + C^{PH} + I + E$$

Aufgrund der Definitionsgleichungen (3.21 - 3.26) gilt in der Transfertabelle

(iii) $$\sum_{i=U}^{E} \sum_{j=U}^{E} T_{i,j}^{r} + D + Q + L + T^{ind} + T^{ind,E} - SUB + M =$$

$$\sum_{j=U}^{E} \sum_{i=U}^{E} T_{j,i}^{r} + C^{PH} + C^{PO} + C^{GK} + C^{SV} + E + \sum_{i=U}^{E} S^{i}$$

Somit gilt:

(iv) $$D + Q + L + T^{ind} + T^{ind,E} - SUB + M =$$

$$C^{PH} + C^{PO} + C^{GK} + C^{SV} + E + \sum_{i=U}^{E} S^{i} .$$

Aus (ii) und (iv) folgt (3.27.a) direkt. □

4. Die exogenen Modellvariablen

Verfolgt man die Entwicklung der Modellbautätigkeiten im Bonner SFB 21, so kann man bei allen hier erstellten Prognosesystemen ein gemeinsames Grundkonzept erkennen. Es sollen möglichst alle relevanten wirtschaftlichen Abläufe und Beziehungen modellendogen erfaßt werden. Die Exogenisierung von Modellvariablen erfolgt aufgrund modelltechnischer Gegebenheiten - z.B. wegen fehlenden Datenmaterials für eine endogene Erklärung -, aber nicht in Hinsicht auf vorher festgelegte Untersuchungsziele [1]. Charakteristisch für diese Vorgehensweise ist die Aussage von Krelle: "Was alle Modelle leisten können, sind bedingte Prognosen, nämlich Schätzung der endogenen Größen bei Vorgabe der exogenen und der Instrumentvariablen. Je kleiner die Zahl der exogenen Größen, umso brauchbarer ist das System, natürlich auch umso komplizierter und leichter zu falsifizieren." [2]

Die exogenen Variablen des Disaggregierten Prognosemodells ergeben sich aus bisher teilweise bzw. vollständig fehlenden Modellteilen, deren Bearbeitung aufgrund von Datenproblemen und mangelnder theoretischer Grundlagen auf einen späteren Zeitpunkt verschoben worden ist. Es handelt sich im wesentlichen um die drei Komplexe

- Außenhandel
- monetäres Submodell
- sozio-ökonomisches Submodell.

In den folgenden drei Unterabschnitten werden wir die exogenen Modellvariablen im einzelnen auflisten und die Methoden ihrer Fortschreibung darstellen.

4.1. Die exogenen Variablen des Außenhandelsmodells

In seiner jetzigen Version erklärt das Disaggregierte Prognosesystem die Exporte der Wirtschaftssektoren der Bundesrepublik Deutschland an die übrige Welt, die Importe nach Güterarten sowie die Transferbeziehungen mit dem

1) Man vergleiche im Gegensatz dazu z.B. das USW-Modell [89].
2) Krelle [83], S.5

Ausland. Aufgrund des fehlenden sektoral gegliederten Datenmaterials können detailliertere Außenhandelsbeziehungen, z.B. mit einzelnen Ländern oder Ländergruppen, nicht analysiert werden. Die übrige Welt wird als ein Sektor "Ausland" betrachtet. Die Darstellung des Außenhandels beschränkt sich somit im wesentlichen auf die entsprechenden Vorgänge innerhalb der Volkswirtschaft der B.R.D., wobei die wichtigsten wirtschaftlichen Größen der übrigen Welt vorgegeben werden. Hieraus ergibt sich die exogene Erklärung folgender Variablen:

- sektorale Preisindizes für Importe
- Weltmarktpreise in $
- Wechselkurs
- Welthandelsvolumen
- Salden der Dienstleistungs- und Kapitalertragsbilanz.

Die Fortschreibung der Zeitreihen für die Weltmarktpreise, das Welthandelsvolumen und das Dienstleistungs- bzw. Kapitalertragssaldo ist durch die entsprechenden Prognosen des Bonner Modells 10 gesichert [1]. Die Weiterführung der sektoralen Preisindizes für Importe erweist sich als problematischer. Das Bonner Modell 10 erklärt leider nur Importpreise in einer 4-Sektorenklassifikation, die sich aus der SITC-Unterteilung der UN [2] ergibt. Uns stehen somit Preisindizes für die Gütergruppen

- 01 Lebensmittel und Getränke (SITC 0 und 1)
- 24 Rohmaterial (SITC 2 und 4)
- 3 Öle und Fette (SITC 3)
- 59 Fertigprodukte (SITC 5 - 9)

zur Verfügung. Wir schreiben deshalb die sektoralen Importpreise wie folgt fort. Für die Prognosejahre 1975 - 1981 berücksichtigen wir, soweit möglich, die entsprechenden Zeitreihen des Statistischen Bundesamtes [142] bzw. interne Daten des DIW. Für alle weiteren Prognosejahre verwenden wir Trendextrapolationen bei Zugrundelegung der Importpreisprognosen des Bonner Modells 10. Diese Vorgehensweise erscheint sinnvoller als eine einfache Fortschreibung durch Zeittrends.

1) vgl. auch Kapitel 13.
2) SITC = "Standard International Trade Classification of the United Nations"; vgl. [149].

4.2. Exogene monetäre Variable

Zur Erklärung der Nachfrage nach Kapital und Arbeit benötigen wir im Disaggregierten Prognosesystem die Zeitreihe für einen mittel- bis langfristigen Zinssatz [1]. Diese Größe kann wegen des fehlenden monetären Submodells nicht endogen bestimmt werden. Wir entnehmen deshalb aus dem Bonner 10 die Variable

ROBLD - Obligationenrendite .

Für die Zukunft ist geplant, das Disaggregierte Modell mit dem monetären Teil des Modells 10 zu koppeln, so daß auch die Rückkopplungen zwischen realen und monetären Variablen erfaßt werden.

4.3. Exogene politische Variable

Der Einfluß sozialer und politischer Größen auf wirtschaftliche Abläufe ist bisher selten modellendogen in ökonometrischen Prognosesystemen erfaßt worden. Vorarbeiten in dieser Richtung sind u.a. von Krelle [88], Wold [153] und Frerichs [34] geleistet worden. Zur Zeit erfassen wir im Disaggregierten Prognosesystem politische Einflüsse durch Dummy-Variablen. Die wichtigsten sind

- Dummy-Variable für die Große Koalition (1967 - 1969)
- Dummy-Variable für die SPD/FDP-Koalition (ab 1970)
- Dummy-Variable für die Einführung der Mehrwertsteuer im Jahr 1968.

Die Referenzperiode des Disaggregierten Prognosesystems II endet leider mit dem Jahr der ersten Rohölkrise 1974. Sehr viele Zeitreihen weisen hier erhebliche Sprünge auf, die in der ökonometrischen Analyse nicht immer erfaßt werden. Wir haben dennoch <u>weitgehend</u> darauf verzichtet, diese Einflüsse durch die Aufnahme einer entsprechenden Dummy-Variablen zu erfassen. Dies würde zwar den ex post-fit verbessern, ist aber für ex ante-Prognosen nicht geeignet.

---

1) vgl. die Kapitel 10. und 15.

4.4. Sonstige exogene Variable

Die weiteren exogenen Größen sind

- die Wohnbevölkerung
- das Erwerbspersonenpotential
- die sektoralen Vorsteuerabzüge auf Investitionen.

Die Zahl der Erwerbspersonen bzw. der Wohnbevölkerung kann den Veröffentlichungen des Statistischen Bundesamtes [142] entnommen werden. Die Informationen über den seit 1968 möglichen Vorsteuerabzug auf Investitionen sind so gering, daß eine Erklärung durch Regressionsanalysen nicht sinnvoll ist. Die Fortschreibung dieser Größen erfolgt durch eigene Abschätzungen.

Teil 2

Die endogenen Variablen des

Disaggregierten Prognosesystems

5. Allgemeine Übersicht

In diesem Teil der Arbeit werden sämtliche in den Sozialprodukts- und Transfertabellen aufgeführten wirtschaftlichen Aktivitäten, die nicht durch Definitionsgleichungen oder exogen bestimmt sind, theoretisch erklärt und mit ökonometrischen Methoden analysiert. Zur besseren Übersicht unterteilen wir das Disaggregierte Prognosesystem in 12 inhaltlich abgegrenzte Variablengruppen, die dann in jeweils einem Kapitel behandelt werden. Eine anschauliche Darstellung dieser Einteilung findet man in Tabelle 6.

Die methodische Vorgehensweise jedes Abschnitts ist durch folgende inhaltliche Dreiteilung gekennzeichnet:

- Allgemeine Darstellung des zu behandelnden Problemkreises; kurze Datenanalyse und Einordnung in den Systemzusammenhang.

- Theoretisches Konzept und ökonometrischer Schätzansatz.

- Resultate der ökonometrischen Analyse.

In den Abschnitten, die die Vorleistungs- und Investitionsstruktur erklären, schließen sich an die ökonometrischen Untersuchungen Systemprüfungen an, in denen die Prognosegüte der Einzelschätzungen in einem einfachen Modellzusammenhang getestet wird. Vergleiche zu Prognosen mit konstanten Inputstrukturen und Sensitivitätsanalysen vermitteln zusätzlich einen Eindruck von der Größenordnung der Fehler.

In einigen Untersuchungen, z.B. bei der Analyse der sektoralen Vorratsinvestitionen, ziehen wir Querverbindungen zu den Resultaten der ersten Modellvariante. Auf diese Weise können gewisse Problematiken, die sich aus zum Teil unvollständigen theoretischen Ansätzen bzw. ungesichertem Datenmaterial ergeben, besser verdeutlicht werden.

Bevor wir mit der Untersuchung der wirtschaftlichen Beziehungen beginnen, werden im folgenden Kapitel die verwendeten ökonometrischen Methoden vorgestellt. Wir stellen diese Ausführungen bewußt an den Anfang, da im Rahmen eines planvollen Modellaufbaus die Probleme

- Welche Schätzverfahren sollen (und können) verwendet werden?

- Nach welchen Kriterien werden die besten Ansätze ausgewählt?

von Anfang an gelöst sein müssen. Disaggregierte Prognosesysteme dieser Größenordnung können schon wegen des teilweise ungesicherten Datenmaterials nicht überall gute Resultate - im Sinne von theoretischer Plausibilität und statistischer Sicherung und guter Anpassung - liefern, so daß den Auswahlkriterien eine besondere Bedeutung zukommt. In aggregierten Modellen tritt dieses Problem nicht so häufig auf, da dort die Schätzresultate in der Regel besser sind.

Tabelle 6 : <u>Einteilung des Disaggregierten Bonner Prognosesystems in Variablengruppen</u>

lfd.Nr.		1................18	19...22	23 24	25.............42	43 44	45	46	
	von ↓ / an →	Vorleistungen	staatl. Konsum	priv. Kons.	Anlageinvestitionen	Vor.-Inv.	Exp.	Summe	Preise
1 ⋮ 18	Landwirtschaft ⋮ Priv.Haushalte	A	B	C	E	F	G	::::::	J
19 ⋮ 32	↑ Importe ↓	A	//////	C	E	//////	G	::::::	/////
33 34 35 36	Abschreibungen Ind.Steuern ST Ind.Steuern Au Subventionen	H	//////	/////	////////////////	/////	////	::::::	
37	Löhne	I	//////	/////	////////////////	/////	////	::::::	
38	Gewinne	::::::::::::::	//////	/////	////////////////	/////	////	::::::	
39	Summe	::::::::::::::	::::::	C	D	::::::	::::::	::::::	

(Zeile 37 → Arbeitsmarkt (I))

Arbeitsmarkt (I)

Transfertabelle (K)

Sonstige Variable (L)

Es bedeuten *) : A - die Vorleistungsverflechtungsmatrizen
B - der Konsum der Staatssektoren
C - der private Konsum
D - die sektoralen Bruttoanlageinvestitionen
E - die Güterstruktur der Anlageinvestitionen
F - die Vorratsinvestitionen
G - die Exporte
H - die primären Inputs (ohne Arbeitsinputs)
I - der Arbeitsmarkt
J - das Preissystem
K - die Transferbeziehungen
L - sonstige Variable
.... Die Zeitreihe wird durch eine Definitionsgleichung erklärt
//// Die Zeitreihe ist im Referenzzeitraum Null oder wird exogen bestimmt

---

*) In dieser Reihenfolge werden die einzelnen Variablengruppen im folgenden besprochen.

6. Ökonometrische Methoden

6.1. Allgemeine Vorbemerkungen

Der Aufbau ökonometrischer Prognosemodelle erfolgt häufig derart, daß die Parameter der Verhaltensfunktionen jede für sich mit dem OLS (ordinary least squares) - Verfahren [1] geschätzt und die Einzelgleichungen dann zu einem Modell zusammengesetzt werden. Allerdings bleiben dabei eventuell bestehende Systemzusammenhänge unberücksichtigt. Das OLS-Verfahren führt aber bei interdependenten Systemen zu verzerrten Schätzungen. Die dadurch entstehenden Fehler müssen im Rahmen des "fine-tunings" durch Auswechseln von Gleichungen, Einbau von Dummy-Variablen usw. korrigiert werden. Dennoch weist diese pragmatische Vorgehensweise erhebliche Vorteile auf, die wir im folgenden kurz skizzieren wollen.

- Trotz der "Interdependenz-Verzerrung" [2] führt das OLS-Verfahren zu besseren Datenanpassungen als alle anderen Schätzer. Auch das Vorzeichen und die Größenordnung der Parameter werden in der Regel richtig erfaßt (vgl. Schönfeld [131], S.224ff).
- Systemschätzverfahren behandeln alle zu erklärenden Variablen gleichwertig. Dementsprechend verhält sich auch die Fehlerverteilung der Schätzungen. Bei einer pragmatischen Vorgehensweise würde man u.U. ein schlechtes Schätzergebnis bei einer unwichtigen Variablen in Kauf nehmen, wenn dadurch wichtige Modellteile besser erklärt werden.
- Der OLS-Schätzer führt bei verzögerten endogenen Variablen auf der rechten Seite der Gleichungen immerhin noch zu konsistenten Resultaten (vgl. Schneeweiß [129], S.207ff). In vielen Fällen kann man deshalb durch eine geeignete Spezifizierung der lag-Struktur des Modells Inkonsistenzen von vornherein vermeiden.
- Der Rechenaufwand von Einzelschätzverfahren - insbesondere OLS - ist im Gegensatz zu Systemschätzern äußerst gering. Da bei Systemschätzverfahren jeweils die Varianz - Kovarianz - Matrix der Residuen invertiert werden muß, wächst hier der Speicherplatz- und Rechenzeitbedarf quadratisch mit der Zahl der Gleichungen. Aus diesem Grunde sind alle z.Z. existierenden

---

1) Vorausgesetzt, die Gleichungen liegen in linearer bzw. linearisierbarer Form vor.
2) Schönfeld [131], S. 224

Software-Pakete in der Größe der schätzbaren Gleichungssysteme beschränkt. Das Bonner IAS-System läßt in seiner neuesten Version z.B. 30 Modellgleichungen zu (vgl. Weihs [150], S.15).

Im Disaggregierten Bonner Prognosemodell erweist sich der letztgenannte Punkt als besonders problematisch, da hier im Vergleich zu aggregierten Systemen die Zahl der gleichzeitig abhängigen Variablen jeweils multipliziert mit der Sektorenzahl zunimmt - in einigen interdependenten Blöcken sogar quadratisch. Aus diesem Grunde ist der überwiegende Teil der Verhaltensfunktionen des Disaggregierten Prognosesystems mit Einzelschätzverfahren bestimmt worden. Diese sind

- die gewöhnliche Methode der kleinsten Quadrate (OLS)
- die iterative verallgemeinerte Methode der kleinsten Quadrate (CORC)
- die nichtlineare Methode der kleinsten Quadrate (NLLS)

Einzelheiten zur Anwendung dieser Schätzmethoden entnehme man Teil 2 dieses Kapitels.

Manchmal erweist sich aber die Benutzung von Systemschätzern als unumgänglich, z.B. wenn aufgrund eines geschlossenen theoretischen Konzeptes die statistische Abhängigkeit von Gleichungen untereinander angenommen werden muß oder wenn gleichungsübergreifende Parameterrestriktionen vorliegen. Dies ist aufgrund der in den Forschungsplänen des Disaggregierten Modells festgelegten Konzepte bei folgenden Variablengruppen der Fall

- Konsumgüternachfrage der privaten Haushalte
- Aufteilung der Ausgaben der Staatssektoren auf Transferzahlungen, Subventionen, Konsum und Inventionen
- Aufteilung der gesamten Subventionszahlungen auf die Sektoren der privaten Wirtschaft
- Aufteilung der Transferzahlungen der Gebietskörperschaften und der Sozialversicherung

Alle Teilsysteme von Gleichungen sind mit dem verallgemeinerten Minimum-Distance-Verfahren von Malinvaud [104] geschätzt worden. Nähere Angaben dazu entnehme man Teil 3 dieses Kapitels.

6.2. Schätzverfahren für Einzelgleichungen

Wir unterstellen bei der Analyse von einzelnen Verhaltensgleichungen folgendes ökonometrische Modell:

$$(6.1) \quad y_t = f(x_{1t},\dots,x_{nt};\alpha_1,\dots,\alpha_k) + u_t$$
$$=: f(x_t;\alpha) + u_t$$

wobei y_t der Regressand, x_t der Vektor der erklärenden Variablen, α der Vektor der zu schätzenden Parameter und u_t ein Störterm ist. Es gelte außerdem

$$(6.1.a) \quad E(u_t) = 0$$

$$(6.1.b) \quad E(u_t \cdot u_{t'}) = 0 \quad , \quad t \neq t' \in \{1,\dots,T\}$$

$$(6.1.c) \quad E(u_t^2) = \sigma^2 \quad , \quad \sigma > 0$$

Ist die Funktion f linear in den α, so wird sie mit dem OLS-Verfahren geschätzt. Im Falle des klassischen Regressionsmodells[1)] führt das OLS-Verfahren zu besten, linearen, unverzerrten Schätzungen (vgl. Schönfeld [130], S. 57ff). Treten auf der rechten Seite von (6.1) verzögerte endogene Variable auf, so sind die Schätzungen noch konsistent (vgl. Schneeweiß [129], S. 207ff).

Ist die Verhaltensfunktion f weder linear noch linearisierbar (z.B. durch Logarithmierung beider Seiten von (6.1)), verwenden wir die nichtlineare Methode der kleinsten Quadrate. Die Bedingungen, unter denen diese Schätzungen konsistent sind, entnehme man z.B. Schönfeld [131], S. 129ff. Das NLLS-Verfahren wird im Bonner IAS-System unter Verwendung eines Levenberg-Marquardt-Algorithmus berechnet (vgl. Levenberg [100], Marquardt [106], More [108], Weihs [150]).

Wird in der linearen Variante des Regressionsmodells (6.1) die Annahme (6.1.b) ersetzt durch

---

1) Im klassischen Regressionsmodell gilt zusätzlich
   a) Die Matrix der Beobachtungen $X=(x_1,\dots,x_T)'$ ist exogen determiniert und nichtstochastisch.
   b) X hat maximalen Spaltenrang.
   c) Über (α,σ) ist als Information nur (y,X) verfügbar.

(6.1.d) $u_t = \rho \cdot u_{t-1} + \varepsilon_t$.

mit $E(\varepsilon_t) = 0$; $E(\varepsilon_t^2) = \tau^2$, $\tau > 0$; $E(\varepsilon_t \cdot \varepsilon_{t'}) = 0$, $t \neq t' \in \{1,\dots,T\}$,

so nimmt man an, daß eine Autokorrelation der Fehlervariablen vorliegt. Dieses Phänomen ist häufig dann anzutreffen, wenn auf der rechten Seite der Verhaltensgleichung die zu erklärende Variable in verzögerter Form auftritt [1]. In diesem Fall kann die iterative Methode der kleinsten Quadrate (vgl. Cochrane, Orcutt [19]) zu besseren Resultaten führen. Einseitige Fehlschätzungen bei dynamischen Systemlösungen werden dadurch u.U. vermieden .

6.3. Schätzverfahren für Teilsysteme

Wir unterstellen für die in dieser Arbeit zu schätzenden Teilsysteme das folgende ökonometrische Modell. Im Schätzzeitraum seien n endogene Variable y_i und m vorherbestimmte Größen x_j beobachtbar. Mit u_i, $1 \leq i \leq n$, seien die nichtbeobachtbaren Zufallsvariablen bezeichnet. Es bestehe folgender Zusammenhang zwischen den Variablen [2]

(6.2) $y_{it} = f_i\,(y_{1t},\dots,y_{nt};x_{1t},\dots,x_{mt};\alpha_1,\dots,\alpha_k) + u_t$

$=: f_i\,(y_t;x_t;\alpha) + u_{it}$.

Die $\alpha_1,\dots,\alpha_k$ sind zu schätzende Parameter. Definiere $u_t := (u_{1t},\dots,u_{nt})'$.
Es gelte außerdem

(6.2.a) $E(u_t) = 0$

(6.2.b) $E(u_t \cdot u_t') = \boldsymbol{\Sigma}_0$ mit $\boldsymbol{\Sigma}_0$ invertierbar

(6.2.c) $E(u_t \cdot u_{t*}') = 0$, $t \neq t^* \in \{1,\dots,T\}$

(6.2.d) Die u_{it} sind unabhängig von den x_{jt} , $1 \leq i \leq n$; $1 \leq j \leq m$

(6.2.b,c) bedeuten, daß die Störterme zwar kontemporär korreliert sein dürfen, intertemporär aber stochastisch unabhängig sind.

---

1) z.B. bei der Klein'schen Konsumfunktion; vgl. Kapitel 9.2.
2) Eventuelle Identitäten werden der Einfachheit halber nicht aufgeführt.

Das Modell (6.2) wird mit dem iterativen Minimum-Distance-Verfahren von Malinvaud ([104], S. 336 ff.) geschätzt. Falls die Verhaltensgleichungen in reduzierter Form vorliegen, also

$$(6.3)\quad y_{it} = f_i(x_{1t},\dots,x_{mt};\alpha_1,\dots,\alpha_k) + u_{it}\ ,\quad i=1,\dots,n,$$

so ist die Lösung dieses Schätzers äquivalent zur Lösung des Maximum-Likelihood-Problems (vgl. Weihs [150], S. 10). In diesem Fall führt schon die 2-Phasen-Variante des Minimum-Distance-Verfahrens zu konsistenten, asymptotisch effizienten Schätzungen. Diese Eigenschaft ist für unsere Arbeit besonders vorteilhaft, da alle simultan zu erklärenden Systeme von Gleichungen des Disaggregierten Prognosemodells in reduzierter Form vorliegen.

Sind die Funktionen f_i in (6.3) linear, so entspricht der 2-Phasen-Variante des Minimum-Distance-Verfahrens der Aitken-Schätzer im Zellner-Modell. Wenn alle Einzelgleichungen dieses Systems die gleichen erklärenden Variablen besitzen, stimmen die OLS-Schätzungen und die Lösungen des Aitken-Schätzers überein (vgl. Schönfeld [131], S. 151 ff.).

Wir wollen zum Abschluß ein bei der Anwendung von Systemschätzverfahren häufig auftretendes Problem behandeln. Alle Teilsysteme von Gleichungen des Disaggregierten Modells, die wir im folgenden untersuchen werden, beinhalten Aufsummierungsbedingungen, die dazu führen, daß zu jedem Schätzzeitpunkt die Summe der Störvariablen u_{it} gleich Null ist; also

$$(6.4)\quad \sum_{i=1}^{n} u_{it} = 0 \quad \text{für alle } t \in \{1,\dots,T\}\ .$$

Daraus folgt aber, daß die Matrix der Varianzen und kontemporären Kovarianzen Σ_0 singulär ist. Das Minimum-Distance-Verfahren ist somit nicht anwendbar, da zu seiner Durchführung jeweils die Varianz-Kovarianz-Matrix der Residuen [1] invertiert werden muß. Dieses Problem kann auf zwei Arten gelöst werden. Die erste Möglichkeit besteht darin, das Schätzverfahren unter Benutzung einer Pseudo-Inversen (Moore-Penrose-Inverse [2]) durchzuführen. Bei der anderen Methode wird eine der n Gleichungen des Systems nicht in die Schätzung miteinbezogen, sondern im Nachhinein als Restgröße bestimmt. Welche Gleichung dabei eleminiert wird, ist für das Resultat irrelevant (vgl. Barten [6], Pollak [116]). Wir haben uns für die einfachere

---

1) Die Varianz-Kovarianz-Matrix $\Sigma_{u,u}$ hat die Form $\Sigma_{u,u} = \mathrm{diag}(\Sigma_0)$.

2) vgl. Schönfeld [131], S. 293 ff. und Hasenkamp [52], S. 58 ff.

zweite Möglichkeit entschieden, zumal die zu untersuchenden Teilsysteme so beschaffen sind, daß die nicht geschätzten Parameter der eliminierten Gleichung rückgerechnet werden können.

6.4. Die Auswahl der besten Ansätze

Zur Auswahl der "besten" Verhaltensgleichungen aus den verschiedenen, geschätzten Ansätzen haben wir statistische, ökonomische und deskriptive Kriterien verwendet. Diese sind

statistisch:	a)	das Bestimmtheitsmaß (R2)
	b)	die Durbin-Watson-Prüfgröße (DW)
	c)	die empirischen t-Werte der Parameterschätzungen
ökonomisch:	d)	Plausibilität der Vorzeichen und der Größenordnung der geschätzten Parameter
	e)	Wichtigkeit innerhalb des zugrundeliegenden theoretischen Konzepts
deskriptiv:	f)	Vergleich der realisierten und geschätzten Entwicklung der Variablen anhand von Plots

Die Aussagen des Bestimmtheitsmaßes und des empirischen t-Testes gelten nur im klassischen Regressionsmodell ohne Einschränkung. In allen anderen Fällen können sie nur als - mehr oder weniger brauchbare - Approximation dienen. Ähnliches gilt für den Durbin-Watson-Test. Detaillierte Ausführungen zur Aussagefähigkeit dieser statistischen Prüfmaße - auch bei Verletzung ihrer Voraussetzungen - entnehme man Schönfeld [130], [131] und Schneeweiß [129].

Für die Anwendung der o.g. Qualitätskriterien ist folgende Rangordnung aufgestellt worden. Wichtigstes Kriterium ist die theoretische Plausibilität der Vorzeichen und Größenordnung der geschätzten Parameter. Bei Nichterfüllung dieser Bedingung wird der Ansatz verworfen. In einigen Fällen ist das richtige Vorzeichen der Parameter durch Nebenbedingungen erzwungen worden [1]. In diesem Fall sind zusätzlich die empirischen t-Werte der Parameterschätzungen entscheidend berücksichtigt worden.

---

1) vgl. Kapitel 9.

Als zweitwichtigstes Kriterium haben wir eine Kombination der Bedingungen c), e) und f) verwendet. Dabei ist je nach Art und Wichtigkeit einer Variablen wahlweise die Datenanpassungsgüte, der theoretische Aspekt bzw. die statistische Sicherung bevorzugt berücksichtigt worden. Bei der Fülle und Verschiedenartigkeit der Variablen des Disaggregierten Prognosesystems ist hier eine eindeutige Vorabfestlegung nicht möglich. Es bleibt dem Geschick des Modellbauers überlassen, das beste Resultat auszuwählen. Eine endgültige Aussage wird ohnehin erst im Rahmen der dynamischen Prognosen und der Simulationen möglich sein; hier sind u.U. nachträgliche Korrekturen erforderlich.

Als drittes Kriterium dient die Durbin-Watson-Prüfgröße. Sie erlaubt Aussagen darüber, ob eine Autokorrelation der Residuen vorliegt, oder allgemeiner, ob die geschätzte Verhaltensgleichung den Sachverhalt vollständig erfaßt. Ansätze, bei denen die Durbin-Watson-Prüfgrüße im kritischen Bereich liegt (vgl. Durbin [28]) sind in der Regel verworfen worden. Häufig wird im Falle schlechter Durbin-Watson-Testwerte der gleiche Ansatz mit der iterativen Methode der kleinsten Quadrate (CORC) nachgeschätzt, was meistens eine Verbesserung des DW bewirkt. Dies bedeutet aber nicht immer, daß auch der Erklärungswert, im Sinne einer besseren Anpassung, zugenommen hat. Zunächst besagt die Verbesserung des DW nur, daß der unterstellte lineare, intertemporäre Zusammenhang der Residuen richtig ist. Infolgedessen sollten andere Ansätze, die den Sachverhalt genauer erfassen, gesucht werden.

Das letzte Qualitätskriterium ist das Bestimmtheitsmaß (R2). Es sollte nur in Verbindung mit anderen Beurteilungsmaßstäben verwendet werden, da seine Aussagefähigkeit besonders stark an die Voraussetzungen des klassischen Regressionsmodells, die in der Regel nicht vollständig erfüllt sind, gebunden ist. Besonders der direkte Zusammenhang zwischen Anpassungsgüte und R2 ist nicht immer gegeben [1)]. Dennoch wird das Bestimmtheitsmaß in den folgenden Abschnitten häufig zur Beschreibung der Schätzresultate herangezogen. Wegen der hohen Zahl der Variablen des Disaggregierten Modells ist es notwendig, eine Dokumentationsform zu finden, die einerseits - zumindest approximativ - die Ergebnisse wiedergibt, andererseits eine knappe Darstellung erlaubt.

---

1) vgl. dazu die Auswertungen des Kapitels 11.5.

7. Die Vorleistungsstrukturen

7.1. Allgemeiner Rahmen

Im Disaggregierten Bonner Prognosemodell wird die langfristige Veränderung der Vorleistungsstrukturen in einem Zweistufenkonzept erfaßt. Zunächst werden die Faktornachfragefunktionen nach inländischen und ausländischen Vorleistungsgütern mit Hilfe preis-, technologie- und kapazitätsabhängiger Input-Koeffizienten bestimmt (vgl. Krelle [75], [80]). Hier liegt der Gedanke zugrunde, daß langfristig die Faktoreinsatzverhältnisse nicht konstant sind, sondern sich aus folgenden Gründen ändern:

- Es gibt langfristig Substitutionsmöglichkeiten zwischen den Faktoren, so daß ein kostenminimierender Unternehmer aufgrund von Preisänderungen teurere gegen billigere Inputgüter austauscht.

- Der technische Fortschritt bewirkt die Einführung neuer Produktionsverfahren bzw. die effizientere Ausnutzung bereits existierender Techniken. Dies führt einerseits zu neuen Inputkombinationen, andererseits zu veränderten Zusammensetzungen der Enproduktaggregate.

- Über- bzw. Unterauslastungen der Produktionskapazitäten können zu Schwankungen der Inputstruktur aufgrund von Lieferengpässen führen.

In der zweiten Stufe werden bei zuvor bestimmtem Preissystem, Stand der Technologie und Kapazitätsauslastungsgrad jeweils für ein Jahr konstante Input-Koeffizienten angenommen. Zu jedem Prognosezeitpunkt lautet dann der Grundansatz zur Bestimmung der realen sektoralen Produktionswerte und Importe

$$A_{t_0} \cdot x_{t_0} + n_{t_0} = x_{t_0} \tag{7.1}$$

$$A^M_{t_0} \cdot x_{t_0} + n^M_{t_0} = m_{t_0} \tag{7.2}$$

mit

$$a_{ij,t_0} = f_{ij}(p_{r,t_0};\ p^M_{s,t_0};\ \tau_{j,t_0};\ \delta_{j,t_0}) \tag{7.3}$$

$$a^M_{kj,t_0} = f^M_{kj}(p_{r,t_0};\ p^M_{s,t_0};\ \tau_{j,t_0};\ \delta_{j,t_0}) \tag{7.4}$$

n_{t_0} - Vektor der realen Endnachfrage nach inländischen Gütern ($n = \sum_m c^m + c^{PH} + Bi^{ANL} + i^{VORI} + i^{VORO} + e$) im Zeitpunkt t_0

$n^M_{t_0}$ - Vektor der realen Endnachfrage nach ausländischen Gütern ($n^M = c^{M,PH} + B^M i^{ANL} + e^M$) im Zeitpunkt t_0

τ_{j,t_0} - Stand der Technologie des Sektors j in t_0

δ_{j,t_0} - Kapazitätsauslastungsgrad des Sektors j in t_0

$i,j,r \in \{1,...,12,B,L,G,SV,PO,PH\}$
$k,s \in \{1,...,12,ST,OH\}$.

Alle anderen Größen sind wie in Kapitel 3. definiert. Das System (7.1,2) kann mit Methoden der Input-Output-Analyse gelöst werden.

(7.5) $x_{t_0} = (I - A_{t_0})^{-1} \cdot n_{t_0}$

(7.6) $m_{t_0} = A^M_{t_0} \cdot (I - A_{t_0})^{-1} \cdot n_{t_0} + n^M_{t_0}$

Dies ist der Grundzusammenhang zwischen den Variablengruppen Vorleistungsverflechtung, Endnachfrage, Produktion und Importe bei gegebenem Stand der Technologie, Kapazitätsauslastungsgrad und Preissystem. Die Dynamisierung dieses Systems erfolgt im Disaggregierten Modell derart, daß durch die modellendogene Erklärung der Endnachfragekomponenten und der inländischen Preisindizes der sektorale Stand des technischen Fortschritts, die sektoralen Kapazitäten und das Preissystem des Folgejahres t_1 bestimmt werden. Diese Größen gehen wiederum in die in der ersten Stufe erklärten Faktornachfragefunktionen f_{ij} (bzw. f^M_{kj}) ein. Man erhält somit die Vorleistungsstrukturen A_{t_1} und $A^M_{t_1}$ des Folgejahres. Dies soll als erster Überblick über die Grundstruktur dieses Modellteils genügen.

Das soeben dargestellte Zweistufenkonzept verbindet den neoklassischen Ansatz, der sich aus der Annahme substituierbarer Inputfaktoren und eines kostenminimierenden Verhaltens der Unternehmen ergibt, mit Methoden der Input-Output-Analyse bei Walras-Leontief-Produktionsfunktionen. Zusätzlich werden Veränderungen der Technologie und Kapazitätsschwankungen berücksichtigt. Daß auf diese Weise, im Gegensatz zum klassischen Leontief-Modell, auch mittel- bis langfristige Prognosen möglich sind, soll im folgenden gezeigt werden.

Im ökonometrischen Modellbau konkurrieren im wesentlichen zwei theoretische Erklärungsmöglichkeiten der Veränderung von Input-Strukturen: zum einen die von Jorgenson angewandte Ableitung der Faktornachfragefunktionen aus einer Kostenfunktion vom Translog-Typ [25], [57] (hier ergeben sich die Input-Koeffizienten als partielle Ableitungen der Einheitskostenfunktion nach den Faktorpreisen mit Hilfe von "Shephard's Lemma" (vgl. Shephard [133], Fuss, McFadden [45], Conrad [24]); zum anderen die direkte Ableitung der Faktornachfrage aus einer Produktionsfunktion vom Cobb-Douglas- (bzw. CES-) Typ bei Annahme des kostenminimierenden Verhaltens eines repräsentativen Unternehmens (vgl. Krelle [75]). Dieses Konzept ist schon in der ersten Version des Disaggregierten Prognosesystems getestet worden. Zu beiden Ansätzen gibt es ausführliche Darstellungen in der Literatur (z.B. Conrad [24], Kübler [96], Nakamura [111], [112]). Ihre jeweiligen Vor- und Nachteile sollen deshalb nicht noch einmal erläutert werden. In der jetzigen Variante des Disaggregierten Prognosemodells sind die inländischen und ausländischen Input-Koeffizienten wiederum nach dem Krelleschen Ansatz geschätzt worden. Einerseits können wir dazu auf die Erfahrungen der ersten Modellversion zurückgreifen, andererseits glauben wir, daß der Jorgensonsche Translog-Ansatz in vollintegrierten Systemen aufgrund seiner Gleichungsstruktur zu Stabilitätsproblemen führt.

7.2. Theorie und Schätzansatz

Wir folgen im wesentlichen den Ausführungen von Kübler [96].

Ausgangspunkt ist eine repräsentative Firma des Wirtschaftssektors j, die zur Produktion des Outputs x_j die Inputfaktoren $v_{1j},\dots,v_{nj}$ benötigt. Der funktionale Zusammenhang sei durch eine Cobb-Douglas-Produktionsfunktion mit konstanten Skalenerträgen gegeben.

(7.7) $$x_j = \alpha_{0j} \cdot \tau_j \cdot \prod_{i=1}^{n} v_{ij}^{\alpha_{ij}} \quad , \quad \alpha_{ij} > 0, \quad \sum_{i=1}^{n} \alpha_{ij} = 1 \quad .$$

Das repräsentative Unternehmen wählt nun diejenige Faktorkombination v_{1j}, $\dots,v_{nj}$, die bei vorgegebener Outputmenge x_j und gegebenen Faktorpreisen $p_1,\dots,p_n$ seine Kosten minimiert. In mathematischer Formulierung lautet das Problem somit:

(7.8.a) $$\sum_{i=1}^{n} p_i \cdot v_{ij} = \min_{v_{ij}}$$

unter der Nebenbedingung

(7.8.b) $x_j - \alpha_{0j} \cdot \tau_j \cdot \prod_{i=1}^{n} v_{ij}^{\alpha_{ij}} = 0$.

Dies ist ein Programmierungs-Problem, das mit Hilfe des Lagrange-Ansatzes gelöst werden kann:

(7.9) $L(v_{ij};\lambda) = \sum_{i=1}^{n} p_i \cdot v_{ij} + \lambda \cdot (x_j - \alpha_{0j} \tau_j \cdot \prod_{i=1}^{n} v_{ij}^{\alpha_{ij}})$

Ein Sattelpunkt der Lagrange-Funktion liefert die Lösung des Problems (7.8.a,b). Die notwendigen Bedingungen für die Existenz eines Sattelpunktes lauten:

(7.10) $\frac{\partial L}{\partial v_{kj}} = p_k - \lambda \cdot \alpha_{kj} \left(\frac{x_j}{v_{kj}}\right) = 0$

(7.11) $\frac{\partial L}{\partial \lambda} = x_j - \alpha_{0j} \cdot \tau_j \prod_{i=1}^{n} v_{ij}^{\alpha_{ij}} = 0$

Aus (7.10) und (7.11) folgt nach einigen Umformungen

(7.12) $\lambda = \tau_j^{-1} \cdot \alpha_{0j}^{-1} \cdot \prod_{i=1}^{n} \left(\frac{p_i}{\alpha_{ij}}\right)^{\alpha_{ij}}$.

Die Faktornachfrage nach Gut k lautet dann

(7.13) $v_{kj} = x_j \cdot \underbrace{\tau_j^{-1} \cdot \alpha_{0j}^{-1} \cdot \prod_{i=1}^{n} \left(\frac{\alpha_{kj}}{\alpha_{ij}}\right)^{\alpha_{ij}}}_{=:\, a_{0j}} \cdot \prod_{i=1}^{n} \left(\frac{p_i}{p_k}\right)^{\alpha_{ij}}$.

Für den entsprechenden Input-Koeffizienten erhält man die Gleichung

(7.14) $a_{kj} := \frac{v_{kj}}{x_j} = \tau_j^{-1} \cdot a_{0j} \cdot \prod_{i=1}^{n} \left(\frac{p_i}{p_k}\right)^{\alpha_{ij}}$.

Die Grundgleichung (7.14) wird nun in Hinblick auf das verfügbare Datenmaterial und weitere Bestimmungsgründe der Veränderung der Vorleistungsstrukturen wir folgt modifiziert.

- Die Wirtschaftssektoren des Disaggregierten Prognosesystems sind noch so hoch aggregiert, daß eine Faktorsubstitution nur zwischen inländischen und ausländischen Gütern gleicher Art angenommen werden kann.
- Aufgrund der Sektoreinteilung der Importmatrizen existieren zu den inländischen Vorlieferungen der Sektoren Bund, Länder, Gemeinden, Sozialver-

sicherung, private Organisationen und private Haushalte keine konkurrierenden Importe. Dementsprechend können die zugehörigen Input-Koeffizienten nicht preisabhängig sein.

- Die einzelnen Wirtschaftssektoren reagieren auf Preisänderungen mit gewissen, sektoral unterschiedlichen Anpassungsgeschwindigkeiten. Dies liegt einerseits daran, daß bestehende Lieferverträge nicht kurzfristig gekündigt werden können; andererseits interpretiert ein Unternehmer eine kurzfristige Preisverschiebung nicht unbedingt als dauerhafte Erscheinung. Wir berücksichtigen diesen Tatbestand dadurch, daß ein Vierjahresdurchschnitt der Preisrelationen in den Schätzansatz aufgenommen wird.
- Der Stand der Technologie eines Wirtschaftssektors wird durch einen Sechsjahresdurchschnitt der Kapital-Arbeits-Relation erfaßt. Wir tragen dadurch der Annahme eines induzierten technischen Fortschritts Rechnung.
- Kurzfristige Schwankungen der Input-Koeffizienten werden durch Über- bzw. Unterauslastungen der Kapazitäten bewirkt. Wir erfassen diesen Effekt mit Hilfe der sektoralen Kapazitätsauslastungsgrade δ_j.

Bei Berücksichtigung der o.g. Tatsachen und entsprechender Umformulierung des Ausgangsproblems (7.8.a,b) erhält man folgende Schätzansätze für die inländischen und ausländischen Input-Koeffizienten:

$$(7.15) \quad a_{ij} = c_{0j} \cdot \overline{(p_i^M/p_i)}^{\alpha_{ij}^M} \cdot \overline{(K_j/A_j)}^{\beta_j} \cdot \delta_j^{\gamma_j}$$

$$(7.16) \quad a_{ij}^M = c_{0j}^M \cdot \overline{(p_i/p_i^M)}^{\alpha_{ij}} \cdot \overline{(K_j/A_j)}^{\beta_j^M} \cdot \delta_j^{\gamma_j^M}$$

für $i \in \{1,\dots,12\}$
$j \in \{1,\dots,12,B,L,G,SV,PO,PH\}$

$$(7.17) \quad a_{kj} = c_{0j} \cdot \overline{(K_j/A_j)}^{\beta_j} \cdot \delta_j^{\gamma_j}$$

$$(7.18) \quad a_{lj}^M = c_{0j}^M \cdot \overline{(K_j/A_j)}^{\beta_j^M} \cdot \delta_j^{\gamma_j^M}$$

für $k \in \{B,L,G,SV,PO,PH\}$
$j \in \{1,\dots,12,B,L,G,SV,PO,PH\}$
$l \in \{ST,OH\}$

mit

$\overline{K_{j,t}} := 1/6 \sum_{\nu=1}^{6} K_{j,t-\nu}$ Sechsjahresdurchschnitt des Bruttoanlagevermögens K_j des Sektors j

$\overline{A_{j,t}} := 1/6 \sum_{\nu=1}^{6} ET_{j,t-\nu}$ Sechsjahresdurchschnitt der Erwerbstätigen ET_j in Sektor j [1]

$$\overline{(p_i/p_i^M)}_t := \sum_{\mu=1}^{4} r_\mu \cdot (p_{i,t-\mu}/p_{i,t-\mu}^M) \text{ , } 0 < r_\mu < 1 \text{ , } \sum_{\mu=1}^{4} r_\mu = 1 \text{ .}$$

7.3. Die Schätzergebnisse und erste Auswertungen

Aufgrund der Schätzansätze (7.15 - 7.18) sind die Verhaltensgleichungen der inländischen und ausländischen Input-Koeffizienten in log-linearer Form mit der gewöhnlichen Methode der kleinsten Quadrate (OLS) geschätzt worden. Parameterrestriktionen sind nur bei den erklärenden Preisrelationen zu beachten gewesen. Aus der Grundannahme einer linearhomogenen Cobb-Douglas-Produktionsfunktion ergibt sich die Aufsummierung der Preiselastizitäten α_{ij} und α_{ij}^M:

$$\alpha_{ij} + \alpha_{ij}^M = 1 \text{ , } \alpha_{ij}, \alpha_{ij}^M > 0 \text{ .}$$

Wegen der Annahme unterschiedlicher Anpassungsgeschwindigkeiten der Faktorsubstitution aufgrund von Preisänderungen kann diese strenge Bedingung wie folgt relativiert werden:

$$0.5 < \alpha_{ij} \text{ , } \alpha_{ij}^M < 1.8 \text{ .}$$

Man vergleiche dazu auch die ökonometrischen Untersuchungen von Kübler [96] und Langer [97]. Über Vorzeichen und Größenordnung aller anderen Parameter können vorab keine Aussagen gemacht werden.

Von insgesamt 576 in der Sozialproduktstabelle ausgewiesenen Vorleistungsfeldern sind in der Referenzperiode 1960 - 1974 401 von Null verschieden [2].

---

1) In der ersten Variante des Disaggregierten Modells ist jeweils das sektorale Arbeitsvolumen A_j verwendet worden. Wir behalten deshalb die Schreibweise $\overline{A_j}$ bei.

2) davon sind 6 Koeffizienten nahezu konstant.

Zur Erklärung dieser Input-Koeffizienten haben wir ca. 50.000 Regressionen durchgeführt. Diese hohe Zahl ergibt sich aus dem Test verschiedener Variablenkombinationen und unterschiedlicher Preisanpassungsgeschwindigkeiten [1]. Die Auswahl der besten Schätzergebnisse erfolgte nach den in Kapitel 6.4. angegebenen Kriterien, wobei sich die o.g. Parameterbeschränkung als sehr restriktiv erwiesen hat.

Betrachten wir zunächst die ermittelten Verhaltensgleichungen in Bezug auf die erklärenden Variablen. Der Einfluß des technischen Fortschritts auf die Veränderung der Vorleistungskoeffizienten erweist sich in den meisten Fällen (ca. 89 %) als signifikant. Bei ca. 75 % der Verhaltensgleichungen sind Auswirkungen von Kapazitätsschwankungen feststellbar. Ungefähr 20 % aller Input-Koeffizienten weisen Substitutionsprozesse aufgrund von Preisänderungen auf. Besonders preisabhängig ist die Lieferstruktur des Sektors 3 (Chemie), während bei Vorleistungskäufen von Gütern der Art 9 (Bau) und 10 (Handel) die Preisrelationen keine Bedeutung haben. Betrachtet man die Entwicklung der inländischen und ausländischen Preisindizes für Güter dieser Sektoren, erscheint das Ergebnis plausibel [2]. Die Inlands- und Importpreise für Produkte der Sektoren 9 und 10 verlaufen nahezu gleichförmig, wähdie Preisrelation für chemische Produkte starken Schwankungen unterliegt. Diese Resultate unserer ökonometrischen Untersuchungen decken sich im wesentlichen mit den Ergebnissen aus der ersten Variante des Disaggregierten Prognosemodells (vgl. Kübler [96], S. 47 ff.).

Wir wollen nun einige Schätzergebnisse im einzelnen betrachten. Für den realen inländischen Input-Koeffizienten $a_{3,11}$ ergibt sich die Gleichung [3]

$$(7.19)\quad a_{3,11} = \overline{(p_3^M/p_3)}^{\,1.0027} \cdot \overline{(K_{11}/A_{11})}^{\,1.5428} \cdot \exp(-10.369)$$

$$\qquad\qquad (0.5155) \qquad\qquad (0.1703) \qquad\qquad (0.813)$$

$R2 = 0.965$, $DW = 1.33$

Die realen Vorlieferungen des Sektors 3 (Chemie) an den Sektor 11 (Verkehr) pro Produkteinheit wachsen also mit zunehmendem technischen Fortschritt. Außerdem reagiert der Verkehrssektor stark auf Veränderungen der Preisrelationen, wie die hohe Preiselastizität 1.0027 ausweist.

---

1) Die Preisanpassungsgeschwindigkeiten werden wie bei Kübler [96], S. 52 in einem Suchverfahren ermittelt.
2) siehe dazu Abbildung 1.
3) In den Klammern sind die Standardabweichungen der Parameterschätzungen angegeben.

Abbildung 1

Entwicklung der Preisrelationen für inländische und importierte Güter (p/p^M)

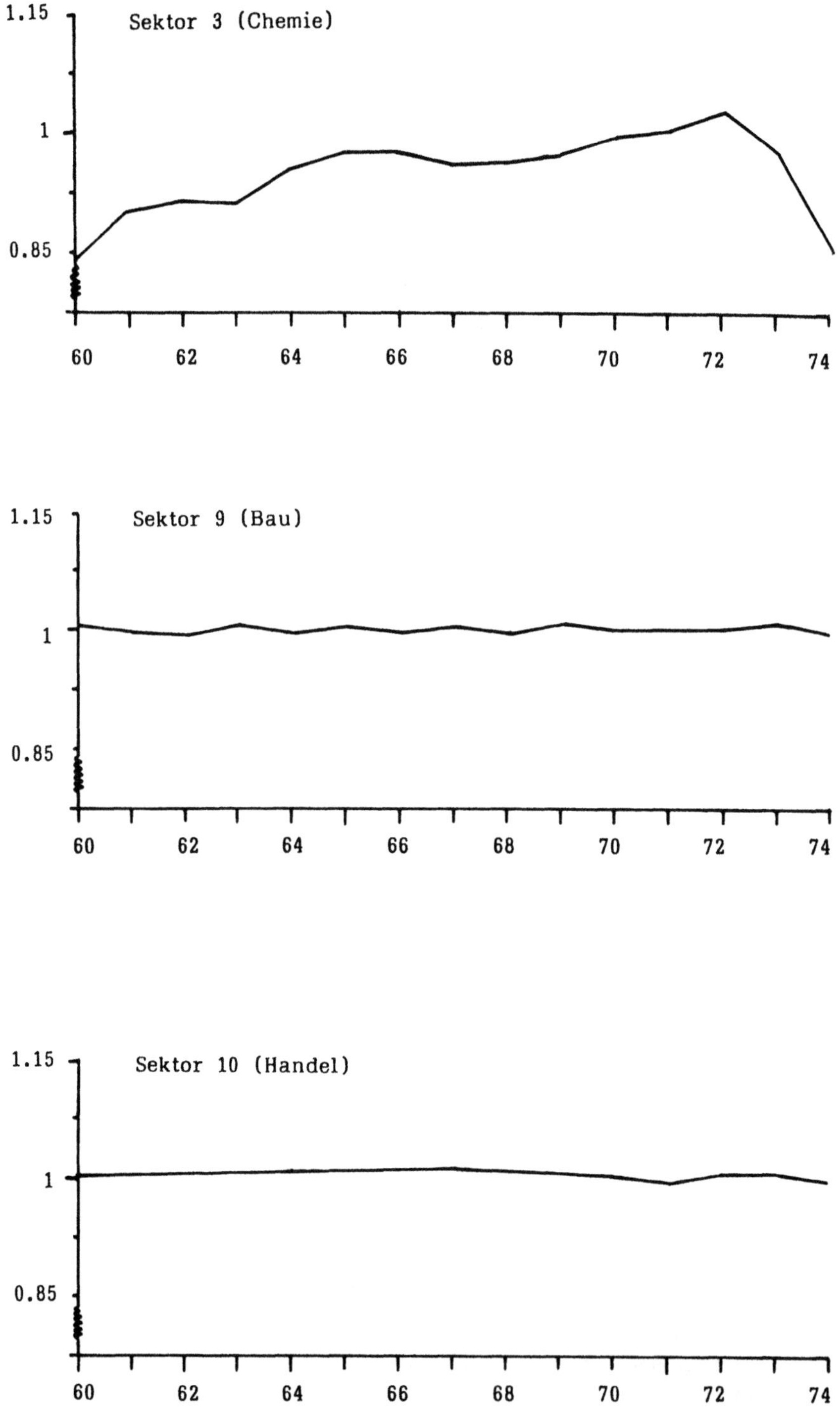

Für den zugehörigen ausländischen Input-Koeffizienten $a^M_{3,11}$ ist folgende Verhaltensfunktion feststellbar:

$$(7.20) \quad a^M_{3,11} = \underset{(0.5165)}{(\overline{p_3/p^M_3})^{1.0766}} \cdot \underset{(0.1561)}{(\overline{K_{11}/A_{11}})^{0.8750}} \cdot \underset{(0.7402)}{\exp(-8.4312)}$$

R2 = 0.942 , DW = 1.72

Der technische Fortschritt wirkt in die gleiche Richtung wie bei den inländischen Vorlieferungen. Auch die Preiselastizitäten sind nahezu gleich. Dieses Resultat erscheint plausibel.

Ein Beispiel für die Abhängigkeit des Faktorverbrauchs von Schwankungen der Kapazitätsauslastung bietet der inländische Input-Koeffizient $a_{7,2}$, der die Nachfrage des Sektors 2 (Energie/Bergbau) nach Vorleistungsgütern des Sektors 7 (Holz/Textil) erklärt:

$$(7.21) \quad a_{7,2} = \underset{(0.0506)}{(\overline{K_2/A_2})^{0.1319}} \cdot \underset{(0.3455)}{\delta_{2,-1}^{1.6958}} \cdot \underset{(0.2565)}{\exp(-5.0115)}$$

R2 = 0.715 , DW = 1.51

Bei steigender Kapazitätsauslastung des Energiesektors erhöhen sich die Vorleistungsempfänge von Gütern der Art 7. Zum Abschluß ein Beispiel, in dem sich der Input-Koeffizient nur aufgrund technologischer Einflüsse ändert.

$$(7.22) \quad a_{5,G} = \underset{(0.1390)}{(\overline{K_G/A_G})_{-1}^{-1.7730}} \cdot \underset{(0.2536)}{\exp(-4.4441)}$$

R2 = 0.931 , DW = 1.85

Der reale Produktionskoeffizient für Lieferungen des Sektors 5 (Stahl-Maschinen-Fahrzeugbau) an die Gemeinden nimmt mit steigendem technischen Fortschritt ab.

Dies soll als erster Überblick genügen. Weitere Einzelergebnisse können der Modelldokumentation (vgl. Kiy [70]) entnommen werden.

Zum Abschluß dieses Kapitels wollen wir die Schätzresultate in Bezug auf die statistischen Prüfmaße Bestimmtheitsmaß (R2) und Durbin-Watson-Prüfgröße

(DW) untersuchen. Die in den Übersichten 7 und 8 zusammengefaßten Testgrößen sind zu diesem Zweck klassifiziert worden. Dabei beruht das Einteilungsschema für die Durbin-Watson-Prüfgröße auf der Annahme einer Irrtumswahrscheinlichkeit von 5 % bei 12 Freiheitsgraden (15 Beobachtungen minus durchschnittlich 3 erklärenden Variablen).
Bezüglich des Bestimmtheitsmaßes ergibt sich folgende Auswertung:

<u>inländische Input-Koeffizienten</u>

26.0 %	größer oder gleich 0.9
60.1 %	größer oder gleich 0.7
77.6 %	größer oder gleich 0.5

<u>ausländische Input-Koeffizienten</u>

20.8 %	größer oder gleich 0.9
55.7 %	größer oder gleich 0.7
78.5 %	größer oder gleich 0.5

Unter Berücksichtigung der in Abschnitt 6.4. dargestellten Auswahlkriterien ist dieses Resultat zufriedenstellend. Dabei fällt das Ergebnis für die Import-Koeffizienten etwas schlechter aus.

Für den Durbin-Watson-Test erhalten wir folgende Ergebnisse:

<u>inländische Input-Koeffizienten</u>

45.9 %	im Annahmebereich
9.4 %	im kritischen Bereich

<u>ausländische Input-Koeffizienten</u>

55.7 %	im Annahmebereich
2.7 %	im kritischen Bereich

Hier sind die Resultate für die ausländischen Input-Koeffizienten erheblich besser. Insbesondere werden nur 2.7 % der Schätzergebnisse durch den Durbin-Watson-Test abgelehnt. Insgesamt sind die Ergebnisse akzeptabel.

Einen Gesamtüberblick über die aus den Schätzungen resultierenden statistischen Prüfmaße R2 und DW geben die Tabellen 7 und 8. Der obere Wert ist jeweils das Bestimmtheitsmaß, der untere die Durbin-Watson-Prüfgröße.

Tabelle 7

R2 und DW für die Schätzungen der inländischen Input-Koeffizienten

Sektor	1	2	3	4	5	6	7	8	9	10	11	12	B	L	G	SV	PO	PH
1 Landwirt-	0.384	0.884	0.986	0.958	0.949	0.973	0.558	0.922	0.237	0.407	0.805	0.949	0.046	0.904	0.875	0.665	0.738	-
schaft	1.370	1.050	1.850	1.460	1.640	1.660	2.230	2.620	1.440	1.400	1.120	2.250	2.060	2.270	1.450	1.230	1.190	-
2 Energie/	0.281	0.849	0.947	0.743	0.360	0.847	0.924	0.638	0.710	0.819	0.460	0.852	0.598	0.463	0.993	0.840	0.901	-
Bergbau	0.990	0.890	0.640	1.490	1.400	2.090	1.730	1.140	1.940	1.070	0.340	1.420	0.680	1.760	1.440	1.650	1.290	-
3 Chemie/	0.624	0.350	0.820	0.941	0.808	0.566	0.878	0.971	0.933	0.890	0.965	0.941	0.494	0.726	0.990	0.982	0.904	-
Steine	1.720	1.370	1.470	1.590	1.620	0.870	2.340	1.560	1.690	3.000	1.330	1.630	1.150	1.480	1.670	1.620	1.110	-
4 Eisen/NE	0.377	0.799	0.845	0.114	0.866	0.985	0.271	0.457	0.785	0.910	0.643	0.638	0.324	0.990	0.057	-	0.867	-
	2.030	2.050	0.970	1.310	1.640	1.880	1.220	2.100	2.330	2.010	1.840	1.720	1.550	1.550	1.700	-	1.500	-
5 St.-Ma.-	0.701	0.575	0.327	0.927	0.926	0.711	0.948	0.805	0.580	0.584	0.689	0.474	0.779	0.822	0.906	0.931	0.965	-
Fz.-Bau	1.450	1.000	2.410	1.320	1.730	2.050	1.470	1.380	1.250	2.560	1.820	1.470	2.420	1.190	2.150	1.850	1.400	-
6 Elektro/	0.066	0.840	0.331	0.936	0.877	0.485	0.894	0.361	0.935	0.917	0.945	0.887	0.406	0.932	0.970	0.535	0.970	-
EBM	1.140	1.620	1.420	1.720	1.630	1.530	1.500	0.940	1.660	1.660	1.120	2.080	2.390	2.480	2.280	0.600	1.190	-
7 Holz/	0.705	0.715	0.858	0.249	0.641	0.891	0.796	0.421	0.368	0.909	0.566	0.519	0.835	0.789	0.959	0.419	0.891	-
Textil	1.780	1.510	1.920	1.400	1.690	2.460	1.600	1.390	1.160	1.710	0.830	1.920	1.420	0.970	1.450	1.350	1.310	-
8 Nahrung	0.057	0.712	0.789	0.386	0.941	0.935	0.798	0.890	0.944	0.832	0.745	0.657	0.645	0.891	0.943	0.245	0.952	-
	1.060	1.120	1.520	1.960	1.820	1.340	1.340	1.700	1.530	1.170	1.720	2.070	1.230	2.850	1.820	1.610	1.210	-
9 Bau	0.724	0.703	0.428	0.465	0.786	0.322	0.757	0.771	0.860	0.804	0.688	0.480	0.668	0.498	0.725	0.896	0.705	-
	0.990	2.090	0.870	1.560	0.810	1.000	2.020	1.500	1.590	1.150	1.710	0.890	1.310	1.750	1.740	1.770	2.660	-
10 Handel	0.733	0.448	0.702	0.387	0.867	0.617	0.855	0.543	0.213	0.782	0.823	0.866	0.429	0.965	0.941	0.918	0.949	-
	1.830	1.630	1.220	1.210	0.790	0.750	2.030	0.900	2.080	2.090	1.380	2.520	2.220	0.950	1.190	1.640	0.910	-
11 Verkehr	0.563	0.804	0.421	0.368	0.882	0.694	0.815	0.630	0.582	0.891	0.968	0.314	0.108	0.358	0.917	0.076	0.956	-
	2.030	0.530	1.740	1.340	1.400	1.970	0.890	1.250	1.780	1.520	2.220	2.450	1.540	1.060	1.320	1.580	2.020	-
12 Dienst-	0.591	0.699	0.415	0.518	0.700	0.745	0.321	0.334	0.857	0.619	0.929	0.166	0.935	0.918	0.916	0.654	0.454	-
leistungen	1.130	1.320	1.210	1.920	2.020	1.560	1.820	1.450	2.030	1.770	1.410	0.690	2.190	2.200	1.200	0.920	1.520	-
B Bund	0.699	0.959	0.965	0.254	const	0.934	0.906	0.728	0.653	0.835	0.919	0.923	-	-	-	-	-	-
	1.880	1.350	1.800	2.860		1.740	1.050	2.580	2.260	2.560	0.950	1.630	-	-	-	-	-	-
L Länder	0.629	0.828	0.945	0.981	0.918	0.960	0.777	0.848	0.650	0.835	0.965	0.875	-	-	-	0.646	0.591	-
	1.430	1.160	1.490	1.630	0.580	0.890	0.850	2.690	0.840	1.110	1.710	1.520	-	-	-	1.050	0.990	-
G Gemeinden	0.155	0.599	0.817	0.539	0.560	0.808	0.333	0.884	0.123	0.525	0.369	0.783	-	-	-	0.734	0.787	-
	2.070	2.380	1.820	1.700	1.960	2.000	2.070	1.140	1.470	2.210	1.830	2.390	-	-	-	1.090	2.220	-
SV Sozialver-	-	-	-	-	-	-	-	-	-	-	-	-	-	-	-	-	0.890	-
sicherung	-	-	-	-	-	-	-	-	-	-	-	-	-	-	-	-	2.090	-
PO Priv. Or-	-	-	-	-	-	-	-	-	-	-	-	-	-	0.677	0.758	0.559	-	-
ganisat.	-	-	-	-	-	-	-	-	-	-	-	-	-	1.510	1.470	0.320	-	-
PH Priv.	-	-	-	-	-	-	-	-	-	-	-	-	-	-	-	-	-	-
Haushalte	-	-	-	-	-	-	-	-	-	-	-	-	-	-	-	-	-	-

Tabelle 8

R2 und DW für die Schätzungen der Import-Koeffizienten

Sektor	1	2	3	4	5	6	7	8	9	10	11	12	B	L	G	SV	PO	PH
1 Landwirt-	0.518	-	0.923	-	-	const	0.928	0.524	0.160	-	0.354	0.223	0.827	0.212	0.762	0.085	0.075	-
schaft	1.600	-	1.520	-	-		1.640	2.020	1.659	-	1.590	1.020	1.250	0.970	1.530	0.610	1.600	-
2 Energie/	0.539	0.164	0.816	0.898	0.592	0.695	0.890	0.323	-	0.851	0.694	0.672	-	-	-	-	-	-
Bergbau	2.360	1.230	2.260	1.780	1.810	1.360	1.940	1.420	-	2.230	1.490	1.330	-	-	-	-	-	-
3 Chemie/	0.961	0.958	0.977	0.889	0.958	0.905	0.884	0.884	0.981	0.843	0.942	0.941	0.768	0.739	0.744	0.932	0.959	-
Steine	2.250	1.580	1.530	1.700	1.350	1.020	1.060	1.240	2.340	1.250	1.720	1.250	1.240	1.390	1.270	1.190	1.350	-
4 Eisen/NE	0.590	-	0.669	0.877	0.838	0.526	0.403	-	0.940	-	0.548	0.692	-	-	-	-	-	-
	1.930	-	1.220	2.130	1.800	1.210	1.730	-	1.670	-	1.590	2.150	-	-	-	-	-	-
5 St.-Ma.-	0.623	0.696	0.355	0.651	0.858	0.464	0.379	0.724	0.812	0.639	0.865	0.538	0.677	-	-	-	0.332	-
Fz.-Bau	1.560	1.210	1.610	2.890	2.420	2.120	2.830	1.170	1.490	1.280	1.460	1.010	2.740	-	-	-	2.410	-
6 Elektro/	0.289	0.787	0.811	0.814	0.992	0.977	0.380	0.710	0.924	0.924	0.443	0.977	0.526	-	0.734	0.139	0.970	-
EBM	1.030	1.070	2.060	2.590	2.490	1.870	1.170	1.830	1.980	1.980	1.450	0.890	2.110	-	1.750	2.100	2.030	-
7 Holz/	0.970	0.911	0.927	const	0.415	0.699	0.812	0.864	0.488	0.826	0.336	0.966	0.871	0.849	0.626	0.480	0.746	-
Textil	2.060	1.940	2.020		2.210	2.130	2.200	1.560	1.000	1.970	1.680	2.130	2.330	1.810	2.060	1.370	1.550	-
8 Nahrung	0.665	-	0.874	-	-	const	const	0.814	-	-	0.284	0.887	0.824	0.692	0.725	0.632	0.781	-
	1.170	-	1.820	-	-			1.680	-	-	2.130	1.460	0.970	1.780	1.320	1.080	1.740	-
9 Bau	0.757	-	-	-	0.553	0.394	-	-	const	-	0.765	0.555	0.645	0.723	0.773	-	0.433	-
	1.650	-	-	-	1.790	1.500	-	-		-	1.690	1.280	1.440	1.820	1.520	-	1.510	-
10 Handel	-	-	-	-	-	-	-	-	-	0.835	-	-	-	-	-	-	-	-
	-	-	-	-	-	-	-	-	-	1.910	-	-	-	-	-	-	-	-
11 Verkehr	0.868	0.748	0.485	0.571	0.688	0.610	0.861	0.914	0.887	0.821	0.329	0.738	0.953	0.172	0.595	-	0.878	-
	2.040	1.050	1.500	1.210	1.430	1.430	1.570	1.280	1.710	1.680	1.830	1.700	2.010	0.650	0.990	-	2.080	-
12 Dienstlei-	0.867	0.699	0.868	0.488	0.481	0.708	0.597	0.697	0.126	0.168	0.816	0.953	0.981	0.918	0.963	0.954	0.961	-
stungen	1.710	1.440	1.890	1.850	2.000	2.000	1.630	1.040	1.930	2.140	0.960	1.970	1.850	2.120	1.410	1.740	1.750	-
ST Staat	-	-	-	-	-	-	-	-	-	-	-	-	0.424	-	-	-	-	-
	-	-	-	-	-	-	-	-	-	-	-	-	0.800	-	-	-	-	-
OH Priv. Org.	-	-	-	-	-	-	-	-	-	-	-	-	-	-	-	-	-	-
u. Haush.	-	-	-	-	-	-	-	-	-	-	-	-	-	-	-	-	-	-

7.4. Eine Systemprüfung mit variablen und konstanten Input-Koeffizienten

Wir wollen nun die Prognosefähigkeit der im vorigen Abschnitt ermittelten Verhaltensgleichungen für preis-, technologie- und kapazitätsabhängige Input-Koeffizienten innerhalb eines einfachen Teilsystems des Disaggregierten Prognosemodells überprüfen. Es sollen dabei sowohl die Anpassungsgüte der Koeffizientenschätzungen selbst, als auch die daraus resultierenden Prognosen der sektoralen Produktionswerte, Importe, Zwischennachfragen, Vorleistungskosten und Gewinne untersucht werden. Um einen Maßstab für die Prognosegüte unserer Ansätze zu erhalten, führen wir zusätzlich Vergleichsprognosen mit konstanten Inputstrukturen durch.

Ausgangspunkt der Untersuchung sind die Bestimmungsgleichungen der realen, sektoralen Produktionswerte und Importe im statischen Leontief-System [1)]

$$A_t x_t + n_t = x_t \tag{7.23}$$

$$A_t^M x_t + n_t^M = m_t \quad , \ t = 1960,\ldots,1974 \ . \tag{7.24}$$

In diesem System werden nun die Zeitreihen der realen Endnachfrage n_t, n_t^M exogen vorgegeben und die Matrizen der inländischen und ausländischen Input-Koeffizienten auf drei Arten spezifiziert.

1. Spezifikation

$$A_t = (a_{ij,t}) \ ; \ A_t^M = (a_{kj,t}^M) \tag{7.25}$$

mit

$$a_{ij,t} = f_{ij}(p_{i,t};p_{i,t}^M;\tau_{j,t};\delta_{j,t})$$

$$a_{kj,t}^M = f_{kj}^M(p_{k,t};p_{k,t}^M;\tau_{j,t};\delta_{j,t}) \ .$$

Die Auswahl der Funktionstypen f_{ij} bzw. f_{kj}^M und der erklärenden Variablen erfolgt aufgrund der Resultate der ökonometrischen Untersuchungen des vorigen Abschnitts [2)]. Die Regressoren werden exogen vorgegeben.

---

1) vgl. auch Kapitel 7.1., Gleichungen (7.1) und (7.2)
2) vgl. auch Kiy [70]

2. Spezifikation

(7.26) $A_t =: A_{70} = (a_{ij,70})$; $A_t^M =: A_{70}^M = (a_{kj,70}^M)$

mit

$a_{ij,70}$ - realisierter, realer inländischer Input-Koeffizient von Sektor i an Sektor j des Jahres 1970

$a_{kj,70}^M$ - realisierter, realer ausländischer Input-Koeffizient von Sektor k an Sektor j des Jahres 1970

3. Spezifikation

(7.27) $A_t =: \bar{A} = (\overline{a_{ij}})$; $A_t^M =: \overline{A^M} = (\overline{a_{kj}^M})$

mit

$$\overline{a_{ij}} = 1/15 \sum_{t=60}^{74} a_{ij,t}$$

$$\overline{a_{kj}^M} = 1/15 \sum_{t=60}^{74} a_{kj,t}^M$$

$\overline{a_{ij}}$ und $\overline{a_{kj}^M}$ sind also die Mittelwerte der realisierten Input-Koeffizienten a_{ij} und a_{kj}^M der Jahre 1960 bis 1974.

$i,j \in \{1,...,12,B,L,G,SV,PO,PH\}$, $l \in \{1,...,12,ST\}$.

Die Matrizen der konstanten Vorleistungskoeffizienten in (7.26) und (7.27) sind nach folgenden Gesichtspunkten ausgewählt worden:

- Zur Festlegung einer konstanten Produktionsstruktur stehen uns im Disaggregierten Prognosemodell Sequenzen von je 15 inländischen Input-Matrizen und Importmatrizen zur Verfügung. Für ex ante-Prognosen wäre es am sinnvollsten, die aktuellste Vorleistungsstruktur (hier: des Jahres 1974) zugrundezulegen. Bei ex post-Prognosen ist die Auswahl der geeigneten Produktionsstruktur problematischer. Da die Vorleistungsmatrizen der Jahre 1960 bis 1966 wegen der Revision des Jahres 1967 nur rückgerechnet worden sind [1)] und die Strukturen der Krisenjahre 1967 und

1) vgl. Kapitel 2.1. und Krengel [95]

1974 besonderen konjunkturellen Einflüssen unterliegen, haben wir mehr oder weniger willkürlich in (7.26) die inländischen und ausländischen Koeffizientenmatrizen des Jahres 1970 vorgegeben.

- Die willkürliche Auswahl der Produktionsstruktur des Jahres 1970 in (7.26) kann zufälligerweise zu besonders guten (andererseits natürlich auch zu besonders schlechten) Prognoseergebnissen führen. Aus diesem Grunde haben wir eine weitere Systemprüfung mit konstanten Koeffizienten durchgeführt, in der eine - im Sinne von durchschnittlich guten ex post-Prognosen - optimale Produktionsstruktur vorgegeben worden ist. Dementsprechend haben wir in (7.27) die konstanten Vorleistungsstrukturen mit Hilfe der Mittelwerte der realisierten Input-Koeffizienten des Referenzzeitraums 1960 bis 1974 gebildet.

Das im Bonner IAS-System implementierte Gauß-Seidel-Verfahren ermöglicht die Lösung des Systems (7.23,24) ohne vorherige Berechnung der Leontief-Inversen $(I - A_t)^{-1}$ [1]. Außerdem erhält man durch eine geeignete Spezifizierung des Systems auch ex post-Prognosen der sektoralen Zwischennachfragen (=Vorleistungslieferungen), der Vorleistungskosten und Gewinne. Die Gewinne werden dabei entsprechend (3.12) als Restgröße erklärt und gewährleisten die Übereinstimmung der sektoralen Produktionen von der Entstehungs- und Verwendungsseite.

Dieses die Grundgleichungen (7.23 - 7.27) umfassende Teilsystem des Disaggregierten Prognosemodells besteht aus 702 Gleichungen und kann wie folgt beschrieben werden:

(7.28) (a) $$x_{j,t} = xvz_{j,t} + xvsz_{j,t} + n_t$$

(b) $$xvz_{j,t} = \sum_{i=1}^{12} a_{ji,t} \cdot x_{i,t}$$

(c) $$xvsz_{j,t} = \sum_{i=B}^{PO} a_{ji,t} \cdot x_{i,t}$$

(d) $$m_{l,t} = mvz_{l,t} + mvsz_{l,t} + n^M_{l,t}$$

---

1) vgl. Kapitel 7.1., Gleichungen (7.1 - 7.4)

(e) $$mvz_{l,t} = \sum_{i=1}^{12} a^M_{li,t} \cdot x_{i,t}$$

(f) $$mvsz_{l,t} = \sum_{i=B}^{PO} a^M_{li,t} \cdot x_{i,t}$$

(g) $$KOST_r{'}A_t = \sum_{k=1}^{PO} p_{k,t} \cdot a_{kr,t} \cdot x_{r,t}$$

(h) $$KOST_r{'}B_t = \sum_{k=1}^{ST} p^M_{k,t} \cdot a^M_{kr,t} \cdot x_{r,t}$$

(i) $$Q_{r,t} = X_r - KOST_r{'}A_t - KOST_r{'}B_t - KOST_r{'}C_t$$

$$j \in \{1,...,12,B,L,G,SV,PO\}$$
$$l \in \{1,...,12,ST\}$$
$$r \in \{1,...,12\}$$

xvz_j	-	reale Vorlieferungen des Sektors j an die private Wirtschaft
$xvsz_j$	-	reale Vorlieferungen des Sektors j an die Staatssektoren und die privaten Organisationen
mvz_l	-	reale importierte Vorlieferungen der Art l an die private Wirtschaft
$mvsz_l$	-	reale importierte Vorlieferungen der Art l an die Staatssektoren und die privaten Organisationen
$KOST_r{'}A$	-	Kosten des Sektors r für inländische Vorleistungsgüter
$KOST_r{'}B$	-	Kosten des Sektors r für importierte Vorleistungsgüter
$KOST_r{'}C$	-	Kosten des Sektors r für primäre Inputs[1]
Q_r	-	Gewinne des Sektors r

Die Input-Koeffizienten $a_{ij,t}$ und $a^M_{kj,t}$ werden entsprechend der Ansätze (7.25 - 7.27) wahlweise eingesetzt[2].

1) gemäß (3.12) gilt: $KOST_r{'}C = d_r p^I_r + T^{ind}_r + T^{ind,E}_r - SUB_r + L_r$

2) Alle Variablen auf der linken Seite des Systems (7.28.a - i) und die Produktionskoeffizienten werden modellendogen bestimmt. Alle anderen Größen sind exogen.

Mit diesen Teilmodellen des Disaggregierten Prognosesystems sind ex post-Prognosen für die Jahre 1962 bis 1974 durchgeführt worden. Für die Jahre 1960 und 1961 können wir keine Ergebnisse vorlegen, da in den Schätzansätzen der preis-, technologie- und kapazitätsabhängigen Input-Koeffizienten als Regressoren verzögerte Größen auftreten, für die keine Daten vor 1960 vorliegen. Um die zusammenhängende Darstellung des Gesamtmodells nicht durch ein zu umfangreiches Tabellenmaterial zu unterbrechen, begnügen wir uns an dieser Stelle mit zwei Auswertungen der ex post-Prognosen.

In der ersten Auswertung werden die bei den Systemprüfungen entstandenen prozentualen, betragsmäßigen Fehler der Variablen Bruttoproduktion, inländische und importierte Vorlieferungen an die Industrie (bzw. an den Staat), Kosten für inländische (bzw. importierte) Vorlieferungen und Gewinne untersucht. Zu diesen Größen haben wir Variablenblöcke gebildet, die jeweils die entsprechenden sektoralen Variablen der 12 Industriesektoren umfassen. Für jede sektorale Größe liegen 13 Prognosewerte vor, so daß in jeder Variablengruppe (13x12=) 156 Beobachtungen ausgewertet werden. In Tabelle 9 ist die Verteilung der prozentualen Fehler bei den ex post-Prognosen angegeben.

Von allen drei Ansätzen werden die sektoralen Bruttoproduktionswerte am besten prognostiziert. Dies liegt daran, daß ein erheblicher Teil der sektoralen Produktion durch die Lieferungen an die Endnachfrage, die in unseren Teilmodellen exogen vorgegeben werden, bestimmt ist. In diesem Variablenblock sind alle Prognosen, die einen Fehler von über 5 % aufweisen, nicht akzeptabel. Der Ansatz preis-, technologie- und kapazitätsabhängiger Input-Koeffizienten liefert bei 99.4 % der Prognosen brauchbare Ergebnisse, während bei den Systemprüfungen mit konstanten Produktionskoeffizienten ca. 25 % der entsprechenden Resultate nicht akzeptabel sind. Diese Relation in der Prognosegüte variabler und konstanter Ansätze setzt sich in den anderen Variablengruppen fort. Besonders auffällig ist die Tatsache, daß man bei fixen Input-Koeffizienten sehr viele Prognosefehler erhält, die über 20 % liegen.

Die Prognosen der Variablenblöcke Importe, importierte Vorleistungen und Kosten für importierte Vorlieferungen führen bei allen drei Ansätzen zu Ergebnissen, die um ca. 20 % schlechter sind als die Prognosen der entsprechenden inländischen Größen. Dies liegt einerseits daran, daß die Erklärung der der Importkoeffizienten aufgrund der schlechteren Datenlage schwieriger ist[1]; andererseits werden im System (7.28) die Prognosefehler der sektoralen Produktionswerte auf alle importierten Größen überwälzt. Wir betrachten dazu folgende Skizze:

---

1) vgl. dazu Kapitel 2.1.

Tabelle 9

Verteilung der prozentualen Fehler bei Systemprüfungen
mit variablen und konstanten Input-Koeffizienten

Auswertung: Produktion, Importe, Vorlieferungen, Kosten und Gewinne der Sektoren der privaten Wirtschaft

Variablengruppe	Ansatz	prozentuale Abweichung				Summe
		0-5	5-10	10-20	> 20	
sektorale Bruttoproduktion	variabel	155 (99.4%)	1 (0.6%)	0 (0.0%)	0 (0.0%)	156 (100%)
	const. 1970	115 (73.7%)	30 (19.2%)	11 (7.1%)	0 (0.0%)	156 (100%)
	const. MW	119 (76.3%)	35 (22.4%)	2 (1.3%)	0 (0.0%)	156 (100%)
inländische Vorlieferungen an die Industrie	variabel	133 (85.3%)	15 (9.6%)	7 (4.5%)	1 (0.6%)	156 (100%)
	const. 1970	79 (50.6%)	27 (17.3%)	31 (19.9%)	19 (12.2%)	156 (100%)
	const. MW	75 (48.1%)	47 (30.1%)	25 (16.0%)	9 (5.8%)	156 (100%)
inländische Vorlieferungen an den Staat	variabel	117 (75.0%)	24 (15.4%)	13 (8.3%)	2 (1.3%)	156 (100%)
	const. 1970	42 (26.9%)	26 (16.7%)	51 (32.7%)	37 (23.7%)	156 (100%)
	const. MW	48 (30.8%)	36 (23.1%)	53 (33.9%)	19 (12.2%)	156 (100%)
sektorale Importe	variabel	114 (73.1%)	25 (16.0%)	11 (7.0%)	6 (3.9%)	156 (100%)
	const. 1970	67 (42.9%)	27 (17.3%)	26 (16.7%)	36 (23.1%)	156 (100%)
	const. MW	78 (50.0%)	25 (16.0%)	28 (18.0%)	25 (16.0%)	156 (100%)

Fortsetzung nächste Seite

Fortsetzung Tabelle 9

Variablengruppe	Ansatz	prozentuale Abweichung 0-5	5-10	10-20	>20	Summe
importierte Vorlieferungen an die Industrie	variabel	93 (59.6%)	42 (26.9%)	15 (9.6%)	6 (3.9%)	156 (100%)
	const. 1970	48 (30.8%)	30 (19.2%)	31 (19.9%)	47 (30.1%)	156 (100%)
	const. MW	50 (32.0%)	34 (21.8%)	38 (24.4%)	34 (21.8%)	156 (100%)
importierte Vorlieferungen an den Staat	variabel	74 (47.4%)	29 (18.6%)	28 (18.0%)	25 (16.0%)	156 (100%)
	const. 1970	59 (37.8%)	10 (6.4%)	11 (7.1%)	76 (48.7%)	156 (100%)
	const. MW	46 (29.5%)	19 (12.2%)	19 (12.2%)	72 (46.1%)	156 (100%)
Kosten für inländische Vorlieferungen	variabel	135 (86.6%)	20 (12.8%)	1 (0.6%)	0 (0.0%)	156 (100%)
	const. 1970	85 (54.5%)	42 (26.9%)	24 (15.4%)	5 (3.2%)	156 (100%)
	const. MW	100 (64.1%)	39 (25.0%)	16 (10.3%)	1 (0.6%)	156 (100%)
Kosten für importierte Vorlieferungen	variabel	99 (63.5%)	47 (30.1%)	9 (5.8%)	1 (0.6%)	156 (100%)
	const. 1970	54 (34.6%)	28 (18.0%)	24 (15.4%)	50 (32.0%)	156 (100%)
	const. MW	51 (32.7%)	36 (23.1%)	39 (25.0%)	30 (19.2%)	156 (100%)
sektorale Gewinne	variabel	67 (42.9%)	31 (19.9%)	35 (22.4%)	23 (14.8%)	156 (100%)
	const. 1970	36 (23.1%)	24 (15.4%)	24 (15.4%)	72 (46.1%)	156 (100%)
	const. MW	34 (21.8%)	29 (18.6%)	32 (20.5%)	61 (39.1%)	156 (100%)

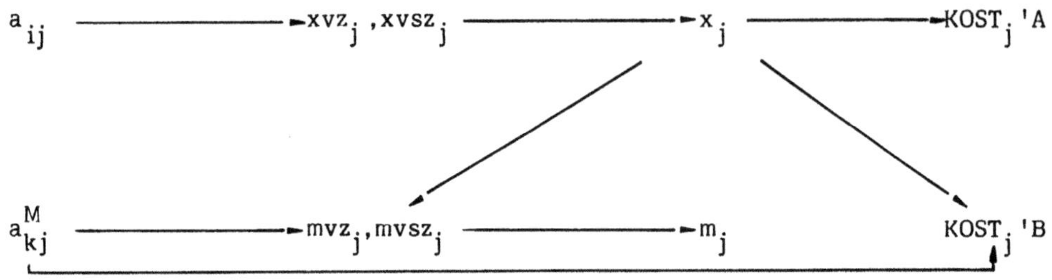

Die Prognosefehler der ausländischen Variablen werden direkt durch die Importkoeffizienten und indirekt (über die Produktionen) durch die inländischen Input-Koeffizienten bestimmt. Aber auch hier erweist sich der Ansatz preis-, technologie- und kapazitätsabhängiger Koeffizienten dem konstanter Produktionsstrukturen als weit überlegen.

Zum Abschluß dieser Auswertung noch ein Hinweis auf die Variablengruppe Gewinne. Die Definition dieser relativ kleinen Größe als Differenz aus nomineller Bruttoproduktion und gesamten Kosten führt zu einer starken Fehlerüberwälzung, die in den schlechten Prognoseergebnissen zum Ausdruck kommt. Diese Tatsache muß bei der Erklärung anderer Variablen durch die Gewinne [1] berücksichtigt werden.

Wir kommen nun zu der zweiten Untersuchung. Sie betrifft die Fehlerabweichungen der Koeffizientenprognosen selbst. Auch hier sollen variable und konstante Ansätze verglichen werden. Für die Auswertung der Tabelle 10 sind zunächst zwei Variablengruppen gebildet worden. Die erste besteht aus den 247 von Null verschiedenen inländischen, die zweite aus den 154 von Null verschiedenen ausländischen Input-Koeffizienten. Für jede einzelne Variable liegen wiederum 13 Prognosewerte vor. Wir betrachten die prozentualen, betragsmäßigen Fehlerabweichungen, die sich aus den variablen und konstanten Ansätzen (7.25 - 7.27) ergeben. Man sieht, daß die preis-, technologie- und kapazitätsabhängigen Input-Koeffizienten zufriedenstellend prognostiziert werden. 85.5 % der Prognosen inländischer Produktionskoeffizienten weisen einen Fehler von weniger als 10 % auf. Bei den Importkoeffizienten fällt das Ergebnis schlechter aus. Hier sind 63.3 % der Prognosefehler kleiner als 10 %. Der Ansatz konstanter Vorleistungsstrukturen führt zu wesentlich schlechteren Resultaten. Bei den inländischen Input-Koeffizienten sind nur ca. 50 % der Prognosen akzeptabel (Fehler kleiner als 10 %); bei den Importkoeffizienten nur ca. 35 %. Dies soll als erster Überblick genügen.

---

1) Dies betrifft vor allem die Erklärung der sektoralen Anlageinvestitionen. Vgl. dazu Kapitel 10.

Tabelle 10

Verteilung der prozentualen Fehler bei Systemprüfungen mit variablen und konstanten Input-Koeffizienten

Auswertung: Sämtliche Input-Koeffizienten

Variablengruppe	Ansatz	prozentuale Abweichung				Summe
		0-5	5-10	10-20	> 20	
inländische Input-Koeffizienten	variabel	2021 (62.9%)	727 (22.6%)	368 (11.5%)	95 (3.0%)	3211 (100%)
	const. 1970	1015 (31.6%)	622 (19.4%)	717 (22.3%)	857 (26.7%)	3211 (100%)
	const. MW	966 (30.1%)	708 (22.0%)	833 (26.0%)	704 (21.9%)	3211 (100%)
ausländische Input-Koeffizienten	variabel	729 (36.5%)	537 (26.8%)	435 (21.7%)	301 (15.0%)	2002 (100%)
	const. 1970	477 (23.8%)	236 (11.8%)	348 (17.4%)	941 (47.0%)	2002 (100%)
	const. MW	328 (16.4%)	302 (15.1%)	479 (23.9%)	893 (44.5%)	2002 (100%)

7.5. Untersuchung der ex post-Prognosen variabler und konstanter Input-Koeffizienten mit sensitivitätsanalytischen Methoden

Wir wollen nun die Resultate der im vorigen Abschnitt dargestellten Systemprüfungen in Bezug auf die Prognosen der Input-Koeffizienten genauer untersuchen. Uns interessiert insbesondere die Frage, wie groß die erlaubten Fehlergrenzen bei der Erklärung der Produktionsstrukturen sind. Eine Vielzahl von Vorlieferungen sind in Relation zur Produktion eines Sektors so gering, daß sie als unwichtig bezeichnet werden können. Andererseits gibt es Vorleistungen, die bis zu der Hälfte der Bruttoproduktion der Branche betragen, z.B. die Lieferungen des Sektors 1 (Landwirtschaft) an den Sektor 8 (Nahrung)[1]. Deshalb sollte man die Prognoseergebnisse entsprechend der Wichtigkeit der Produktionskoeffizienten bewerten.

1) vgl. Tabelle 2, Zeile 1, Spalten 8 und 46

Die in diesem Abschnitt durchgeführte Untersuchung beruht auf einer Arbeit von Schindke [126], in der die Klassifizierung wichtiger und unwichtiger Input-Koeffizienten mit Hilfe von Sensitivitätsanalysen im statischen Leontief-System durchgeführt wird [1]. Wir behalten die Grundidee von Schindke bei, führen aber die Herleitung der Resultate nach einem neuen Konzept durch.

Ausgangspunkt ist das System (7.23, 7.24)[2], das wie folgt gelöst werden kann[3]:

$$(7.29) \quad x = (I - A)^{-1} \cdot n \quad := \quad C \cdot n$$

$$(7.30) \quad m = A^M \cdot x + n^M$$

I ist die Einheitsmatrix.

Wir fragen nun nach den Auswirkungen der Veränderung eines inländischen (bzw. ausländischen) Input-Koeffizienten a_{ij} (bzw. a^M_{kj}) auf den Vektor der realen Produktion bzw. der Importe. Es gilt[4]:

$$(7.31) \quad \frac{\partial x}{\partial a_{ij}} = \frac{\partial C}{\partial a_{ij}} \cdot n$$

$$(7.32) \quad \frac{\partial m}{\partial a^M_{kj}} = \frac{\partial A^M}{\partial a^M_{kj}} \cdot x$$

Die Lösung von (7.32) ist trivial. Die Formel (7.31) kann unter Modifizierung eines Satzes von Faddejew, Faddejewa [30] wie folgt berechnet werden:

<u>Satz</u>: Sei A eine (n,n)-Matrix und I die Einheitsmatrix.
Ist (I - A) invertierbar mit $C := (I - A)^{-1}$, so gilt:

$$(7.33) \quad \frac{\partial C}{\partial a_{ij}} = \begin{bmatrix} c_{1i}c_{j1} & \cdots\cdots & c_{1i}c_{jn} \\ \vdots & & \vdots \\ c_{ni}c_{j1} & \cdots\cdots & c_{ni}c_{jn} \end{bmatrix}$$

---

1) Eine ähnliche Fehleranalyse, allerdings bei unterschiedlicher methodischer Vorgehensweise, wird von Maaß [103] durchgeführt.
2) vgl. auch Kapitel 7.1.
3) Der Zeitindex wird der Einfachheit halber weggelassen.
4) x kann als Funktion der a_{ij} bei gegebenem n, und m kann als Funktion der a^M_{kj} bei vorgegebenen x und n^M aufgefaßt werden.

oder äquivalent dazu

$$(7.34)\quad \frac{\partial C_{lk}}{\partial a_{ij}} = C_{li} \cdot C_{jk}$$

Beweis: $C \cdot C^{-1} = I \Rightarrow \partial C \cdot C^{-1} + C \cdot \partial C^{-1} = 0$

$$\Rightarrow \frac{\partial C}{\partial a_{ij}} = -C \cdot \frac{\partial C^{-1}}{\partial a_{ij}} \cdot C = C \cdot e_i \cdot e_j^T \cdot C \quad .$$

e_k ist der k-te Einheitsvektor; T bezeichne den transponierten Vektor. □

Unter Verwendung von (7.34) erhält man aus (7.31):

$$(7.35)\quad \varepsilon_{ij}^{l} := \frac{\partial x_l}{\partial a_{ij}} \cdot \frac{a_{ij}}{x_l} = \frac{C_{li}}{x_l} \cdot a_{ij} \cdot \sum_k C_{jk} \cdot n_k \quad ^{1)}$$

und

$$(7.36)\quad \varepsilon_{ij} := \max_l \varepsilon_{ij}^{l} = \max_l \frac{C_{li}}{x_l} \cdot a_{ij} \cdot \sum_k C_{jk} \cdot n_k \quad ^{1)}$$

ε_{ij} ist die maximale prozentuale Abweichung der Produktionswerte x_l aufgrund einer 1%-tigen Änderung des inländischen Input-Koeffizienten a_{ij} . Gleichung (7.36) erlaubt die Formulierung des folgenden Satzes:

Satz: Bezeichnet man im statischen Leontief-System

$$(*) \quad x = (I - A)^{-1} \cdot n = C \cdot n, \quad , \quad x,n > 0$$

die relative Veränderung eines inländischen Input-Koeffizienten $a_{ij} \neq 0$, i,j fest, mit d_{ij} und die daraus resultierende relative Veränderung des Produktionswertes x_l, $l=1,\dots,n$, mit d_l, so gilt:

$$(7.37)\quad |d_{ij}| \leqq \frac{d}{\max_l \frac{C_{li}}{x_l} \cdot a_{ij} \cdot \sum_k C_{jk} \cdot n_k} \Rightarrow |d_l| \leqq d$$

für alle $l=1,\dots,n$ und $d > 0$.

---

1) In dem System (7.29) gilt per definitionem: $a_{ij} \geq 0$ und $\sum_i a_{ij} < 1$ für alle j, so daß alle Elemente der Leontief-Inversen C größer als Null sind.

Beweis: Wegen (7.36) gilt:

$$\varepsilon_{ij} = \frac{\max\limits_l |d_l|}{|d_{ij}|} = \max_l \frac{C_{li}}{x_l} \cdot a_{ij} \cdot \sum_k C_{jk} \cdot n_k$$

und somit wegen (7.37)

$$\max_l |d_l| = \max_l \cdot \frac{C_{li}}{x_l} \cdot a_{ij} \cdot \sum_k C_{jk} \cdot n_k \cdot |d_{ij}| < d \ . \ \square$$

Bevor wir zur praktischen Anwendung dieses Satzes kommen, soll zunächst ein entsprechendes Resultat für die Fehlerauswirkungen der Veränderung ausländischer Input-Koeffizienten formuliert werden.

Wegen (7.32) gilt:

$$(7.38) \quad \varepsilon^M_{lk} := \frac{\partial m_r}{\partial a^M_{lk}} \cdot \frac{a^M_{lk}}{m_r} = \begin{cases} \dfrac{x_k \cdot a^M_{lk}}{m_r} & \text{für } l=r \\ 0 & \text{sonst.} \end{cases}$$

Eine Veränderung des Koeffizienten a^M_{lk} hat also nur Auswirkungen auf den zugehörigen Importwert m_l.

(7.38) führt zu folgendem

Satz: Man betrachte das Gleichungssystem

$$(*) \quad A^M x + n^M = m \ .$$

Ist d^M_{lk} die relative Veränderung eines ausländischen Input-Koeffizienten $a^M_{lk} \neq 0$, l,k fest, und bezeichne d^M_r die über das System (*) resultierende relative Veränderung des Importwertes m_r, r=1,...,n, so gilt:

$$(7.39) \quad |d^M_{lk}| \leq \frac{d}{(x_k/m_l) \cdot a^M_{lk}} \Rightarrow |d^M_r| < d$$

für alle r=1,...,n und d > 0 .

Beweis: Wegen (7.38) gilt:

$$\frac{\max\limits_r |d^M_r|}{|d^M_{lk}|} = \frac{|d^M_l|}{|d^M_{lk}|} = (x_k/m_l) \cdot a^M_{lk}$$

Wegen (7.39) folgt dann:

$$\max_r |d_r^M| = |d_1^M| \leqq d \,. \square$$

Die in der Datenbasis des Disaggregierten Prognosemodells vorliegenden Zeitreihen inländischer und ausländischer Input-Koeffizienten für den Referenzzeitraum 1960 - 1974 werden nun wie folgt klassifiziert.

Unter Benutzung von (7.37) und (7.39) berechnen wir zunächst, wie hoch die maximale prozentuale Veränderung eines inländischen (bzw. ausländischen) Produktionskoeffizienten sein darf, wenn der daraus resultierende maximale Fehler der sektoralen Produktionswerte (bzw. Importe) nicht größer als 1 % sein soll. Daraufhin werden die Koeffizienten in 11 Klassen eingeteilt, wobei gilt:

- Der Produktionskoeffizient liegt in der Klasse "i", i=1,...,10, wenn seine maximal zulässige relative Fehlergrenze zwischen (i-1)·10 und i·10 Prozent liegt.
- Der Produktionskoeffizient ist unwichtig und wird in den Klasse "*" eingestuft, wenn seine maximal zulässige relative Fehlergrenze höher als 100 % ist.

Die o.a. Berechnungen werden für jedes Jahr des Referenzzeitraums 1960 bis 1974 durchgeführt. Wegen der Veränderung der Vorleistungsstrukturen ergeben sich zum Teil Verschiebungen in der Klassenzugehörigkeit einzelner Input-Koeffizienten. Um einen scharfen Test für die ex post-Prognosen variabler und konstanter Produktionsstrukturen zu erhalten, haben wir die Input-Koeffizienten jeweils der Klasse zugeordnet, die im Referenzzeitraum den geringsten Fehler zuläßt. Die so gebildeten Klassifizierungsschemata sind in den Tabellen 11 und 12 dargestellt. Von insgesamt 289 inländischen Input-Koeffizienten [1)] sind 42 Null, 141 wichtig und 106 unwichtig. 84 der Importkoeffizienten sind Null, 92 wichtig und 62 unwichtig.

Die im vorigen Abschnitt durchgeführten ex post-Prognosen der Produktionskoeffizienten können nun unter Benutzung der Wichtigkeitskriterien der Tabellen 11 und 12 ausgewertet werden. Dabei vergleichen wir wieder den preis-, technologie- und kapazitätsabhängigen Ansatz mit dem konstanter Strukturen. In der Tabelle 13 sind die Auswertungsergebnisse für die ex post-Prognosen

---

1) Die Vorlieferungen der privaten Haushalte sind im Referenzzeitraum Null und werden deshalb nicht betrachtet.

Tabelle 11

Inländische Input-Koeffizienten nach Wichtigkeit

"i" - die maximale Fehlergrenze ist (i·10) %, i=1,...,10
"*" - die maximale Fehlergrenze ist größer als 100 %
"–" - der Input-Koeffizient ist in der Referenzperiode 1960 - 1974 Null

Sektor	1	2	3	4	5	6	7	8	9	10	11	12	B	L	G	SV	PO
1	9	*	10	*	*	*	2	1	*	*	*	2	*	*	8	*	*
2	3	1	1	1	2	4	3	4	8	5	3	2	*	9	3	*	*
3	3	3	1	4	2	2	1	4	1	6	3	4	8	*	8	4	*
4	8	4	4	1	1	1	9	*	2	*	8	9	9	*	*	–	*
5	5	7	*	6	1	9	*	*	4	7	5	6	3	*	*	*	*
6	*	6	3	5	1	1	5	7	3	9	6	4	3	*	*	*	*
7	*	*	2	*	3	3	1	4	3	6	7	2	5	8	7	*	*
8	2	*	5	*	*	*	*	1	*	*	*	1	*	*	*	*	*
9	*	*	*	*	*	*	*	*	3	*	*	2	3	*	6	*	*
10	8	*	3	5	3	4	3	4	4	1	10	5	4	*	*	5	*
11	8	4	1	3	3	3	2	3	3	1	1	2	5	7	6	7	*
12	6	9	2	7	3	4	4	5	*	3	6	1	*	5	8	2	10
B	*	*	*	*	*	*	*	*	*	*	*	*	–	–	–	–	–
L	*	*	*	*	*	*	*	*	*	*	*	5	–	–	–	4	*
G	*	*	*	*	*	*	*	6	*	7	*	2	–	–	–	1	*
SV	–	–	–	–	–	–	–	–	–	–	–	–	–	–	–	–	*
PO	–	–	–	–	–	–	–	–	–	–	–	–	–	3	1	1	–

Tabelle 12

Import-Koeffizienten nach Wichtigkeit

"i" - die maximale Fehlergrenze ist $(i \cdot 10)$ %, $i=1,...,10$
"*" - die maximale Fehlergrenze ist größer als 100 %
"-" - der Input-Koeffizient ist in der Referenzperiode 1960 - 1974 Null

Sektor	1	2	3	4	5	6	7	8	9	10	11	12	B	L	G	SV	PO
1	3	-	3	-	-	*	1	1	*	-	*	4	*	*	*	*	*
2	*	1	1	1	*	*	*	*	-	*	*	*	-	-	-	-	-
3	6	6	1	3	2	3	2	6	2	8	2	4	6	*	*	6	*
4	*	-	2	1	1	1	*	-	2	-	*	*	-	-	-	-	-
5	*	*	*	10	1	*	8	*	8	*	6	*	1	-	-	-	*
6	*	7	*	*	2	1	4	8	4	5	6	6	1	-	-	-	*
7	*	10	5	*	*	*	1	10	5	7	*	*	*	*	*	*	*
8	1	-	2	-	-	*	*	1	-	-	8	3	*	*	7	*	*
9	2	-	-	-	1	1	-	-	2	-	2	1	1	2	1	-	*
10	-	-	-	-	-	-	-	-	-	1	-	-	-	-	-	-	-
11	9	6	2	3	4	3	2	2	7	2	1	2	5	7	8	-	*
12	*	9	2	3	2	2	4	4	9	9	5	3	*	*	*	*	*
ST	-	-	-	-	-	-	-	-	-	-	-	-	1	-	-	-	-
OH	-	-	-	-	-	-	-	-	-	-	-	-	-	-	-	-	-

der inländischen Input-Koeffizienten zusammengefaßt. In der ersten Zeile dieser Übersicht liest man z.B. ab, daß 24 der 141 wichtigen Koeffizienten der Klasse "1" angehören; d.h. eine Fehlerabweichung von 10 % führt bei einem Produktionswert zu einem Fehler von über 1 %. Für diese 24 Koeffizienten liegen im Lösungszeitraum 1962 - 1974 insgesamt (24x13) = 312 Prognosewerte vor. Von 312 Prognosen preisabhängiger Input-Koeffizienten weisen nur 5 (1.6 %) eine Abweichung auf, die nicht zulässig ist. Bei den konstanten Ansätzen sind 107 (const. 1970) bzw. 74 (const. Mittelwert) der Prognosewerte außerhalb der erlaubten Fehlergrenze.

Die Auswertung der Prognosen der Importstrukturen ist in Tabelle 14 ausgewiesen. Die Resultate sind allgemein schlechter als die der Tabelle 13. Die Ergebnisse des vorigen Abschnitts [1] werden somit bestätigt.

Zum Abschluß dieses Kapitels wollen wir die Resultate der Systemprüfungen und der Sensitivitätsanalysen kurz zusammenfassen.

- Sowohl die inländischen, als auch die ausländischen Input-Koeffizienten verändern sich in der Referenzperiode so stark, daß eine Verwendung konstanter Produktionsstrukturen zu Prognosezwecken nicht geeignet ist. Wie die Sensitivitätsanalysen gezeigt haben, bewegen sich insbesondere die Prognosen wichtiger Produktionskoeffizienten häufig außerhalb der erlaubten Fehlergrenzen.
- Die Erklärung der Importstrukturen ist weitaus schwieriger als die der inländischen Vorleistungslieferungen. Verbesserungen sind nur durch besseres - d.h. originär ermitteltes - Datenmaterial möglich.
- Der Ansatz preis-, technologie- und kapazitätsabhängiger Input-Koeffizienten hat sich in den bisherigen Untersuchungen bewährt. Er sollte im Rahmen von Prognosen mit dem Gesamtsystem weiter überprüft werden.

Es sei noch einmal darauf hingewiesen, daß die bisherigen Resultate noch keine endgültigen Aussagen über die Prognosegüte unserer Schätzansätze zulassen. Wir werden deshalb in Kapitel 20 alle in diesem Abschnitt durchgeführten Untersuchungen auf die Resultate einer dynamischen ex post-Prognose übertragen. Dabei wird es interessant sein, zu beobachten, inwieweit sich die Prognosen der variablen Produktionsstrukturen aufgrund des höheren Interdependenzgrades verschlechtern.

---

1) vgl. die Tabellen 9 und 10.

Tabelle 13

Auswertung der ex post-Prognosen von inländischen Input-Koeffizienten nach den Wichtigkeitskriterien der Tabelle 11

Klasse	Anzahl der Koeffizienten nach Tab. 11	Anzahl der Beobachtungen im Lösungszeitraum	Anzahl der Prognosewerte, die das Kriterium nicht erfüllen		
			variabel	const. 1970	const. MW
1	24	312 (100%)	5 (1.6%)	107 (34.3%)	74 (23.7%)
2	16	208 (100%)	4 (1.9%)	36 (17.3%)	16 (7.7%)
3	27	351 (100%)	6 (1.7%)	38 (10.8%)	19 (5.4%)
4	19	247 (100%)	-	13 (5.3%)	3 (1.2%)
5	14	182 (100%)	-	3 (1.6%)	1 (0.5%)
6	11	143 (100%)	-	15 (10.5%)	1 (0.7%)
7	9	117 (100%)	-	-	-
8	10	130 (100%)	-	-	-
9	8	104 (100%)	-	13 (12.5%)	-
10	3	39 (100%)	-	-	-
Summe	141	1833 (100%)	15 (0.8%)	225 (12.3%)	114 (6.2%)

Tabelle 14

Auswertung der ex post-Prognosen ausländischer Input-Koeffizienten nach den Wichtigkeitskriterien der Tabelle 12

Klasse	Anzahl der Koeffizienten nach Tab. 12	Anzahl der Beobachtungen im Lösungszeitraum	Anzahl der Prognosewerte, die das Kriterium nicht erfüllen		
			variabel	const. 1970	const. MW
1	24	312 (100%)	95 (30.4%)	165 (52.9%)	180 (57.7%)
2	20	260 (100%)	24 (9.2%)	126 (48.5%)	113 (43.5%)
3	9	117 (100%)	-	26 (22.2%)	20 (17.1%)
4	7	91 (100%)	1 (1.1%)	15 (16.5%)	11 (12.1%)
5	5	65 (100%)	-	16 (24.6%)	3 (4.6%)
6	9	117 (100%)	-	38 (32.5%)	16 (13.7%)
7	5	65 (100%)	-	6 (9.2%)	-
8	6	78 (100%)	-	2 (2.6%)	1 (1.3%)
9	4	52 (100%)	1 (1.9%)	2 (3.8%)	2 (3.8%)
10	3	39 (100%)	1 (2.6%)	-	8 (20.5%)
Summe	92	1196 (100%)	122 (10.2%)	396 (33.1%)	354 (29.6%)

8. Die Konsum-, Investitions- und Transferausgaben der Staatssektoren

8.1. Allgemeine Vorbemerkungen

Wir wollen in diesem Abschnitt die im Einteilungsschema der Tabelle 6 beschriebene methodische Vorgehensweise unterbrechen und das Ausgabenverhalten der Staatssektoren nicht nur in Bezug auf die Konsumentscheidungen, sondern auch auf die Investitionen und Transferzahlungen untersuchen. Aufgrund der Arbeiten von Frerichs [34], [35] liegt für die Erklärung der Staatsausgaben ein geschlossenes Konzept vor, das bereits in der ersten Variante des Disaggregierten Prognosesystems empirisch überprüft worden ist. Es bestimmt simultan die Aufteilung der nominellen staatlichen Sozialproduktskomponente [1] auf die Größen

C_j - nomineller Konsum des Sektors j

I_j^{ANL} - nominelle Anlageinvestitionen des Sektors j

T_{GK}^{r} - Transferzahlungen der Gebietskörperschaften (ohne Subventionen)

T_{SV}^{r} - Transferzahlungen der Sozialversicherung

SUB^{GK} - Subventionszahlungen der Gebietskörperschaften

$j \in \{B,L,G,SV\}$.

In der zweiten Stufe werden dann die Transfer- und Subventionszahlungen auf ihre jeweiligen Komponenten verteilt. Die dazu durchgeführten ökonometrischen Analysen sind in den Kapiteln 14 und 17 dargestellt.

Der Ansatz von Frerichs ist - wenn auch in leicht modifizierter Form - für die Referenzperiode 1960 - 1974 neugeschätzt worden. Im folgenden Abschnitt geben wir zunächst einen kurzen Abriß über die zugrundeliegende Theorie und die Schätzansätze. Wir folgen im wesentlichen den Ausführungen von Frerichs [34].

---

1) Zur definitorischen Abgrenzung des Begriffs "staatliche Sozialproduktskomponente" vgl. Kapitel 8.2. und Frerichs [34], S. 19, 20.

8.2. Theorie und Schätzansätze

Das theoretische Konzept zur Bestimmung der Staatsausgaben beruht auf folgenden Annahmen:

- Die staatlichen Aktivitäten können durch ein formales Modell beschrieben werden.

- Die Entscheidungen des Staates werden jährlich unter Zugrundelegung von Nutzenerwägungen planvoll getroffen. Dieses Nutzenkonzept kann sowohl der "Sozialer-Nutzen-Hypothese" (vgl. Arrow [2]), als auch der "Wählerstimmenhypothese" (vgl. z.B. Frey [43]) genügen[1].

- Die Anforderungen der Gesellschaft an den Staat können sich im Zeitablauf als Folge eines wechselnden politischen und sozialen Klimas verändern. Außerdem ist die Bevölkerung bereit, eventuell anfallende Kosten ihrer jeweiligen Ansprüche durch Steuerzahlungen zu tragen. Somit gehen die Steuereinnahmen nicht direkt in die Bestimmung der staatlichen Ausgaben ein.

Frerichs weist darauf hin, daß insbesondere die erste und zweite Annahme in der Literatur nicht unwidersprochen sind (vgl. Hedkamp [53], Lindblohm [101]). Dennoch erscheint die oben genannte Konzeption aufgrund der ständig zunehmenden staatlichen Planungsbemühungen gerechtfertigt.

Das auf diesen Grundannahmen beruhende Modell kann wie folgt beschrieben werden:

Das nominelle Bruttosozialprodukt YSP_t des Jahres t setze sich aus einer staatlichen (Y_t^{ST}) und einer privaten (Y_t^{Pr}) Komponente zusammen:

$$(8.1) \qquad YSP_t = Y_t^{ST} + Y_t^{Pr} .$$

Y_t^{ST} ist der Teil des Bruttosozialprodukts, den "der Staat vor seinen Transferzahlungen an sich zieht"[2]. Wir bezeichnen die im Abschnitt 8.1. aufgeführten 11 Ausgabenkomponenten der Staatssektoren mit $Y_1,\dots,Y_{11}$ und den

1) Zur inhaltlichen Abgrenzung und Interpretation des staatlichen Nutzenkonzeptes siehe Frerichs [34], S. 24 - 33.
2) Frerichs [34], S. 19

privaten Sozialproduktsanteil aus (8.1) mit Y_{12} ; die entsprechenden realen Größen seien $y_1,\dots,y_{12}$ und die zugehörigen Preisindizes $p_1^S,\dots,p_{12}^S$. Es gilt:

$$(8.2) \qquad YSP_t = \sum_{i=1}^{12} p_{i,t}^S \cdot y_{i,t} \quad .$$

Der Staat fällt seine Entscheidungen über die Höhe der einzelnen realen Ausgabenkomponenten auf der Basis einer dynamischen Nutzenfunktion (vgl. Krelle [78]):

$$(8.3) \qquad U_t = \sum_{i=1}^{12} a_i(z_{1,t}^i,\dots,z_{k,t}^i)\cdot \log(y_{i,t}) \quad ,$$

$$0 < a_i(\cdot) < 1 \; , \; \sum_{i=1}^{12} a(\cdot) = 1$$ 1).

Die Parameterfunktionen $a_i(\cdot)$ hängen von Faktoren $z_1^i,\dots,z_k^i$ ab, die die Ansprüche der Bevölkerung an den Staat wiedergeben sollen. Diese Einflußgrössen sind im wesentlichen:

a) Lebensstandard
b) Bevölkerungsentwicklung
c) Erwerbsstruktur
d) Konjunkturlage
e) Bildung der Großen Koalition (1.12.1966)
f) Bildung der SPD/FDP-Regierung (22.10.1969) 2)

Man erkennt an dieser Zusammensetzung, daß sowohl die "Sozialer-Nutzen-Hypothese", als auch die "Wählerstimmenhypothese" berücksichtigt worden sind. Diese Einflußgrößen werden im Disaggregierten Prognosemodell wie folgt bestimmt:

a) Der Lebensstandard wird durch den durchschnittlichen Konsum pro Kopf der letzten 3 Jahre wiedergegeben:

$$LS_t := 1/3 \sum_{\tau=1}^{3} c_{t-\tau}/Bev_{t-\tau}$$

mit

c_t - realer gesamtwirtschaftlicher Konsum im Jahr t
Bev_t - absolute Bevölkerungszahl im Jahr t

---

1) Zur Begründung einer Nutzenfunktion mit positiven, abnehmenden Grenzerträgen siehe Frerichs [34], S. 22

2) Frerichs führt noch andere Einflußfaktoren an, z.B. die Altersstruktur, die räumliche Konzentration, Wahljahre usw.. Wir beschränken uns aber nur auf die wichtigsten Einflüsse.

b) Die Bevölkerungsentwicklung wird durch die absolute Bevölkerungszahl Bev_t bestimmt.

c) Als Indikator für die Erwerbsstruktur dient vereinfacht das Erwerbspersonenpotential EP_t.

Diese drei Indizes sind für das Jahr 1970 auf 1 normiert und zu einem aggregierten Bedarfsindex BI_t zusammengefaßt worden:

$$(8.4)\quad BI_t := a_1 \cdot LS_t + a_2 \cdot Bev_t + a_3 \cdot EP_t$$

$$\text{mit } 0 < a_i < 1 \,,\ \sum_i a_i = 1 \,.$$

Die optimalen Wägungsziffern a_i werden im Rahmen der ökonometrischen Analyse unter Verwendung eines Suchverfahrens bestimmt [1].

d) Die Konjunkturlage wird durch den gesamtwirtschaftlichen Kapazitätsauslastungsgrad δ_G [2] erklärt.

e) Die politischen Veränderungen durch die Bildung der Großen Koalition werden mit Hilfe der Dummy-Variablen $D_{67,t}$ erfaßt.

$$D_{67,t} := \begin{cases} 1 \text{ für } t \in \{67,68,69\} \\ 0 \text{ für } t \notin \{67,68,69\} \end{cases}$$

f) Die Veränderungen im Zuge der SPD/FDP-Koalition - nahezu gleichlaufend ist ein schärferes Verhalten der Gewerkschaften feststellbar - erklären wir durch die Dummy-Variable $D_{70,t}$.

$$D_{70,t} := \begin{cases} 1 \text{ für } t \geq 70 \\ 0 \text{ für } t < 70 \end{cases}$$

Die Dummy-Variablen aus e) und f) gehen sowohl direkt, als auch in Kombination mit dem oben definierten Bedarfsindex BI_t in die Bestimmung der Pameterfunktion $a_i(\cdot)$ ein. Bei Zugrundelegung eines linearen Funktionstyps lautet somit der Grundansatz zur Erklärung von $a_i(\cdot)$:

---

1) Nähere Angaben dazu entnehme man Frerichs [34], S. 134 - 137.
2) vgl. Kapitel 18.3.

$$(8.5)\quad a_i(\cdot) = a_{0i} + a_{1i}\cdot D_{67,t} + a_{2i}\cdot D_{70,t} + a_{3i}\cdot BI_t + a_{4i}\cdot D_{67,t}\cdot BI_t + a_{5i}\cdot D_{70,t}\cdot BI + a_{6i}\cdot \delta_{G,t} \quad .$$

Wir sind nun in der Lage, die Schätzansätze aus dem zugrundeliegenden theoretischen Nutzenkonzept abzuleiten. Die staatlichen Entscheidungsträger maximieren bei gegebenen Preisen $p_1^S,\dots,p_{12}^S$ und gegebenen gesellschaftlichen Einflußgrößen die Zielfunktion (8.3) unter Berücksichtigung, daß die Summe der nominellen Sozialproduktskomponenten das erwartete Bruttosozialprodukt nicht übersteigen darf, also:

$$(8.6.a)\quad U_t = \sum_{i=1}^{12} a_i(\cdot)\cdot \log(y_{i,t}) = \max$$

unter den Nebenbedingungen

$$(8.6.b)\quad \sum_{i=1}^{12} p_{i,t}^S \cdot y_{i,t} \leq YSP_t^E \quad 1)$$

$$(8.6.c)\quad 0 < a_i(\cdot) < 1 \;,\; \sum_{i=1}^{12} a_i(\cdot) = 1 \;,\; a_i(\cdot) \text{ gemäß } (8.5).$$

YSP_t^E ist das erwartete nominelle Bruttosozialprodukt in Periode t. Im einfachsten Fall setzt man:

$$(8.7)\quad YSP_t^E := YSP_{t-1} \quad .$$

Das Problem (8.6.a - c) kann mit Hilfe des Lagrange-Ansatzes gelöst werden.

$$(8.8)\quad L(y_{i,t};\lambda) = U_t + \lambda\cdot(YSP_t^E - \sum_i p_{i,t}^S\cdot y_{i,t}) \quad .$$

Am Lösungspunkt muß gelten:

$$(8.9.a)\quad \partial L/\partial y_{i,t} = a_i(\cdot)/y_{i,t} - \lambda\cdot p_{i,t}^S = 0$$

$$(8.9.b)\quad \partial L/\partial \lambda = YSP_t^E - \sum_i p_{i,t}^S\cdot y_{i,t} = 0 \;.$$

Aus (8.6.c) und (8.9.a,b) folgt leicht

$$(8.10)\quad \lambda = 1/YSP_t^E \quad .$$

---

1) An dieser Stelle haben wir den Ansatz von Frerichs etwas verändert. Frerichs setzt in (8.6.b) nicht das erwartete, sondern das tatsächliche Bruttosozialprodukt der Periode t ein. Es ist aber anzunehmen, daß die staatlichen Entscheidungsträger ihre Planwerte am Anfang einer Periode t festlegen, so daß sie das am Ende der Periode realisierte Bruttosozialprodukt nicht kennen, sondern nur schätzen.

Eingesetzt in (8.9.a) erhält man:

$$(8.11) \quad p^S_{i,t} \cdot y_{i,t} = a_i(\cdot) \cdot YSP^E_t \; .$$

Unter Berücksichtigung von (8.5) und (8.7) ergeben sich somit die Schätzansätze:

$$(8.12) \quad Y_{i,t} = (a_{0i} + a_{1i} D_{67,t} + a_{2i} D_{70,t} + a_{3i} BI_t + a_{4i} D_{67,t} BI_t + a_{5i} D_{70,t} BI_t + a_{6i} \delta_{G,t}) \cdot YSP_{t-1}$$

$$Y_{i,t} \in \{C_{j,t}, I^{ANL}_{j,t}, T^r_{GK,t}, T^r_{SV,t}, SUB^{GK}_t ; \; j = B, L, G, SV\} \; .$$

Dies ist ein System von 12 Gleichungen in reduzierter Form. Das zugrundeliegende theoretische Konzept legt es nahe, die Abhängigkeit der Variablen untereinander durch ein Systemschätzverfahren zu erfassen. Wegen der in Kapitel 6.3. dargestellten Schätzproblematik wird die 12. Gleichung, die die staatlichen Ausgaben nicht direkt betrifft, als Restgröße bestimmt.

8.3. Die Schätzresultate im Überblick

Die staatlichen Konsum-, Investitions- und Transferausgaben sind auf der Grundlage des Ansatzes (8.12) sowohl mit der gewöhnlichen Methode der kleinsten Quadrate, als auch mit der 2-Phasen-Variante des Minimum-Distance-Verfahrens von Malinvaud geschätzt worden. Neben der Plausibilität der Vorzeichen und der Größenordnungen ist vor allem die Signifikanz der Parameterschätzungen als Auswahlkriterium für die besten Ansätze verwendet worden. Der Grundansatz (8.12) bietet eine Vielzahl von Einflußgrößen zur Erklärung der staatlichen Entscheidungen an, deren jeweilige Relevanz sich erst im Rahmen einer ökonometrischen Analyse erweisen muß. Der empirische t-Test scheint hierfür ein geeignetes Kriterium zu sein.

Die Schätzergebnisse sollen nun im Überblick dargestellt (Tabellen 15, 16, 17) und anhand einiger Beispiele interpretiert werden. Für den Konsum der Sozialversicherung hat sich folgender Ansatz ergeben [1]:

1) Resultat der Minimum-Distance-Schätzung; in eckigen Klammern die Parameter der OLS-Schätzung. Dies gilt für alle Einzelbeispiele dieses Kapitels.

Tabelle 15

Die Schätzresultate für die Konsumausgaben der Staatssektoren

Sektor	Schätzverfahren	Parameterschätzungen								
		BI	$BI \cdot D_{67}$	$BI \cdot D_{70}$	D_{67}	D_{70}	δ	const.	R2	DW
Bund	Minimum-Distance	0.0043 (0.0019)	-0.0032 (0.0011)	-0.0042 (0.0010)				0.0474 (0.0019)	0.99	1.69
	OLS	0.0066 (0.0030)	-0.0052 (0.0018)	-0.0056 (0.0017)				0.0463 (0.0024)	0.99	2.06
Länder	Minimum-Distance	0.0014 (0.0018)		0.0084 (0.0008)				0.0494 0.0020)	1.00	1.97
	OLS	0.0015 (0.0022)		0.0082 (0.0011)				0.0493 (0.0023)	1.00	1.96
Gemeinden	Minimum-Distance	0.0001 (0.0010)		0.0051 (0.0005)				0.0027 (0.0010)	1.00	2.13
	OLS	0.0001 (0.0011)		0.0051 (0.0056)				0.0027 (0.0012)	0.99	2.12
Sozialver-sicherung	Minimum-Distance	0.0058 (0.0027)		0.0093 (0.0012)				0.0322 (0.0029)	0.99	1.83
	OLS	0.0060 (0.0032)		0.0091 (0.0016)				0.0320 (0.0033)	0.99	1.83

$$C_{SV} = (0.00575 \cdot BI_t + 0.00930 \cdot D_{70,t} \cdot BI_t + 0.03219) \cdot YSP_{t-1}$$

$$[0.00599] \qquad [0.00915] \qquad [0.03200]$$

Man erkennt, daß seit Bildung der SPD/FDP-Koalition ein verstärkter Einfluß des Bedarfsindexes feststellbar ist. Dieses Ergebnis kann als Bestätigung der "Sozialer-Nutzen-Hypothese" aufgefaßt werden und erscheint plausibel.

Mit Beginn der sozialliberalen Koalition ist ein zunehmender Einfluß, aber auch ein schärferes Verhalten der gesellschaftlichen Gruppe "Gewerkschaften" zu erkennen. Dies wird u.a. durch die Schätzresultate für die Investitionsausgaben bestätigt (Tabelle 16). Vor 1970 ist die Wirkung der Größe BI auf die Investitionsentscheidungen überwiegend - bis auf den Sektor Sozialversicherung - negativ. Im Gegensatz dazu ist der Einfluß auf die Konsumausgaben aller Sektoren positiv. Dies bedeutet, daß die einflußreichen gesellschaftlichen Gruppen kein besonderes Interesse an Staatsinvestitionen, die in Richtung staatlicher Eingriffe in den Wirtschaftsablauf tendieren, gezeigt haben. Seit der Bildung der SPD/FDP-Regierung läßt sich aufgrund der Schätzresultate eine in die entgegengesetzte Richtung gehende Tendenz feststellen. Wir betrachten als Beispiel die Investitionsfunktion des Sektors L (Länder):

$$I^{ANL}_{L,t} = (-0.00169 \cdot BI_t + 0.00048 \cdot D_{70,t} \cdot BI_t + 0.00966) \cdot YSP_{t-1}$$

$$[-0.00176] \qquad [0.00053] \qquad [0.00971]$$

Das negative Vorzeichen des Koeffizienten vor BI_t wird durch das entsprechende Ergebnis von Frerichs aus der ersten Modellvariante bestätigt [1]. Seit 1970 wird die negative Wirkung des Bedarfsindexes auf die Investitionsentscheidungen der Länder stark vermindert.

Zum Abschluß wollen wir kurz die geschätzte Verhaltensgleichung für die Transferausgaben der Sozialversicherung analysieren. Sie lautet:

1) vgl. Frerichs [34], S. 262

Tabelle 16

Die Schätzresultate für die Investitionsausgaben der Staatssektoren

Sektor	Schätzverfahren	Parameterschätzungen							R2	DW
		BI	$BI \cdot D_{67}$	$BI \cdot D_{70}$	D_{67}	D_{70}	δ	const.		
Bund	Minimum-Distance	-0.0015 (0.0003)	0.0004 (0.0001)					0.0091 (0.0004)	0.97	1.82
	OLS	-0.0015 (0.0003)	0.0003 (0.0002)					0.0091 (0.0004)	0.97	1.73
Länder	Minimum-Distance	-0.0017 (0.0006)		0.0005 (0.0002)				0.0097 (0.0006)	0.95	1.38
	OLS	-0.0018 (0.0007)		0.0005 (0.0003)				0.0097 (0.0007)	0.95	1.35
Gemeinden	Minimum-Distance	-0.0049 (0.0015)		0.0020 (0.0007)				0.0303 (0.0016)	0.97	1.11
	OLS	-0.0051 (0.0018)		0.0021 (0.0009)				0.0304 (0.0018)	0.97	1.10
Sozialversicherung	Minimum-Distance	-0.0002 (0.0001)	0.0001 (0.0000)	0.0002 (0.0001)				0.0007 (0.0001)	0.98	2.00
	OLS	-0.0002 (0.0001)	0.0001 (0.0001)	0.0002 (0.0001)				0.0007 (0.0001)	0.97	1.93

Tabelle 17

Die Schätzresultate für die Transferausgaben der Staatssektoren

Variable	Schätzverfahren	Parameterschätzungen							R2	DW
		BI	$BI \cdot D_{67}$	$BI \cdot D_{70}$	D_{67}	D_{70}	δ	const.		
T^r_{GK}	Minimum-Distance	0.0081 (0.0020)					0.0504 (0.0150)	0.0376 (0.0158)	0.99	1.64
	OLS	0.0076 (0.0024)					0.0410 (0.0248)	0.0475 (0.0261)	0.99	1.68
T^r_{SV}	Minimum-Distance	0.0031 (0.0022)		0.0066 (0.0011)			-0.0880 (0.0087)	0.1964 (0.0094)	1.00	1.59
	OLS	0.0020 (0.0032)		0.0073 (0.0018)			-0.1019 (0.0259)	0.2109 (0.0273)	1.00	1.64
SUB^{GK}	Minimum-Distance	-0.0059 (0.0009)		0.0052 (0.0004)			-0.0577 (0.0056)	0.0743 (0.0060)	0.99	2.20
	OLS	-0.0062 (0.0012)		0.0054 (0.0007)			-0.0626 (0.0096)	0.0794 (0.0101)	0.99	2.31

$$T^{r}_{SV,t} = (\underset{[0.00204]}{0.00312} \cdot BI_t + \underset{[0.00729]}{0.00658} \cdot D_{70,t} \cdot BI_t -$$

$$\underset{[0.10188]}{0.88030} \cdot \delta_{G,t} + \underset{[0.21087]}{0.19638}) \cdot YSP_{t-1}$$

Das negative Vorzeichen des Koeffizienten vor $\delta_{G,t}$ bedeutet, daß die Transferausgaben der Sozialversicherung konjunkturell gegenläufig schwanken. Dies ist eine Bestätigung der Untersuchungen von Frerichs [1] und erscheint plausibel. Ab 1970 ist wiederum ein verstärkter Einfluß "sozialliberaler" Politik - wiedergegeben durch den positiven Parameter vor $BI_t \cdot D_{70,t}$ - feststellbar.

1) Frerichs [34], S. 139

9. Der private Konsum

9.1. Allgemeiner Überblick

In diesem Kapitel werden folgende wirtschaftlichen Aktivitäten analysiert:

- der Gesamtkonsum der privaten Haushalte
- die Aufteilung der gesamten Konsumausgaben der privaten Haushalte auf insgesamt 28 inländische und ausländische Güterarten
- die gesamten Konsumausgaben der privaten Organisationen .

Gemäß den Abgrenzungen des Forschungsplans [80] sind dies die wichtigsten Elemente des Submodells "private Haushalte und Organisationen" [1]. Dieses Teilsystem konnte in der ersten Variante des Disaggregierten Prognosemodells nur provisorisch erklärt werden[2] , so daß im Rahmen dieser Arbeit ein vollständig neues Konzept entwickelt worden ist.

Bisher ist in den meisten sektoral gegliederten Prognosemodellen eine mehr pragmatische Vorgehensweise bei der Erklärung der privaten Konsumgüterstruktur anzutreffen. Während die produktiven Gesetzmäßigkeiten sehr detailliert und theoretisch wohlfundiert erfaßt werden, erfolgt die Bestimmung der Endnachfrage entweder exogen bzw. durch einfache lineare Funktionen (vgl. Dieckheuer u.a. [26], Friede [44], Nakamura [112]) oder durch Ankoppelung eines Makromodells (vgl. Hudson, Jorgenson [57]). Die Gründe dafür sind sowohl theoretischer, als auch schätz- und modellbautechnischer Natur:

- Der übliche Ansatz zur Erklärung der Nachfragestruktur der privaten Haushalte ist die Spezifizierung eines einstufigen Ausgabensystems; d.h. alle Nachfragefunktionen werden gleichzeitig in einem Schritt bestimmt. Bei sektoral tief gegliedertem Datenmaterial führt dies wegen der hohen Parameterzahl solcher Systeme zu erheblichen Schätzproblemen [3] . Eine

---

1) vgl. auch Teil a) der Einleitung

2) Das im Disaggregierten Modell I implementierte lineare Ausgabensystem zur Erklärung der privaten Konsumgüternachfrage mußte unter exogener Vorgabe wesentlicher Parameter geschätzt werden. Aufgrund dieser einfachen Ansätze sind wichtige Zusammenhänge nicht erfaßt worden, so daß dieser Modellteil nur für Rahmenprojektionen, aber nicht für Simulationen geeignet war.

3) vgl. dazu auch Kapitel 6.1.

Lösungsmöglichkeit bietet das "utility-tree"-Konzept, zu dem Strotz [144], [145] und Gorman [46] die ersten Beiträge geliefert haben. Es ermöglicht die Subaggregation von Gütern in einer trennbaren Nutzenfunktion, so daß Nachfragesysteme stufenweise erklärt werden können. Daraus resultiert eine erhebliche Reduzierung der Zahl der zu schätzenden Parameter. Aber erst neuere Arbeiten (z.B. Blackorby [13] und Hasenkamp [52]) zeigen Methoden auf, die es ermöglichen, stufenweise geschätzte Nachfragesysteme konsistent und ohne Interdependenz-Verzerrungen in einen vollständigen Modellzusammenhang einzubinden. Wir werden darauf in Kapitel 9.3. ausführlich eingehen.

- Wegen der detaillierten Analyse der produktiven Gesetzmäßigkeiten weisen disaggregierte Prognosesysteme häufig einen so hohen Interdependenzgrad auf, daß die Hinzunahme von weiteren theoretisch fundierten - dafür aber auch kompliziert strukturierten - Variablengruppen zu erheblichen Stabilitätsproblemen führt [1]. Hinzu kommt, daß der Konsum als die größte Endnachfragekomponente entscheidend die Prognosequalität eines Gesamtmodells beeinflußt. Dynamische Ausgabensysteme führen aber - trotz der guten Datenanpassung im Schätzzeitraum - bei ex ante-Prognosen oft zu großen, meistens sogar einseitigen, Fehlerabweichungen.

Es ist uns gelungen, in diese Modellvariante ein zweistufiges dynamisches Ausgabensystem zu implementieren, das auch über einen längeren Prognosehorizont hinweg stabile Vorhersagen liefert. Dies ist ein wesentlicher Fortschritt gegenüber der bisherigen Modellbauentwicklung und wird im Rahmen späterer Arbeiten weiter verfolgt werden (vgl. Krelle u.a. [92]).

Zum Abschluß noch einige Bemerkungen zur methodischen Vorgehensweise in den folgenden Abschnitten. Wir beginnen mit der Bestimmung der gesamten Konsumausgaben der privaten Haushalte. Es folgt die Erklärung der Konsumgüternachfragestruktur. Beide Stufen des Konsumentenverhaltens werden getrennt voneinander behandelt, um jeweils einen klaren gedanklichen Aufbau der Konzepte zu gewährleisten. Den Abschluß dieses Kapitels bildet die Analyse der Konsumausgaben der privaten Organisationen.

---

1) Das Disaggregierte Bonner Modell ist so konzipiert, daß es sich in dieser Hinsicht an der Grenze des Machbaren bewegt. Schon in der ersten Modellvariante sind sowohl die Produktions- und Investitionsstruktur, als auch staatliche Aktivitäten und Transferbeziehungen in einem interdependenten Zusammenhang erklärt worden.

9.2. Der Gesamtkonsum der privaten Haushalte

Die gesamten Konsumausgaben der privaten Haushalte werden durch die Konsumfunktion von Klein und Brown [71], [17] erklärt. Sie lautet:

$$(9.1) \quad C_t^{PH} = a_0 + a_1 \cdot Y_t^{verf,PH} + a_2 \cdot C_{t-1}^{PH}$$

mit

$Y_t^{verf,PH}$ - verfügbares Einkommen der privaten Haushalte [1].

Diese Konsumfunktion kann aus folgendem Nutzenmaximierungskonzept abgeleitet werden:

Ein repräsentativer Haushalt wähle diejenige Aufteilung seines verfügbaren Einkommens in Konsumausgaben C_t^{PH} und Ersparnis S_t^{PH}, die seinen Nutzen

$$(9.2) \quad U_t = C_t^{PH^{\alpha}} \cdot S_t^{PH^{(1-\alpha)}} \quad , \quad 0 < \alpha < 1 \; ,$$

unter der Budgetbeschränkung

$$(9.3) \quad C_t^{PH} + S_t^{PH} = Y_t^{verf,PH}$$

maximiert. Die Lösung dieses Problems mit dem Lagrange-Ansatz führt zu der Grundgleichung

$$(9.4) \quad C_t^{PH} = \alpha \cdot Y_t^{verf,PH} \; .$$

Berücksichtigen wir nun die Konsumremanenz durch eine lineare Funktion des Konsums der Vorperiode, erhalten wir den Schätzansatz (9.1)[2].

Die Konsumfunktion ist sowohl mit der gewöhnlichen Methode der kleinsten Quadrate (OLS), als auch mit der iterativen Methode der kleinsten Quadrate (CORC) geschätzt worden [3]. Die Resultate beider Regressionsanalysen sind in der Übersicht 18 wiedergegeben.

---

1) Zur definitorischen Abgrenzung des verfügbaren Einkommens im Disaggregierten Prognosemodell vgl. Kapitel 17.4.
2) Formal kann man (9.4) auch mit Hilfe eines Koyck-lags in die Schätzgleichung (9.1) überführen.
3) Zur Begründung dieser Vorgehensweise vgl. Kapitel 6.2.

Tabelle 18

Die Schätzresultate für die gesamten Konsumausgaben der privaten Haushalte

Schätzmethode	Parameterschätzungen			R2	DW
	$Y^{verf.,PH}$	C^{PH}_{-1}	const.		
OLS	0.580289 (0.051610)	0.271461 (0.074190)	6975.42 (2110.93)	1.00	2.59
CORC	0.583325 (0.045883)	0.267504 (0.066576)	6905.45 (1933.29)	1.00	2.05

Beide Methoden führen zu einer sehr guten Anpassung der Vergangenheitsentwicklung. Die statistischen Prüfmaße der CORC-Schätzung bestätigen außerdem die Annahme einer Autokorrelation der Residuen, was aufgrund des Schätzansatzes aber nicht verwunderlich ist [1]. Die OLS-geschätzte Verhaltensfunktion weist eine etwas niedrigere, kurzfristige marginale Konsumquote auf (0.5803 im Vergleich zu 0.5833), während der Remanenzeffekt stärker berücksichtigt wird. Dies kommt in dem höheren Koeffizienten vor C^{PH}_{t-1} zum Ausdruck (0.2715 im Vergleich zu 0.2675). Im Rahmen des Gesamtmodells haben wir die mit der iterativen Methode der kleinsten Quadrate geschätzte Verhaltensgleichung verwendet.

9.3. Die Konsumnachfragestruktur der privaten Haushalte

9.3.1. Mögliche theoretische Ansätze und das Aggregationsproblem

Für die Aufteilung der gesamten Konsumausgaben auf die einzelnen Güterarten sind in der Literatur verschiedene theoretische Ansätze entwickelt worden. Es gibt im wesentlichen drei Möglichkeiten:

1) vgl. dazu auch die Anmerkungen in Kapitel 6.2.

1) Die Ableitung der Nachfragefunktion erfolgt auf der Basis einer direkten Nutzenfunktion. Das bekannteste Beispiel hierfür ist das "linear expenditure system" (Stone [143], Samuelson [122]).

2) Die Ableitung wird auf der Grundlage einer indirekten Nutzenfunktion unter Verwendung von Roy's Identität [120] durchgeführt.

3) Das System der Nachfragefunktionen wird direkt spezifiziert. Wichtige Eigenschaften, z.B. die Homogenität vom Grade Null in Preisen und Einkommen, müssen gegebenenfalls durch zusätzliche Restriktionen erzwungen werden. Als Beispiel sei das "Rotterdam-Modell" von Theil [147], [148] genannt.

Alle drei Methoden weisen Vor- und Nachteile auf, die hier nicht näher diskutiert werden sollen [1]. Wir gehen im folgenden von der direkten Nutzenfunktion aus. Die Ergebnisse sind aber auch aus dem dualen indirekten Nutzenkonzept ableitbar.

Im Disaggregierten Prognosesystem unterscheiden wir 28 verschiedene Konsumgüter (18 inländische und 10 ausländische [2]). Wie in den Vorbemerkungen bereits erwähnt, müssen wir deshalb einen Erklärungsansatz entwickeln, der die Zahl der zu schätzenden Parameter erheblich einschränkt [3]. Der "utility-tree"-Ansatz, den wir im folgenden Abschnitt beschreiben werden, erfordert zur konsistenten Einbettung in ein Prognosesystem restriktive Methoden der Preis- und Mengenaggregation, die auf die Theorie der Indexzahlen zurückgeführt werden können (vgl. Eichhorn [29]). Das andere wichtige Aggregationsproblem in der Wirtschaftstheorie, nämlich die Aggregation über ökonomische Einheiten - in diesem Falle: Haushalte - wird zunächst außer acht gelassen. Wir nehmen also an, daß ein gesamtwirtschaftlich repräsentativer Haushalt existiert. Krelle und Pallaschke [91] haben im übrigen gezeigt,

---

1) Gute, kurze Überblicke über dieses Gebiet geben die Artikel von Barten [7] bzw. Barten, Böhm [8]. Ausführlichere Darstellungen findet man bei Phlips [114] und Theil [148].
2) In der Referenzperiode 1960 - 1974 sind keine ausländischen Konsumgüterlieferungen der Art 9 (Bau), 10 (Handel), ST (Staat) und OH (priv. Org. und Haushalte) feststellbar, so daß nur 10 importierte Konsumgüter unterschieden werden.
3) Eine einstufige Bestimmung eines Nachfragesystems mit 28 verschiedenen Güterarten würde z.B. beim Stone'schen "linear expenditure system" 56 simultane Parameterschätzungen bei 784 gleichungsübergreifenden Parameternebenbedingungen erfordern.

daß unter gewissen Integrabilitätsbedingungen die Existenz eines repräsentativen Haushaltes - zumindest approximativ - gewährleistet ist [1].

9.3.2. Der "utility-tree"-Ansatz und "consistent budgeting" [2]

Der von Strotz und Gorman entwickelte "utility-tree"-Ansatz behandelt das Problem der stufenweisen Verteilung eines vorgegebenen Einkommens. Neben der besseren Bewältigung der o.g. Schätzproblematik ermöglicht dieses Konzept auch eine flexible Modellierung des privaten Ausgabenverhaltens in dem Sinne, daß die Substitutionsmöglichkeiten zwischen einzelnen Gütern gezielter erfaßt werden können. Man kann z.B. in einem ersten Schritt die Aufteilung des Gesamtkonsums in lebensnotwendige und Luxusgüter vornehmen. Im zweiten Schritt werden dann die Ausgaben für lebensnotwendige Güter auf die Faktoren Nahrung, Kleidung, Wohnung usw. verteilt. Blackorby u.a. [12], [13] haben gezeigt, daß im Falle einer homothetisch separablen Nutzenfunktion die einstufige und die mehrstufige Ableitung der Nachfragefunktionen zu dem gleichen Ergebnis führen. Diese Eigenschaft nennt man "consistent budgeting". Anhand des folgenden Modells soll dieses Konzept näher erläutert werden.

Wir nehmen an, ein repräsentativer Haushalt plane die Aufteilung seiner gesamten Konsumausgaben C^{PH} [3] auf n Güterarten. Diese Güter c_j^i und die zugehörigen Preise p_j^i können in l Gruppen eingeteilt werden:

$$(9.5) \qquad c^i := (c_1^i, \ldots, c_{k_i}^i)$$

$$(9.6) \qquad p^i := (p_1^i, \ldots, p_{k_i}^i) \quad \text{mit} \quad \sum_{i=1}^{l} k_i = n \ , \ i=1,\ldots,l \ .$$

Es gilt:

$$(9.7) \qquad C^{PH} = \sum_{i=1}^{l} \sum_{j=1}^{k_i} p_j^i \cdot c_j^i =: \sum_{i=1}^{l} C_i \ .$$

1) Ein entsprechendes Nachfragesystem (12 Gleichungen) ist schon mit Daten des Disaggregierten Prognosemodells geschätzt worden (vgl. Krelle, Pallaschke [87]). Eine Verbindung dieses Ansatzes mit einem mehrstufigen Konzept erscheint sinnvoll und wird demnächst getestet werden (vgl. Krelle, Erber, Kiy [92]).

2) Wir folgen in diesem Abschnitt inhaltlich den Ausführungen von Hasenkamp [52], Kap.2.E., wobei wir aber die Notation des Disaggregierten Prognosemodells weitgehend beibehalten.

3) Der Zeitindex wird der Einfachheit halber weggelassen.

Seien $c_1,\ldots,c_n$ die Mengenaggregate der Gütergruppen aus (9.5) und $p_1^c,\ldots,p_n^c$ die zugehörigen Aggregatpreise, dann gilt:

(9.8) $$C^{PH} = \sum_{i=1}^{l} p_i^c \cdot c_i \quad .$$

Der repräsentative Haushalt optimiere nun sein Verhalten unter Verwendung einer streng monotonen, stetigen, quasikonkaven [1] Nutzenfunktion $u(c_j^i;\ i=1,\ldots,l;\ j=1,\ldots,k_i)$. Wir vereinbaren folgende

Definition: Die Nutzenfunktion $u(\cdot)$ heißt homothetisch separabel, wenn gilt

(9.9) a) $$u(\cdot) = \bar{u}[u_1(c^1),\ldots,u_l(c^l)] \quad ,$$

wobei die Nutzenfunktion $\bar{u}$ auf den Mengenaggregaten $c_1,\ldots,c_l$ und die Nutzenfunktionen u_i auf den Gütergruppen c^i definiert sind.

b) Es existiert eine streng monotone Funktion $f\colon \mathbb{R} \longrightarrow \mathbb{R}_+$ mit $f(0)=0$, so daß $f(u(\cdot))$ eine linearhomogene Nutzenfunktion ist.

Erfüllt die Nutzenfunktion $u(\cdot)$ diese Eigenschaften, so gilt nach Blackorby u.a. [13], daß die folgenden Vorgehensweisen zu dem gleichen Ergebnis führen:

1. einstufige Ausgabenverteilung:
Maximiere $u(c_1^1,\ldots,c_{k_l}^l)$ unter der Budgetbeschränkung (9.7) bei gegebenem Gesamtkonsum C^{PH} und gegebenen Preisen p_j^i. Die Lösung dieses Problems ergibt die Nachfragefunktionen

(9.10) $$\bar{c}_r^i = f_r^i(C^{PH};p_1^1,\ldots,p_{k_l}^l) \ , \ i \in \{1,\ldots,l\} \ , \ r \in \{1,\ldots,k_i\} \ .$$

2. zweistufige Ausgabenverteilung:
Maximiere im ersten Schritt die Nutzenfunktion $\bar{u}(c_1,\ldots,c_l)$ aus (9.9) unter der Budgetbeschränkung (9.8) bei vorgegebenem Gesamtkonsum und Aggregatpreisen $p_1^c,\ldots,p_l^c$.
Man erhält die Nachfrage nach dem Mengenaggregat c_i

(9.11) $$\bar{c}_i = g^i(C^{PH};p_1^c,\ldots,p_l^c) \ , \ i \in \{1,\ldots,l\} \ .$$

1) Quasi-konkav bedeutet nach Hasenkamp [52], S.8:
Für $\lambda \in [0,1]$ und $u(z_1) \geq u(z_2)$ gilt: $u(\lambda z_1 + (1-\lambda) z_2) \geq u(z_1)$.

In der zweiten Stufe wird die Nutzenfunktion $u_i(c_1^i,\ldots,c_{k_i}^i)$, $i=1,\ldots,l$, unter der Nebenbedingung

$$(9.12)\qquad \sum_{r=1}^{k_i} p_r^i \cdot c_r^i = p_i^c \cdot \bar{c}_i =: \bar{C}_i$$

maximiert. Dies führt zu den Nachfragefunktionen

$$(9.13)\qquad \bar{\bar{c}}_r^i = g_r^i(\bar{C}_i;p_1^i,\ldots,p_{k_l}^i)\ ,\ i \in \{1,\ldots,l\}\ ,\ r \in \{1,\ldots,k_i\}.$$

Die Ergebnisse beider Vorgehensweisen stimmen überein, also

$$(9.14)\qquad \bar{c}_r^i = \bar{\bar{c}}_r^i\ .$$

Man sieht, daß die Nachfragefunktion in (9.13) von einer anderen Budgetbeschränkung und - was für die Durchführung unserer empirischen Untersuchungen besonders interessant ist - von erheblich weniger Preistermen abhängt als die Gleichung in (9.10). Es gibt nun mehrere Möglichkeiten, die Gleichheit in (9.14) durch eine entsprechende Bildung der Preis- und Mengenaggregate zu erreichen. Man kann z.B. in Anlehnung an die Vorgehensweise des Statistischen Bundesamtes den Aggregatpreis p_i^c als Kombination aus den Preisen p_j^i und den Mengenanteilen der Gütergruppe c^i bilden. Hasenkamp schlägt in Anlehnung an eine Arbeit von Eichhorn [29] eine andere Aggregatbildung vor. Die Preis- und Mengenaggregatorfunktionen werden so bestimmt, daß als erklärende Variable nur Preise bzw. Mengen auftreten, also

$$(9.15.a)\quad c_i := r_i(c_1^i,\ldots,c_{k_i}^i)$$

$$(9.15.b)\quad p_i^c := s_i(p_1^i,\ldots,p_{k_i}^i)\ ,$$

wobei gilt

$$(9.16.a)\quad \bigwedge_{\hat{p}^i}\ \bigvee_{\hat{c}^i}\ \text{mit}\ \hat{p}^{i\prime}\cdot\hat{c}^i = s_i(\hat{p}^i)\cdot r_i(\hat{c}^i) =: \hat{p}_i^c\cdot\hat{c}_i$$

$$(9.16.b)\quad r_i(0) = 0\ ;\ s_i(0) = 0$$

(9.16.c) $r_i(\cdot)$ und $s_i(\cdot)$ sind streng monoton steigend und linearhomogen $i \in \{1,\ldots,l\}$.

Eine Mengenaggregatorfunktion, die den obigen Bedingungen genügt, ist die Nutzenfunktion $u_i(\cdot)$ [1]. Die aus dem dualen Optimierungsansatz resultierende Einheitskostenfunktion, die wir mit $h_i(\cdot)$ bezeichnen [2], wird als Preisaggregatorfunktion verwendet. Löst man bei gegebenen Preisen p_j^i das Nutzenmaximierungsproblem zur Bestimmung der Gütergruppe c^i und setzt die ermittelten Nachfragemengen $\hat{c}_j^i$ in die Aggregatorfunktion $r_i(\cdot)$ (bzw. $u_i(\cdot)$) ein, erhält man das Mengenaggregat für die Gruppe i:

$$(9.17) \quad \hat{c}_i := r_i(\hat{c}_1^i,\dots,\hat{c}_{k_i}^i) \quad , \; i \in \{1,\dots,l\} .$$

Die duale Einheitskostenfunktion $h_i(\cdot)$ liefert den Aggregatpreis p_i^c, und es gilt:

$$(9.18) \quad p_i^c \cdot \hat{c}_i = \sum_j p_j^i \cdot \hat{c}_j^i \quad .$$

Mit diesen Preis- und Mengenaggregaten kann nun das Problem der nächsthöheren Stufe gelöst werden.

Der Vorteil dieser Vorgehensweise liegt darin, daß innerhalb der mehrstufigen Ausgabenbestimmung keine weiteren Interdependenzen erzeugt werden, wie dies z.B. bei einer Aggragatbildung aus kombinierten Preis- und Mengenindizes der Fall wäre. Wir betrachten dazu das in Abbildung 2 dargestellte Flußdiagramm einer zweistufigen Ausgabenverteilung. Von außen werden die Gesamtausgaben C^{PH} und die Preise der untersten Stufe p_j^i vorgegeben. Die durchgezogenen Pfeile geben an, wie das nach der obigen Methode spezifizierte Nachfragesystem im Modellzusammenhang gelöst wird.

---

1) oder eine lineare Transformation von $u_i(\cdot)$

2) Das duale Problem lautet:
Maximiere $\sum_\tau p_\tau^i c_\tau^i$ unter der Nebenbedingung $u_i(c_1^i,\dots,c_{k_i}^i) \geq \bar{u}$, $\bar{u} \in \mathbb{R}_+$. Man erhält eine Kostenfunktion $K_i(p_1^i,\dots,p_{k_i}^i;\bar{u})$, die im Falle einer homothetischen Nutzenfunktion $u_i(\cdot)$ faktorisiert als
$K_i(p_1^i,\dots,p_{k_i}^i;\bar{u}) = \bar{u} \cdot h(p_1^i,\dots,p_{k_i}^i)$, wobei $h_i(\cdot)$ stetig, linearhomogen, konkav und monoton steigend ist. Vgl. dazu Hasenkamp [52], Diewert [27] Shephard [133].

Abbildung 2

Flußdiagramm einer zweistufigen Nachfragebestimmung

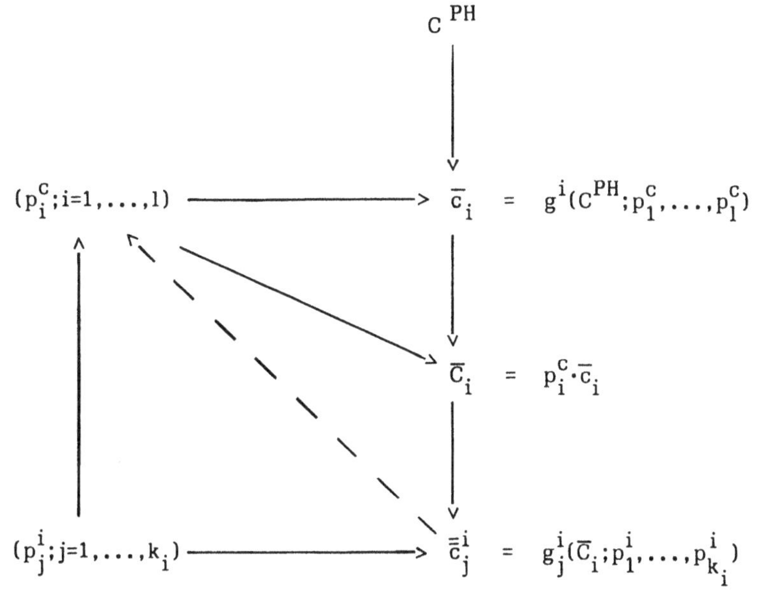

Man sieht, daß innerhalb der zweistufigen Nachfragebestimmung keine Rückkopplungen endogener Variablen von der unteren zur oberen Stufe bestehen. Bildet man aber Preisaggregate unter Berücksichtigung der Mengenanteile der zweiten Stufe (gestrichelte Linie), so entsteht ein in der Schätzung nicht berücksichtigter interdependenter Zusammenhang, der bei der Lösung des Gesamtsystems zu Instabilitäten und Fehlprognosen führen kann.

9.3.3. Ableitung der Schätzansätze

Im Disaggregierten Bonner Prognosesystem erfolgt die Analyse der Konsumnachfragestruktur in zwei Stufen. Zunächst werden die Gesamtausgaben auf 14 Güterarten verteilt. Diese sind

- die zusammengefaßten inländischen und ausländischen Güterarten der 12 Industriesektoren
- die Konsumgüterlieferungen des Staates (=B+L+G+SV) [1]
- die Konsumgüterlieferungen der privaten Organisationen und Haushalte (=PO+PH) [1].

Wir haben diese weitgefächerte Aufteilung in der ersten Stufe gewählt, um die nach dem Grundkonzept des Disaggregierten Modells gleichberechtigt zu behandelnden Sektoren [2] in einem Schritt zu erfassen. Außerdem wollten wir ein Nachfragesystem schätzen und implementieren, das sich aufgrund seiner Größenordnung an der Grenze des z.Z. ökonometrisch und modellbautechnisch Machbaren bewegt. Wir hoffen, dadurch Erfahrungen sammeln zu können, die bei noch tiefer disaggregierten Analysen Verwendung finden.

In der zweiten Stufe werden die Konsumausgaben für Produkte der privaten Wirtschaft auf die inländischen und ausländischen Komponenten aufgeteilt, sowie die Lieferungen des Staates und der privaten Organisationen und Haushalte auf die der 4 (bzw. 2) Teilsektoren.

Die unserem Nachfragesystem zugrundeliegende Nutzenfunktion kann als eine Variante der "S-branch-utility-function" von Brown und Heien [18] aufgefaßt werden. Entsprechend der im vorigen Abschnitt dargestellten Vorgehensweise bestimmen wir zunächst die Nachfragefunktionen der zweiten Stufe.

Die Nutzenfunktionen $u_i(\cdot)$ sind von einem dynamischen Cobb-Douglas-Typ:

$$(9.19) \quad u_i(c^i_{1,t},\ldots,c^i_{k_i,t}) = \prod_{r=1}^{k_i} \varepsilon^i_r(t)\cdot c^i_{r,t}{}^{\delta^i_r(t)}$$

mit

$$(9.19.a) \quad \delta^i_r(t) = \delta^i_{or} + \delta^i_{1r}\cdot t > 0 \; ; \; \sum_r \delta^i_{or} + \delta^i_{1r}\cdot t = 1 \; .$$

$$(9.19.b) \quad \varepsilon^i_r(t) = (1/\delta^i_r(t))^{\delta^i_r(t)}$$

$$(9.19.c) \quad k_i = \begin{cases} 2 \text{ für } i \in \{1,\ldots,12,OH\} \\ 4 \text{ für } i \in \{ST\} \end{cases}$$

t ist der Zeitindex.

1) Hier existieren keine konkurrierenden Güterlieferungen aus dem Ausland.
2) vgl. Kapitel 1.

Die Nutzenfunktion $u_i(\cdot)$ wird maximiert unter der Nebenbedingung

$$(9.20) \qquad \sum_{r=1}^{k_i} p^i_{r,t} \cdot c^i_{r,t} = C_{i,t} \quad ,$$

wobei $C_{i,t}$ die gesamten nominellen Konsumausgaben für Güter der Gruppe i sind. $C_{i,t}$ und die Preise $p^i_{r,t}$ werden exogen vorgegeben. Die Lösung dieses Problems führt zu den Nachfragefunktionen

$$(9.21) \qquad c^i_{r,t} = (\delta^i_{or} + \delta^i_{1r} \cdot t) \cdot (C_{i,t}/p^i_{r,t}) \quad , \quad i \in \{1,\ldots,OH\} \; .$$

Durch den Ansatz (9.21) haben wir 14 Gleichungssysteme mit je 2 Gleichungen (bzw. 4 Gleichungen für i = ST) spezifiziert. Wegen der in Kapitel 6.3. dargestellten Schätzproblematik wird in jedem dieser Systeme eine Gleichung eliminiert und im Nachhinein als Restgröße bestimmt. Diese sind

- die inländischen Lieferungen der privaten Wirtschaft für $i \in \{1,\ldots,12\}$
- die Lieferungen der Gemeinden für $i \in \{ST\}$
- die Lieferungen der privaten Organisationen für $i \in \{OH\}$.

Wir haben somit jeweils die wertmäßig größten Variablen einer Gütergruppe herausgenommen [1]. Alle anderen Gleichungen sind mit dem OLS-Verfahren geschätzt worden. Diese Methode führt auch im 3-Gleichungensystem für die Lieferungen der Sektoren Bund, Länder und Sozialversicherung zu konsistenten Schätzungen, da nach Definition gilt:

$$p_{B,t} = p_{L,t} = p_{SV,t} \quad ,$$

und somit auf der rechten Seite von (9.21) jeweils die gleichen Variablen stehen [2]. Die Parameter der nichtgeschätzten Gleichungen können rückgerechnet werden. Die Schätzresultate der unteren Stufe gehen nun wie folgt in die Bestimmung der Nachfrage der ersten Stufe ein. Da die Nutzenfunktionen in (9.19) linearhomogen sind, existieren duale Einheitskostenfunktionen $h_i(p^i_{1,t},\ldots,p^i_{k_i,t})$. Sie lauten:

$$(9.22) \qquad h_i(p^i_{1,t},\ldots,p^i_{k_i,t}) = \prod_{r=1}^{k_i} p^i_{r,t}{}^{\delta^i_r(t)} =: p^c_{i,t} \qquad 3)$$

---

1) vgl. Tabelle 2, Spalte 23. Alternativ dazu hätte man auch die wertmäßig kleinsten - und somit unwichtigeren - Variablen als Restgröße bestimmen können.

2) vgl. Kapitel 6.3.

3) Durch die Aufnahme von $\varepsilon^i_r(t)$ in (9.19) haben wir erreicht, daß die Aggregatpreise die Normierung "1970 = 1" erhalten.

Verwendet man als Mengenaggregatfunktion den Funktionstyp $u_i(\cdot)$ aus (9.19) und setzt dort die durch (9.21) bestimmten Nachfragemengen zur Bildung der Aggregate c_i ein, so gilt:

$$(9.23)\quad p^c_{i,t}\cdot c_{i,t} = \prod_{r=1}^{k_i} \varepsilon^i_r(t)\cdot(p^i_{r,t}\cdot c^i_{r,t})^{\delta^i_r(t)}$$

$$= \prod_{r=1}^{k_i} \varepsilon^i_r(t)\cdot(\delta^i_r(t)\cdot C_{i,t})^{\delta^i_r(t)}$$

$$= C_{i,t} \quad .$$

Die so bestimmten Preis- und Mengenaggregate gehen nun in den Nutzenmaximierungsansatz der ersten Stufe ein. Wir legen hier eine Variante der "Stone-Geary-Nutzenfunktion" zugrunde. Sie lautet:

$$(9.24)\quad \bar{u}(c_{1,t},\ldots,c_{OH,t}) = \prod_{i=1}^{OH} (c_{i,t} - \beta_i)^{\alpha_i}$$

$$\text{mit } \alpha_i > 0 \;,\; \sum_i \alpha_i = 1 \quad .$$

Für den "Minimalkonsum" β_i von Gütern der Art i wählen wir dabei den Ansatz

$$(9.25)\quad \beta_i = \gamma_i\cdot c_{i,t-1} \quad .$$

Die Budgetbedingung lautet:

$$(9.26)\quad \sum_{i=1}^{OH} p^c_{i,t}\cdot c_{i,t} = C^{PH}_t \quad .$$

Das Problem (9.24 - 9.26) führt zu den Nachfragefunktionen

$$(9.27)\quad c_{i,t} = \gamma_i\cdot c_{i,t-1} + (\alpha_i/p^c_{i,t})\cdot(C^{PH}_t - \sum_{j=1}^{OH} \gamma_j\cdot p^c_{j,t}\cdot c_{j,t-1})$$

$$\text{mit } \sum_{i=1}^{OH} \alpha_i = 1 \;,\quad i \in \{1,\ldots,OH\}.$$

(9.27) ist ein System von 14 Gleichungen in reduzierter Form, wobei die einzelnen Nachfragefunktionen durch gleichungsübergreifende Parameterrestriktionen verknüpft sind. Es wird mit der 2-Phasen-Variante des Minimum-Distance-Verfahrens von Malinvaud geschätzt, wobei wir wiederum eine Gleichung eliminieren und im Nachhinein als Restgröße erklären [1]. Somit sind gleichzeitig 13 Gleichungen mit 27 Parametern bei 209 Parameternebenbedingungen zu bestimmen [2].

9.3.4. Die Schätzresultate im Überblick

Wir beginnen mit den Schätzergebnissen für die Aufteilung der 14 Konsumgüteraggregate auf ihre Teilkomponenten gemäß Ansatz (9.21) [3]. In Tabelle 19 sind die Parameterschätzungen und die statistischen Prüfmaße dieser Regressionsanalysen zusammengefaßt. Alle nicht aufgeführten Variablen werden, wie im vorigen Abschnitt dargestellt, als Restgröße bestimmt; die entsprechenden Parameter können gemäß (9.19.a) rückgerechnet werden.

Man erkennt, daß die Anpassungsgüte im Großen und Ganzen zufriedenstellend ist. Die Bestimmtheitsmaße der Schätzungen der importierten Konsumgüterlieferungen sind - bis auf eine Ausnahme - größer als 0.9. Nur die Erklärung der Nachfrage nach staatlichen Gütern fällt schlechter aus. Insbesondere das R2 der Verhaltensfunktion für den Sektor SV (Sozialversicherung) ist sehr klein. Dieses Resultat ist aber für die Prognosequalität des Gesamtsystems unerheblich, da die Lieferungen der Sozialversicherung nur einen Bruchteil (weniger als 0.01 %) des Gesamtkonsums ausmachen. In einigen Schätzungen deutet die niedrige Durbin-Watson-Prüfgröße auf einen zu einfachen Erklärungsansatz hin. Dies gilt insbesondere für die Sektoren 7 (Holz/Textil), 8 (Nahrung), 11 (Verkehr) und 12 (Dienstleistungen). Wegen der zunehmenden Bedeutung der Konsumgüterimporte sollten über das Jahr 1974 hinausgehende Untersuchungen auf der Basis eines detaillierteren Ansatzes als (9.21) durchgeführt werden.

Die Nachfrage der privaten Haushalte nach Energieimporten weist ab dem Jahr 1970 sowohl im Niveau, als auch in der Tendenz einen Strukturbruch auf, der in Verbindung mit der verbesserten Wettbewerbsfähigkeit der deutschen Steinkohle seit der Gründung der Ruhrkohle AG zu sehen ist. Diese Tatsache

---

1) In diesem Fall ist die Nachfrage nach Konsumgütern der privaten Organisationen als Restgröße bestimmt worden.

2) Von den 209 Parameternebenbedingungen resultieren 196 aus den gleichungsübergreifenden Restriktionen und 13 aus der Quadrierung der Parameter α_i, die dadurch von vornherein ein positives Vorzeichen erhalten.

3) Wir vereinbaren: $c_j^i := c_i^X$ für inländische und $c_j^i := c_i^M$ für ausländische Güter der Art i.

Tabelle 19

Schätzresultate für die private Konsumgüternachfrage, 2. Stufe *)

Gütergruppe **)		Parameterschätzungen		R2	DW
		δ_0	δ_1		
1	Landwirtschaft	0.2871	0.0053	0.972	1.08
2	Energie/Bergbau ***)	0.0348 (-0.0274)	-0.0027 (0.0025)	0.811	1.05
3	Chemie	0.1050	-0.0012	0.956	1.26
4	Eisen/NE ****)	-0.0024	0.0003	0.970	2.52
5	Sta.-Ma.-Fz.-Bau	0.0354	0.0060	0.970	1.94
6	Elektro/EBM	0.0350	0.0076	0.991	1.84
7	Holz/Textil	0.0243	0.0106	0.980	0.78
8	Nahrung	0.0448	0.0036	0.978	0.61
11	Verkehr	0.0362	0.0041	0.918	0.63
12	Dienstleistungen	0.0527	0.0029	0.922	0.79
B	Bund	0.1996	-0.0056	0.573	0.84
L	Länder	0.2224	-0.0025	0.659	1.07
SV	Sozialversicherung	0.0096	-0.0003	0.016	1.32
PO	Private Organisationen	0.1438	0.0102	0.855	0.57

*) Wir verzichten aus Platzgründen auf die Angabe der Standardabweichungen. Alle Parameter sind gesichert.
**) Für die Sektoren 1 - 8, 11 und 12 ist jeweils die Nachfrage nach importierten Gütern geschätzt worden.
***) Erweiterter Ansatz: s. die folgenden Ausführungen.
****) Konsumgüterlieferungen erst seit 1968.

ist im Schätzansatz durch die Dummyvariable $D_{70,t}$ [1] berücksichtigt worden, also

$$(9.28)\quad c^M_{2,t} = (a_0 + a_1 \cdot D_{70,t} + a_2 \cdot t + a_3 \cdot D_{70,t} \cdot t) \cdot (C_{2,t}/p^M_{2,t}) \ .$$

Die Parameter sind in dieser Reihenfolge in Tabelle 19 angegeben. Zum Abschluß sei noch bemerkt, daß die aus den Schätzungen resultierenden Konsumanteile $\delta_i(t)$ [2] über einen Prognosehorizont von ca. 50 Jahren innerhalb der vorgegebenen Grenzen 0 und 1 bleiben.

Von den Schätzergebnissen für das lineare Ausgabensystem der ersten Stufe wollen wir anhand der folgenden Tabelle 20 einen ersten Eindruck von der Anpassungsgüte und dem Erklärungsgehalt unseres Ansatzes geben.

Tabelle 20

R2 und DW für das dynamische lineare Ausgabensystem, 1. Stufe

	Gütergruppe	R2	DW		Gütergruppe	R2	DW
1	Landwirtschaft	0.954	1.97	8	Nahrung	0.993	1.79
2	Energie/Bergbau	0.979	1.40	9	Bau	0.901	1.35
3	Chemie	0.984	2.14	10	Handel	0.992	2.08
4	Eisen/NE	0.973	1.00	11	Verkehr	0.890	1.24
5	St.Ma.Fz.-Bau	0.986	1.76	12	Dienstleistungen	0.995	2.54
6	Elektro/EBM	0.992	1.17	ST	Staat	0.870	1.73
7	Holz/Textil	0.992	2.64	OH	Pr.Org.u.HH.	-	-

1) $D_{70,t}$ ist definiert als

$$D_{70,t} = \begin{cases} 1 \text{ für } t \geq 70 \\ 0 \text{ für } t < 70 \end{cases}$$

. Sie bezieht sich aber nicht auf den Beginn der SPD/FDP-Koalition, sondern auf die Gründung der Ruhrkohle AG (27.11.68).

2) Die Konsumanteile können gemäß (9.21) aus den Parameterschätzungen berechnet werden.

Anhand der Bestimmtheitsmaße und der Durbin-Watson-Prüfgrößen ist zu erkennen, daß alle Nachfragefunktionen den tatsächlichen Verlauf gut nachbilden. Dies gilt insbesondere für die vier wertmäßig wichtigsten Gütergruppen 7 (Holz/Textil), 8 (Nahrung), 10 (Handel) und 12 (Dienstleistungen) [1].

Zum Abschluß dieses Kapitels wollen wir am Beispiel des Sektors 8 (Nahrung) eine weitere Auswertung der Schätzresultate vornehmen. Wir berechnen dazu für das Jahr 1967 den Ausgabenanteil, die Einkommenselastizität [2] und die Preiselastizitäten dieser Gütergruppe.

Den Ausgabenanteil $w_{8,t}$ erhält man nach der Formel

$$(9.29) \qquad w_{8,t} = p^{c}_{8,t} \cdot c_{8,t} \, / \, C^{PH}_{t} \quad .$$

Aus (9.27) ergibt sich die Einkommenselastizität der Nachfrage nach Gütern der Art 8 mit Hilfe von

$$(9.30) \qquad \varepsilon^{C}_{8,t} = \frac{\partial c_{8,t}}{\partial C^{PH}_{t}} \cdot \frac{C^{PH}_{t}}{c_{8,t}} = (\alpha_{8} \cdot C^{PH}_{t}) / (p^{c}_{8,t} \cdot c_{8,t}) \quad .$$

Man sieht, daß sich die Einkommenselastizität gegenläufig zum Ausgabenanteil entwickelt. Dies bedeutet, daß $\varepsilon^{C}_{j,t}$ für Luxusgüter abnehmen und für lebensnotwendige Güter zunehmen wird. Dieses Resultat ist typisch für das "linear-expenditure-system".

Die Cournot'schen Preiselastizitäten $\hat{\varepsilon}^{j}_{8,t}$ errechnen wir aus (9.27) nach der Formel

$$(9.31) \qquad \hat{\varepsilon}^{j}_{8,t} = \frac{\partial c_{8,t}}{\partial p^{c}_{8,t}} \cdot \frac{p^{c}_{8,t}}{c_{8,t}} = \begin{cases} -(c_{8,t} - \gamma_{8}(1-\alpha_{8})c_{8,t-1}) / c_{8,t} & \text{für } j=8 \\ -\gamma_{j} \cdot \alpha_{8} \cdot p^{c}_{j,t} \cdot c_{j,t-1} / (p_{8,t} \cdot c_{8,t}) & \text{für } j \neq 8 \end{cases}$$

Die Slutzky-Preiselastizität $\hat{\hat{\varepsilon}}^{j}_{8,t}$ bei kompensiertem Nutzenniveau kann wie folgt berechnet werden [3]:

$$(9.32) \qquad \hat{\hat{\varepsilon}}^{j}_{8,t} = \hat{\varepsilon}^{j}_{8,t} + w_{j,t} \cdot \varepsilon^{C}_{8,t} \quad .$$

---

1) vgl. Tabelle 2, Spalte 23

2) Genau genommen berechnen wir die Gesamtausgabenelastizität der Nachfrage nach Gut 8. Wie in der Literatur üblich behalten wir aber den Begriff "Einkommenselastizität" bei.

3) vgl. Hasenkamp [52], S. 29 und Phlips [114]

In Tabelle 21 sind die nach (9.29 - 9.32) ermittelten Elastizitäten für die Nachfrage nach Gütern der Art 8 (Nahrung) zusammengefaßt.

Tabelle 21

Ausgabenanteil, Einkommens- und Preiselastizitäten der Güter der Art 8 (Nahrung) für das Jahr 1967

Gütergruppe	$\hat{\varepsilon}^{j}_{8,67}$	$\hat{\hat{\varepsilon}}^{j}_{8,67}$
1 Landwirtschaft	-0.03282	0.00022
2 Energie/Bergbau	-0.01881	0.00238
3 Chemie	-0.03902	0.00606
4 Eisen/NE	-0.00258	0.00160
5 St.Ma.Fz.-Bau	-0.03210	0.01130
6 Elektro/EBM	-0.03476	0.00510
7 Holz/Textil	-0.10104	0.01752
8 Nahrung	-0.18837	-0.02893
9 Bau	-0.00174	0.00014
10 Handel	-0.11916	0.01702
11 Verkehr	-0.02584	0.00882
12 Dienstleistungen	-0.18701	0.07813
ST Staat	-0.00605	0.00362
OH Pr. Org. u. HH.	-0.00951	0.00520
$w_{8,67} = 0.20204$	$\varepsilon^{C}_{8,67} = 0.78916$	

9.4. Der Konsum der privaten Organisationen

Die Konsumausgaben der privaten Organisationen werden in Abhängigkeit vom durchschnittlichen Einkommen der letzten zwei Perioden und einer Dummy-Variablen zur Erfassung vermehrter gewerkschaftlicher Aktivitäten seit 1970 erklärt. Das Einkommen der privaten Organisationen besteht im wesentlichen aus Kirchensteuern und Gewerkschaftsbeiträgen. Bei Zugrundelegung eines linearen Funktionstyps ergibt sich folgende Verhaltensgleichung:

(9.33) $$C_t^{PO} = \underset{(0.0574)}{0.4578} \cdot EDPO_t + \underset{(274.6)}{750.9} \cdot D_{70,t} + \underset{(265.5)}{1163.9}$$

$R2 = 0.961$ $DW = 1.21$

mit

C_t^{PO} - nomineller Gesamtkonsum der privaten Organisationen

$EDPO_t$ - durchschnittliches Einkommen der privaten Organisationen der vergangenen zwei Perioden [1)]

1) vgl. Tabelle 4, Spalte 4 (PrO)

10. Die Bruttoanlageinvestitionen der privaten Wirtschaft

10.1. Allgemeine Vorbemerkungen

Die Bedeutung der Investitionen für das Wachstums- und Konjunkturverhalten der Volkswirtschaft der Bundesrepublik Deutschland beruht im wesentlichen auf zwei Eigenschaften. Zum Einen bilden sie einen großen Teil der Endnachfrage. In der Referenzperiode 1960 - 1974 beträgt der Anteil der Anlageinvestitionen am Bruttosozialprodukt ca. 23 % [1]. Wie man anhand der Abbildung 3 erkennen kann, nimmt dieser Anteil in konjunkturschwachen Jahren ab (z.B. 1967, 1974), während er in Zeiten der Hochkonjunktur (1970) ansteigt. Dies bedeutet, daß die Konjunkturschwankungen der Volkswirtschaft - gemessen durch das reale Bruttosozialprodukt - wesentlich vom Investitionsverhalten beeinflußt werden. Andererseits bestimmen die Investitionen den langfristigen Aufbau von Produktionskapazitäten und die technologische Entwicklung. Durch diesen eher angebotsorientierten Einfluß wird zusammen mit dem zuerst genannten Nachfrageeffekt das mittel- bis langfristige Wachstumsverhalten einer Wirtschaft geprägt. Beide Einflüsse der Investitionen werden im Disaggregierten Prognosesystem berücksichtigt [2]. Dabei sollen hauptsächlich die langfristigen sektoralen Tendenzen aufgezeigt werden; die exakte Wiedergabe konjunktureller Ausschläge ist zwar erwünscht, aber nicht unbedingtes Ziel unserer Untersuchungen. Dies ist eher die Aufgabe von Kurzfristmodellen mit einem Prognosehorizont von 1 - 3 Jahren.

Die Theorien zur Erklärung des Investitionsverhaltens sind sehr vielfältig. Zu Beginn der Entwicklung standen partielle Theorien, die einzelne Bestimmungsgründe der Investitionen, z.B. die Liquidität, den Zins, den Nachfragedruck usw. erfaßten. Diese sind in der neueren Literatur von Ansätzen abgelöst worden, die die Investitionsfunktionen aus geschlossenen Modellkonzepten ableiten (z.B. Coen, Hickman [21], Jorgenson [61], [62], Krelle [82]). Eine gute Übersicht über die wichtigsten Entwicklungen auf diesem Gebiet geben Krelle [84] und Rawley, Trivedi [119].

Die ökonometrische Analyse von Investitionstheorien ist in der Regel auf der Grundlage gesamtwirtschaftlicher Daten durchgeführt worden. Von den wenigen Untersuchungen auf sektoraler Ebene sind vor allem die Arbeiten von Jorgenson [62] und Kübler [96] zu nennen.

---

1) Mittelwert für den Zeitraum 1960 - 1974; in Preisen von 1970.
2) vgl. auch Kapitel 18.

Abbildung 3

Anteil der Anlageinvestitionen am Bruttosozialprodukt

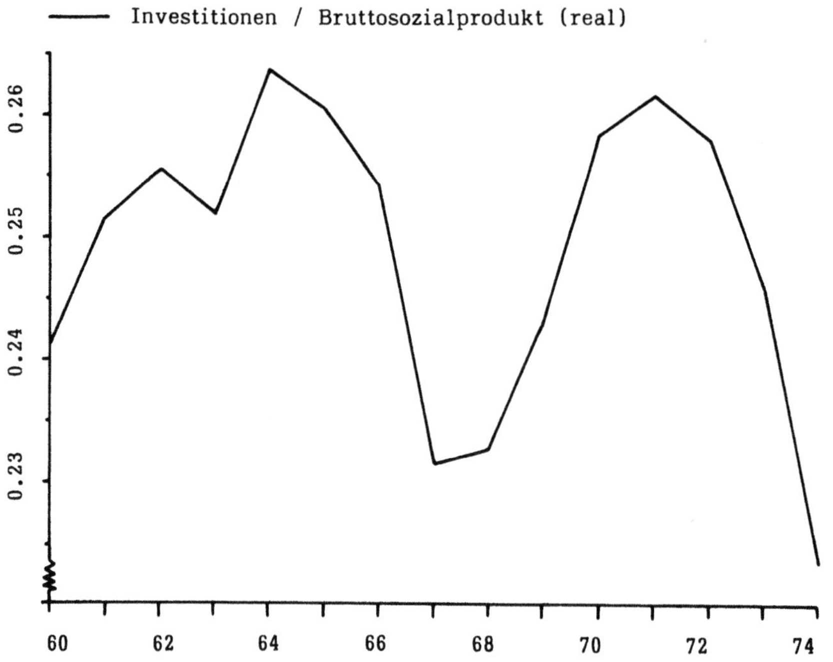

Von den in dieser Version des Disaggregierten Prognosesystems getesteten Ansätzen zur Erklärung der sektoralen Anlageinvestitionen wollen wir zwei vorstellen. Der erste Ansatz beruht auf dem flexiblen Akzeleratorprinzip und stellt eine Weiterentwicklung der Jorgenson-Investitionsfunktion dar. Coen [20] bzw. Coen und Hickman [21] haben diese Funktion zuerst anhand gesamtwirtschaftlicher Daten getestet. Der zweite Ansatz ist von Krelle [84] aus der neoklassischen Wachstumstheorie abgeleitet worden. Er zielt eher auf die Erklärung langfristiger Entwicklungen ab. Im Rahmen der Arbeiten an der ersten Version des Disaggregierten Prognosesystems und anderer Bonner Modelle haben Krelle [83], [84] und Kübler [96] detaillierte Ableitungen der entsprechenden Schätzansätze durchgeführt. Wir können uns deshalb im folgenden auf kurze Übersichten beschränken.

Die Anlageinvestitionen werden jeweils in realen Größen [1] mit der gewöhnlichen Methode der kleinsten Quadrate [2] geschätzt. Zum Teil auftretende Nichtlinearitäten haben wir durch Transformationen der Schätzgleichungen bzw. durch Verwendung von a priori-Informationen [3] vermieden.

10.2. Theoretische Modelle und Ableitung der Schätzansätze

10.2.1. Coens "capital-adjustment"-Modell mit flexiblem Akzelerator [4]

Die reale Anlageinvestition $i^{ANL}_{j,t}$ setzte sich aus der realen Nettoinvestition $i^{ANL,N}_{j,t}$ und dem Ersatz für die Kapitalvernutzung zusammen, also

$$(10.1)\quad i^{ANL}_{j,t} = i^{ANL,N}_{j,t} + \delta_j \cdot K_{j,t-1}$$

$$=: K_{j,t} - (1-\delta_j)\cdot K_{j,t-1}$$

mit

δ_j - durchschnittliche Abschreibungsrate im Sektor j.

$K_{j,t}$ - Kapitalstock des Sektors j am Ende der Periode t.

Wir nehmen an, ein repräsentatives Unternehmen des Sektors j plane seinen realisierten Kapitalstock am Ende der Periode t-1 einem gewünschten Kapitalstock $\bar{K}_{j,t}$ am Ende der Periode t anzupassen. Durch die realen Nettoinvestitionen wird aber nur ein Teil α dieser optimalen Anpassung durchgeführt, so daß gilt:

$$(10.2)\quad i^{ANL}_{j,t} = \alpha\cdot[\bar{K}_{j,t} - K_{j,t-1}] + \delta_j\cdot K_{j,t-1} .$$

1) Zur Begründung dieser Vorgehensweise siehe z.B. Kübler [96], S. 97 ff.
2) Neuschätzungen mit den seit Anfang 1982 im Bonner IAS-System implementierten nichtlinearen Schätzverfahren konnten bisher aus Zeitgründen nicht durchgeführt werden.
3) vgl. dazu Kapitel 10.3.2.
4) Wir folgen inhaltlich den Ausführungen von Kübler [96], S. 80 - 87, und Coen [20]. Eine Erweiterung des hier beschriebenen Konzeptes findet man bei Coen, Hickman [21].

Wegen (10.1) führt dies zu

$$(10.3)\quad i^{ANL}_{j,t} = \alpha\cdot[\bar{K}_{j,t} - (1-\delta_j)\cdot\bar{K}_{j,t-1}] + (1-\alpha)\cdot i^{ANL}_{j,t-1} .$$

Die Bestimmung des gewünschten Kapitalstocks $\bar{K}_{j,t}$ erfolgt mit Hilfe des Ansatzes

$$(10.4)\quad \bar{K}_{j,t} = \beta_{j0} + \beta_{j1}\cdot x_{j,t} + \beta_{j2}\cdot(uc_{j,t}/l_{j,t}) + \beta_{j3}\cdot \delta_{j,t}$$

mit

$uc_{j,t}$ - Kapitalnutzungskosten (user costs of capital) des Sektors j in Periode t

$l_{j,t}$ - Lohnsatz im Sektor j.

Gleichung (10.4) kann approximativ aus der Kostenminimierung einer repräsentativen Firma auf dem Gleichgewichtswachstumspfad hergeleitet werden. Der Kapazitätsauslastungsgrad $\delta_{j,t}$ ist dabei als zusätzliche erklärende Größe aufgenommen worden. Er soll zyklische Schwankungen aufgrund von Über- bzw. Unterauslastungen der Kapazitäten berücksichtigen.

Setzt man (10.4) in (10.3) ein, so erhält man den allgemeinen Schätzansatz

$$(10.5)\quad i^{ANL}_{j,t} = a_{j0} + a_{j1}[x_{j,t} - (1-\delta_j)\cdot x_{j,t-1}] +$$
$$a_{j2}[uc_{j,t}/l_{j,t} - (1-\delta_j)\cdot uc_{j,t-1}/l_{j,t-1}] +$$
$$a_{j3}[\delta_{j,t} - (1-\delta_j)\cdot \delta_{j,t-1}] +$$
$$a_{j4}\cdot i^{ANL}_{j,t-1}$$

mit den Parameterbeschränkungen:

$a_{j1} = \alpha\beta_{j1} \geq 0$; $a_{j2} = \alpha\beta_{j2} \leq 0$; $0 \leq a_{j4} = (1-\alpha) \leq 1$.

(10.5) ist der Grundansatz. Es können darauf aufbauend u.a. verschiedene lag-Strukturen getestet werden.

Wir bestimmen die sektoralen Kapitalnutzungskosten wie in der ersten Variante des Disaggregierten Prognosemodells nach der von Coen vorgeschlagenen Methode. Man nimmt an, ein Unternehmer vergleiche den abdiskontierten Wert der Nettoerlöse mit den Kosten einer Kapitaleinheit. Dies führt unter Berücksichtigung einer geometrisch-degressiven Form der steuerlichen Abschreibungen gemäß Pauly [113] zu der Definition [1)]

$$(10.6) \qquad uc_{j,t} = \frac{p^I_{j,t}\cdot(ROBLD_t + \delta_j)\cdot(1 - u_j\cdot(\gamma_j/ROBLD_t + \gamma_j))}{(1 - u_j)}$$

mit

δ_j - wirtschaftliche Abschreibungsrate in Sektor j [2)]

u_j - Satz der direkten Steuern für Sektor j [3)]

γ_j - Satz der steuerlichen Abschreibungen in Sektor j [4)]

10.2.2. Krelles wachstumstheoretische Investitionsfunktion [5)]

Ausgangspunkt ist eine monopolistische repräsentative Firma, die ihre Entscheidungen innerhalb einer gleichgewichtig wachsenden Wirtschaft [6)] trifft. Das Unternehmen maximiere seinen auf die Gegenwart abdiskontierten Geldstrom $\hat{Q}$, der wie folgt bestimmt wird [7)] :

$$(10.7) \qquad \hat{Q} = \int_0^M [p_\tau x_\tau - a\hat{p}_\tau x_\tau - l_\tau A_\tau - t^{ind} x_\tau p_\tau - T^Q_\tau - i^{ANL}_\tau p^I_\tau]\cdot e^{-r\tau} d\tau$$

1) Eine ausführliche Herleitung der sektoralen Kapitalnuztungskosten aus dem oben beschriebenen Konzept findet man bei Kübler [96], S. 80 - 83, 99 - 101 .

2) Hier wird der Mittelwert aus dem Quotienten der Abschreibungen und des Nettoanlagevermögens des Sektors j für den Zeitraum 1960 - 1974 zugrundegelegt. Zur definitorischen Abgrenzung des Nettoanlagevermögens vgl. Kapitel 18.

3) Mangels genügender Informationen nehmen wir für alle Sektoren den Höchstsatz von 51 % an.

4) $\gamma_j := 1-(0.01)^{1/m_j}$, wobei m_j die durchschnittliche Lebensdauer von Kapitalgütern im Sektor j ist. Vgl. dazu auch Kapitel 18 und Kapitel 10.3.1.

5) Detailliertere Ableitungen dieses Ansatzes findet man bei Krelle [84], S. 44 ff. und Kübler [96], S. 89 - 97, 107 - 113.

6) Gleichgewichtig im Sinne der neoklassischen Wachstumstheorie; vgl. Krelle [79].

7) Wir verzichten der besseren Übersicht halber zunächst auf eine Sektorindizierung.

mit

p_τ - Preisindex für Endprodukte im Zeitpunkt τ

x_τ - reale Produktion

a - durchschnittlicher Vorleistungskoeffizient

$\hat{p}_\tau$ - Preisniveau für Vorleistungen

l_τ - Lohnsatz

A_τ - Arbeitsvolumen

t_τ^{ind} - Satz der indirekten Steuern

T_τ^Q - Gewinnsteuern

i_τ^{ANL} - Anlageinvestitionen

p_τ^I - Preisindex für Anlageinvestitionen

r - Zeitdiskontsatz

M - Lebensdauer der Investitionsgüter [1].

Die Wachstumsraten w_z der Größen $z_t \in \{p_t, x_t, \hat{p}_t, l_t, A_t, i_t^{ANL}, p_t^I, \tilde{p}_t, Y_t\}$ seien in erster Annäherung konstant. Somit gilt:

$$(10.8) \quad z_t = z_0 \cdot e^{w_z \cdot t} .$$

Wir nehmen an, der Absatz der Firma sei proportional zu einer gesamtwirtschaftlichen Aktivitätsvariablen Y_t (z.B. dem Bruttosozialprodukt), wobei der Proportionalitätsfaktor eine Funktion der Relation der Preise $\tilde{p}_t$ der Aktivitätsvariablen und des Endproduktpreises sei.

$$(10.9) \quad x_t = (\tilde{p}_t/p_t)^{1/\varepsilon} \cdot Y_t \quad , \quad 0 \leq \varepsilon \leq 1$$

$1/\varepsilon$ ist die positiv genommene Preiselastizität der Nachfrage. Im Gleichgewicht müssen die konstanten Wachstumsraten von x_t und Y_t übereinstimmen, so daß gilt:

$$(10.10) \quad p_t = \tilde{p}_0 \cdot e^{w_{\tilde{p}} \cdot t} \cdot (Y_0/x_0)^{\varepsilon} =: c_0 \cdot {}^{w_{\tilde{p}} \cdot t} \cdot x_0^{-\varepsilon}$$

1) Krelle [84] verfeinert diesen Ansatz, indem er zwischen aus Eigenmitteln und aus Anleihen finanzierten Investitionsausgaben unterscheidet. Für unsere sektoralen Analysen müssen wir uns aber aus Datengründen mit dem einfacheren Ansatz (10.7) begnügen.

mit $c_0 = \tilde{p}_0 \cdot Y_0^{\varepsilon} = p_0 \cdot x_0^{\varepsilon}$.

Setzt man (10.10) und (10.8) in (10.7) ein und nimmt zusätzlich an, daß die Gewinnsteuern proportional zur Differenz aus Erlös und Kosten sind, also

(10.11) $T_t^Q = t^Q \cdot [p_t x_t - a\hat{p}_t x_t - l_t A_t - t^{ind} p_t x_t]$ [1) ,

so erhält man nach durchgeführter Integration und einigen Umformungen

(10.12) $$\hat{Q} = c_1 \cdot [c_0 x_0^{1-\varepsilon} - p_0 x_0 (t^{ind} + t^Q(1-t^{ind}))] - c_2 a\hat{p}_0 x_0 (1-t^Q) - c_3 l_0 A_0 (1-t^Q) - c_4 p_0^I i_0^{ANL}$$

mit

(10.12.a) $$c_\tau = \frac{e^{(w_{z_{\tau 1}} + w_{z_{\tau 2}} - r) \cdot M} - 1}{w_{z_{\tau 1}} + w_{z_{\tau 2}} - r} \quad , \quad \tau \in \{1,\ldots,4\}$$

und

(10.12.b) $$w_{z_{11}} = w_p \; ; \; w_{z_{21}} = w_{\hat{p}} \; ; \; w_{z_{31}} = w_l \; ; \; w_{z_{41}} = w_{p^I} \; ;$$

$$w_{z_{12}} = w_{z_{22}} = w_x \; ; \; w_{z_{32}} = w_A \; ; \; w_{z_{42}} = w_{i^{ANL}} \; .$$

Wir nehmen nun weiterhin an, daß die Produktionsmöglichkeiten der berachteten Firma durch eine Jahrgangsproduktionsfunktion mit Harrod-neutralem technischen Fortschritt wiedergegeben werden können; d.h. es gelte

(10.13) $$x_t = \int_{t-M}^{t} f(\pi_\nu^i \cdot A_\nu^i, i_\nu^{ANL}) \cdot e^{-d(t-\nu)} d\nu$$

mit

A_ν^i - Arbeitsvolumen, das an Maschinen des Jahrgangs ν eingesetzt wird

π_ν^i - der Arbeit zugeordneter Produktivitätsfaktor

i_ν^{ANL} - reale Bruttoanlageinvestition des Jahrgangs ν

d - Abschreibungsrate .

1) Der Einfachheit halber ist die steuerlich absetzbare Abschreibungsrate der Kapitalkosten nicht berücksichtigt worden.

Die Funktion f sei linearhomogen. Somit gilt wegen (10.8) auf dem Gleichgewichtswachstumspfad

$$(10.14)\quad w_{\pi i} + w_{A^i} = w_x = w_{i^{ANL}} \quad .$$

Die Integration von (10.13) führt dann nach einigen Umformungen zu

$$(10.15)\quad x_0 = i_0^{ANL} \cdot f\left(\frac{\pi_0^i \cdot A_0^i, 1}{i_0^{ANL}}\right) \cdot \frac{1 - e^{-(w_{i^{ANL}}+d)\cdot M}}{w_{i^{ANL}} + d}$$

$$=: i_0^{ANL} \cdot g\left(\frac{\pi_0^i \cdot A_0^i}{i_0^{ANL}}\right) \cdot Z \quad .$$

Minimiert die Firma ihre Kosten bei vorgegebener Produktion x_0 im Zeitpunkt 0, so erhält man

$$(10.16)\quad A_0 = i_0^{ANL} \cdot G(\overline{I}_0 / p_0^I)$$

$$\text{mit}\quad \overline{I}_0 = l_0 \cdot \frac{e^{(w_l-d-r)\cdot M} - 1}{w_l - d - r} \quad .$$

Setzt man nun (10.15) und (10.16) in (10.12) ein und maximiert diesen Ausdruck in Bezug auf i_0^{ANL}, so ergibt sich bei Berücksichtigung von (10.10) die optimale reale Bruttoinvestition im Zeitpunkt 0 als

$$(10.17)\quad i_0^{ANL} = PRO_0^{1/\varepsilon} \cdot x_0$$

mit

$$(10.17.a)\quad PRO_0 = [c_1 \cdot (1-\varepsilon) \cdot g(\cdot)^{1-\varepsilon} \cdot p_0] \; /$$

$$[c_1 \cdot g(\cdot) \cdot p_0 \cdot (t^{ind} + t^Q(1-t^{ind})) + c_2 \cdot g(\cdot) \cdot a p_0 \cdot (1-t^Q)$$

$$+ c_3 \cdot l_0 \cdot (1-t^Q) + c_4 \cdot p_0^I] \quad .$$

Man betrachtet nun die allgemeine Periode t und berücksichtigt

$$(10.18.a)\quad x_t = i_t^{ANL} \cdot g(\cdot)$$

$$(10.18.b)\quad A_t = G(\cdot) \cdot x_t / g(\cdot)$$

(10.18.c) $w_p + w_x = w_{\hat{p}} + w_x = w_l + w_A = w_{i^{ANL}} + w_{p^I}$

im langfristigen Gleichgewicht.

Erweitern von (10.17.a) mit $x_t/g(\cdot)$ führt dann zu

$$(10.19)\quad PRO_t = \frac{c \cdot E_t}{T_t^{ind} + T_t^Q + C_t^v + L_t + C_t^K}$$

mit

c - Konstante (= $(1-\varepsilon) \cdot g(\cdot)^{-\varepsilon}$)

E_t - Erlös (= $p_t x_t$)

T_t^{ind} - Kosten für indirekte Steuern (= $t^{ind} p_t x_t$)

T_t^Q - Gewinnsteuern (= $t^Q(p_t x_t (1-t^{ind}) - a\hat{p}_t x_t - l_t A_t)$

C_t^v - Vorleistungskosten (= $a\hat{p}_t x_t$)

L_t - Lohnkosten (= $l_t A_t$)

C_t^I - Kapitalkosten (= $p_t^I i_t^{ANL}$) .

PRO_t wird als Erlös-Kosten-Relation interpretiert.

Bei Annahme von Zeitverzögerungen zwischen der Planung und der Durchführung einer Investition ergibt sich die Funktion

$$(10.20)\quad i_t^{ANL} = a_1 \cdot PRO_t^{1/\varepsilon} \cdot x_t + a_2 \cdot PRO_{t-1}^{1/\varepsilon} \cdot x_{t-1} + \ldots$$

Wir wollen nun vom allgemeinen Ansatz (10.20) zur sektoralen Spezifikation innerhalb des Disaggregierten Prognosesystems übergehen. Dazu muß zunächst gewährleistet sein, daß die sektoralen Erlös-Kosten-Relationen modellendogen bestimmt werden können. Wir wählen deshalb folgenden Ansatz:

$$(10.21)\quad PRO_{j,t} = \frac{p_{j,t} \cdot x_{j,t}}{KOST_{j,t} + (Q_{j,t}/Q_t) \cdot T_t^{Körp} + ROBLD_t \cdot K_{j,t}^{Netto}}$$

mit

$KOST_j$ - gesamte Vorleistungs-, Lohn- und Steuerkosten (abzüglich Subventionen, plus Abschreibungskosten) [1] des Sektors j

$T^{Körp}$ - gesamte Körperschaftssteuerzahlungen [2]

K_t^{Netto} - Nettoanlagevermögen des Sektors j [3].

Alle anderen Größen sind schon in den vorigen Kapiteln definiert bzw. erklärt worden [4].

Fügt man in (10.20) noch den Kapazitätsauslastungsgrad als erklärende Variable ein, so erhält man den Schätzansatz

$$(10.22) \quad i^{ANL}_{j,t} = a_1 \cdot PRO_{j,t}^{1/\varepsilon_j} \cdot x_{j,t} + a_2 \cdot PRO_{j,t-1}^{1/\varepsilon_j} \cdot x_{j,t-1} + a_3 \cdot \delta_{j,t}$$

Auch hier können verschiedene lag-Strukturen getestet werden.

10.3. Die Resultate der empirischen Untersuchungen

Wie bereits in Kapitel 4.4. erwähnt, weisen sehr viele Zeitreihen der modellendogenen Variablen im Jahr 1974 erhebliche Sprünge auf, die auf die Auswirkungen der ersten Rohölkrise zurückzuführen sind. Es ist nicht immer möglich, diese Veränderungen im Rahmen unserer theoretischen Konzepte nachzuvollziehen, da die drastischen Preiserhöhungen für Rohöl - in Verbindung mit dem zeitweiligen Lieferboykott - nicht nur wirtschaftliche, sondern auch nicht meßbare psychologische Auswirkungen, z.B. eine unsichere Einschätzung der zukünftigen OPEC-Politik, hatten. Dies gilt insbesondere für das Investitionsverhalten der privaten Wirtschaft. Wir haben deshalb die außergewöhnlichen Einflüsse der ersten Rohölkrise durch die Aufnahme einer Dummy-Variablen $D_{74,t}$ in unsere Erklärungsansätze berücksichtigen müssen. Sie ist definiert als

$$(10.23) \quad D_{74,t} = \begin{cases} 0 & \text{für } t < 1974 \\ 1 & \text{für } t \geq 1974 \end{cases}$$

Die Hinzunahme dieser Dummy-Variablen bewirkt zunächst nur, daß die Verzerrungen des Jahres 1974 nicht in die Regressionsanalyse des Investitionsverhaltens in der Referenzperiode 1960 - 1974 eingehen. Die Schätzresultate

1) vgl. die Gleichungen (7.28.g - i)
2) vgl. Kapitel 17.2.
3) vgl. Kapitel 18.
4) vgl. insbesondere Kapitel 3.

fallen dementsprechend besser aus. Wegen des geringen Informationsgehaltes der Variablen $D_{74,t}$ - sie berücksichtigt nur die Einflüsse eines einzigen Jahres des Schätzzeitraums - ist es für ex ante-Prognosen eventuell erforderlich, ihren jeweiligen Einfluß auf die Höhe der sektoralen Investitionen zu korrigieren oder ganz aus den Verhaltensfunktionen herauszunehmen. Dazu müssen zusätzliche Informationen, die über das Jahr 1974 hinausgehen, verwertet werden. Wie wir im folgenden sehen werden, konnte der überwiegende Teil der Investitionsfunktionen ohne Einfügung der Dummy-Variablen geschätzt werden. Dies ist darauf zurückzuführen, daß wir die ursprünglichen Erklärungsansätze schon dann beibehalten haben, wenn die durch den Ausreisser des Jahres 1974 hervorgerufenen Verzerrungen nicht bzw. nicht wesentlich die Ergebnisse der Regressionsanalysen beeinflußt haben. Das automatisch verbesserte R2 aller mit $D_{74,t}$ geschätzten Gleichungen ist also nicht als Auswahlkriterium der besten Ansätze verwendet worden. Die ökonometrischen Untersuchungen der beiden im vorigen Kapitel beschriebenen Funktionen haben ergeben, daß das Investitionsverhalten des Sektors 11 (Verkehr) ab dem Jahr 1970 einen Strukturbruch aufweist. Gründe hierfür sind u.a. die Auswirkungen des damaligen Regierungswechsels auf die Aktivitäten der Teilsektoren "Bundesbahn" und "Bundespost" [1]. Wir haben diese Tatsache durch die Aufnahme der Dummy-Variable $D_{70,t}$ [2] in den jeweiligen Erklärungsansatz berücksichtigt. Die in den folgenden Übersichtstabellen angegebenen Resultate für den Verkehrssektor sind dementsprechend zu bewerten.

10.3.1. Coens "capital-adjustment"-Modell

Bevor wir die Resultate der Regressionsanalysen darstellen, wollen wir zunächst auf die Definition der "user costs of capital" $uc_{j,t}$ und der steuerlichen Abschreibungsraten γ_j eingehen. Gemäß (10.6) gilt:

$$\gamma_j = 1 - (0.01)^{1/m_j} , \quad j \in \{1,...,12\} ,$$

wobei m_j die durchschnittliche Lebensdauer von Kapitalgütern im Sektor j ist. Dieser Ansatz kann wegen des Unterschieds zwischen technischer Überlebensdauer (m_j) und steuerlicher Abschreibungsdauer nur approximativ gelten. Wir wollen deshalb untersuchen, wie sich Variationen der Lebensdauern

1) Es handelt sich aber auch um Auswirkungen des von der Großen Koalition beschlossenen "Verkehrspoltischen Programms für die Jahre 1968 - 1972" (Leber-Plan).
2) vgl. Kapitel 8.

bzw. der Abschreibungssätze auf die Höhe der "user costs of capital" auswirken. Ausgangspunkt ist dabei die Gleichung (10.6). Es gilt:

$$(10.24) \quad \varepsilon^{j}_{\gamma,m} := (\partial\gamma_j/\partial m_j)\cdot(m_j/\gamma_j) = (1-\gamma_j)/(m_j\cdot\gamma_j)\cdot\ln(0.01)$$

$$(10.25) \quad \varepsilon^{j,t}_{uc,\gamma} := (\partial uc_{j,t}/\partial\gamma_j)\cdot(\gamma_j/uc_{j,t})$$

$$= \frac{-u_j\cdot ROBLD_t\cdot\gamma_j}{(ROBLD_t + \gamma_j)^2\cdot(1 - u_j\cdot(\gamma_j/(ROBLD_t + \gamma_j)))}$$

und

$$(10.26) \quad \varepsilon^{j,t}_{uc,m} = \varepsilon^{j,t}_{uc,\gamma}\cdot\varepsilon^{j}_{\gamma,m} \quad .$$

$\varepsilon^{j,t}_{uc,\gamma}$ und $\varepsilon^{j,t}_{uc,m}$ geben an, um wieviel Prozent sich die Kapitalnutzungskosten des Sektors j im Zeitpunkt t ändern, wenn die entsprechende steuerliche Abschreibungsrate bzw. die durchschnittliche Lebensdauer um 1 % variieren. Die gemäß den Formeln (10.24 - 10.26) berechneten Elastizitäten sind in der Tabelle 22 ausgewiesen. Dabei wird für die Größen $\varepsilon^{j,t}_{uc,\gamma}$ und $\varepsilon^{j,t}_{uc,m}$ jeweils der Mittelwert in der Referenzperiode 1960 - 1974 angegeben [1].

Man erkennt, daß die durchschnittlichen Lebensdauern einen recht großen Einfluß auf die steuerlichen Abschreibungsraten haben. Demgegenüber wird die Höhe der Kapitalnutzungskosten kaum von Veränderungen der Abschreibungsraten beeinträchtigt. Dies bedeutet, daß insgesamt die "user costs of capital" trotz der Approximation der steuerlichen Lebensdauern durch die technischen Lebensdauern m_j relativ genau erfaßt werden.

Wir kommen zu den Ergebnissen der Regressionsanalysen. Wie die Übersichtstabelle 23 ausweist, ist in sechs Fällen die Aufnahme der Dummy-Variablen $D_{74,t}$ in den Grundansatz (10.5) erforderlich gewesen. Dies hat u.a. bewirkt, daß in keiner der Schätzungen ein signifikanter Einfluß der Kapazitätsauslastungsgrade feststellbar war. Demgegenüber wird in allen Verhaltensgleichungen die erwartete Produktion als erklärende Variable berücksichtigt. Die Höhe der Faktorkostenrelation wirkt sich nur bei sechs Sektoren auf die Investitionsentscheidung aus, wobei der Einfluß ziemlich gering ist. Wir betrachten dazu als Beispiel die Investitionsfunktion des Sektors 9 (Bau). Sie lautet:

---

1) Alle Varianzen sind kleiner als 0.001..

Tabelle 22

Fehlerüberwälzung von durchschnittlichen Lebensdauern und steuerlichen Abschreibungsraten auf die Kapitalnutzungskosten

Index	Sektor	$\varepsilon_{\gamma,m}$	$\varepsilon_{uc,\gamma}$ *)	$\varepsilon_{uc,m}$ *)
1	Landwirtschaft	-0.94857	-0.00693	0.00658
2	Energie/Bergbau	-0.92140	-0.01030	0.00949
3	Chemie	-0.91242	-0.01137	0.01037
4	Eisen/NE	-0.89437	-0.01346	0.01204
5	St.Ma.Fz.-Bau	-0.92978	-0.00928	0.00863
6	Elektro/EBM	-0.92757	-0.00955	0.00886
7	Holz/Textil	-0.91242	-0.01137	0.01037
8	Nahrung	-0.92269	-0.01014	0.00936
9	Bau	-0.80526	-0.02269	0.01827
10	Handel	-0.94139	-0.00784	0.00738
11	Verkehr	-0.92522	-0.00984	0.00910
12	Dienstleistungen	-0.96603	-0.03474	0.03356

*) Mittelwert für den Zeitraum 1960 - 1974

$$(10.27)\quad i^{ANL}_{9,t} = \underset{(0.0255)}{0.1176}\cdot(x_{9,t} - 0.88\cdot x_{9,t-1}) - \underset{(795.6)}{2260.9}\cdot(uc_{9,t}/l_{9,t} - 0.88\cdot uc_{9,t-1}/l_{9,t-1}) + \underset{(0.1266)}{0.4817}\cdot i^{ANL}_{9,t-1} + \underset{(610.0)}{1471.9}$$

$$R2 = 0.881 \quad , \quad DW = 1.77$$

Unter Verwendung von (10.5) kann der Einfluß der Produktion und der Faktorkostenrelation auf den gewünschten Kapitalstock $\overline{K}_{j,t}$ in (10.4) aus den Parameterschätzungen berechnet werden. Für den Sektor 9 gilt im Hochkonjunkturjahr 1970:

$$(10.28.a)\quad \varepsilon^{9,70}_{\overline{K},x} := \frac{\partial \overline{K}_{9,70}}{\partial x_{9,70}}\cdot\frac{x_{9,70}}{\overline{K}_{9,70}} \sim 0.66$$

$$(10.28.b)\quad \varepsilon^{9,70}_{\overline{K},uc} := \frac{\partial \overline{K}_{9,70}}{\partial (uc_{9,70}/l_{9,70})}\cdot\frac{uc_{9,70}/l_{9,70}}{\overline{K}_{9,70}} \sim 0.00009 \quad .$$

Tabelle 23

Die Schätzergebnisse für Coens Investitionsfunktion

Index	Sektor	Einflußgrößen *)				α **)	R2	DW
1	Landwirtschaft	-	-	-	-	0.380	0.333	1.48
2	Energie/Bergbau	P	-	-	-	0.103	0.865	1.16
3	Chemie	P	-	-	-	0.402	0.713	1.31
4	Eisen/NE	P	F	-	D	0.196	0.825	1.75
5	St.Ma.Fz.-Bau	P	-	-	-	0.312	0.720	1.91
6	Elektro/EBM	P	F	-	D	0.508	0.953	2.47
7	Holz/Textil	P	F	-	D	0.628	0.816	1.86
8	Nahrung	P	-	-	D	0.318	0.864	2.28
9	Bau	P	F	-	-	0.518	0.881	1.77
10	Handel	P	F	-	D	0.224	0.959	2.82
11	Verkehr	P	F	-	-	0.654	0.961	1.47
12	Dienstleistungen	P	-	-	D	0.044	0.973	2.38

*) Es bedeuten: P - Produktion
F - Faktorkostenrelation
K - Kapazitätsauslastungsgrad
D - Dummy-Variable
**) Anpassungskoeffizient gemäß (10.2)

Bei einer Steigerung der Produktion des Sektors 9 um 1 % im Jahr 1970 wäre der gewünschte Kapitalstock um ca. 0.66 % höher veranschlagt worden. Die 1%-ige Veränderung der Faktorkostenrelation hat demgegenüber nahezu keine Auswirkungen. Die Anpassungsgeschwindigkeit an den optimalen Kapitalstock ist mit 0.518 im Vergleich zu den anderen Sektoren ziemlich hoch.

10.3.2. Krelles wachstumstheoretische Investitionsfunktion

Die Verhaltensgleichungen der wachstumstheoretischen Anlageinvestitionsfunktionen sind mit dem OLS-Verfahren geschätzt worden. Dafür wurde zunächst die Nichtlinearität des Ansatzes (10.22) in den Variablen unter Verwendung der a priori-Information

$$0 \leq \varepsilon_j \leq 1 \quad , \quad j \in \{1,...,12\}$$

beseitigt. Wir haben für den Monopolgrad ε_j nacheinander die Werte 0.1, 0.2, ... , 0.9, 1 vorgegeben und die Gleichung ausgewählt, die im Schätzzeitraum zur besten Anpassung an die tatsächliche Entwicklung führte.

Im Gegensatz zur Regressionsanalyse der Coen'schen Investitionsfunktion sind - bis auf die Investitionsfunktion des Sektors 4 (Eisen/NE) - alle Verhaltensgleichungen ohne die Einbeziehung der Dummy-Variablen $D_{74,t}$ ermittelt worden. Dafür ist in 8 Sektoren ein signifikanter Einfluß des Kapazitätsauslastungsgrades feststellbar. Man betrachte dazu die Übersicht in Tabelle 24.

Wir wollen nun exemplarisch die Schätzgleichung für den Sektor 1 (Landwirtschaft) untersuchen. Sie lautet:

$$(10.29) \quad i^{ANL}_{1,t} = \underset{(0.0014)}{0.0076} \cdot PRO^{(1/0.2)}_{1,t-1} \cdot x_{1,t-1} + \underset{(0.0014)}{0.0095} \cdot PRO^{(1/0.2)}_{1,t-2} \cdot x_{1,t-2} + \underset{(379.3)}{1524.3} \cdot \delta_{1,t-1}$$

$$R2 = 0.925 \quad , \quad DW = 1.45$$

Die Investitionsentscheidungen des Sektors 1 hängen also von den Erlös-Kosten-Relationen zweier Vorperioden und dem Kapazitätsauslastungsgrad der Vorperiode ab. Der Monopolgrad ε_1 fällt mit 0.2 ziemlich niedrig aus. Wegen der staatlichen Eingriffe in diesen Wirtschaftszweig ist dies aber durchaus gerechtfertigt.

Wir wollen zum Abschluß noch einmal auf die gemäß (10.21) definierten sektoralen Erlös-Kosten-Relationen eingehen. Dabei sollen zwei Aspekte beleuchtet werden.

Tabelle 24

Die Schätzergebnisse für Krelles wachstumstheoretische Investitionsfunktion

Index	Sektor	Einflußgröße *)		ε **)	R2	DW
1	Landwirtschaft	PX	K	0.2	0.925	1.45
2	Energie/Bergbau	PX	-	0.6	0.830	1.21
3	Chemie	PX	-	0.8	0.620	1.22
4	Eisen/NE	PX	-	0.2	0.723	1.20
5	St.Ma.Fz.-Bau	PX	K	0.6	0.840	2.15
6	Elektro/EBM	PX	K	0.4	0.967	2.05
7	Holz/Textil	PX	K	0.2	0.822	1.68
8	Nahrung	PX	K	0.6	0.849	2.05
9	Bau	PX	-	0.6	0.842	1.31
10	Handel	PX	K	0.2	0.960	2.56
11	Verkehr	PX	K	0.6	0.951	2.38
12	Dienstleistungen	PX	K	0.8	0.955	1.42

*) Es bedeuten: PX - Erlös-Kosten-Relation x Produktion
K - Kapazitätsauslastungsgrad
**) Monopolgrad gemäß (10.22)

Zum einen erweist sich die Approximation der Kapitalkosten durch die kalkulatorische Verzinsung des Nettoanlagevermögens in zwei Sektoren als problematisch [1)]. Im Sektor 1 (Landwirtschaft) erfaßt das Nettoanlagevermögen nicht das Grundvermögen, so daß die Erlös-Kosten-Relation zu hoch ausfällt. Demgegenüber werden im Nettoanlagevermögen des Sektors 12 (Dienstleistungen einschließlich Wohnungsvermietung) die eigengenutzten Wohnungen der priva-

1) vgl. dazu auch Kübler [96], S. 108 - 111.

ten Haushalte berücksichtigt (vgl. dazu Kirner 65)[1]. Hier ist deshalb das Ausgangsniveau der Erlös-Kosten-Relation so niedrig, daß in den Jahren 1961, 1970, 1973 und 1974 die Kosten dieses Sektors seinen Erlös übersteigen. Man vergleiche dazu die Übersicht der Tabelle 25. Trotz dieser Problematik enthalten die Erlös-Kosten-Relationen - auch für die Sektoren 1 und 12 - so viele Informationen über die Wirtschaftlichkeit einzelner Branchen, daß sie als wesentliche Bestimmungsfaktoren einer Investitionsfunktion verwendet werden können.

Zum zweiten wollen wir untersuchen, wie stark fehlerhafte Prognosen der sektoralen Gewinne die Erklärungsgüte der wachstumstheoretischen Investitionsfunktion beeinflussen. Man erkennt anhand der Grundgleichungen (10.21) und (10.22), daß die Gewinne nur in die Definition der Erlös-Kosten-Relationen eingehen. Aufgrund der Schätzresultate für die Körperschaftssteuer[2] können wir approximativ annehmen

$$T_t^{Körp.} \sim 0.05 \cdot Q_t .$$

Q_t sind die gesamten Gewinne. Somit gilt wegen (10.21)[3]

$$\text{(10.30)} \quad \varepsilon_{PRO,Q}^{j,t} = (\partial PRO_{j,t}/\partial Q_{j,t}) \cdot (Q_{j,t}/PRO_{j,t})$$

$$\sim -0.05 \cdot Q_{j,t}/GK_{j,t} ,$$

wobei $GK_{j,t}$ die im Nenner von (10.21) ausgewiesenen Gesamtkosten des Sektors j im Zeitpunkt t sind. Da die Gesamtkosten in jedem Sektor ein Vielfaches der Gewinne betragen, ist $\varepsilon_{PRO,Q}^{j,t}$ verschwindend klein. Die wachstumstheoretische Investitionsfunktion von Krelle ist somit gegenüber fehlerhaften Prognosen der sektoralen Gewinne sehr stabil.

Aufgrund der Resultate der ökonometrischen Untersuchungen sollten sowohl die Investitionsfunktion von Coen, als auch der wachstumstheoretische Ansatz im Rahmen des Gesamtmodells weitergetestet werden. U.U. können die Funktionen sektorspezifisch eingesetzt werden.

---

1) Im Gegensatz zur ersten Variante des Disaggregierten Prognosesystems sind die Anlageinvestitionen der Sektoren WO (Wohnungsvermietung) und SO (Sonstige Dienstleistungen) aus Datengründen nicht direkt ermittelt worden. Wir bestimmen zunächst die gesamten Investitionen des Sektors 12 (Dienstleistungen) und teilen diese dann mit Hilfe eines zeitabhängigen Anteilskoeffizienten auf die beiden Komponenten auf.

2) vgl. Kapitel 17.2.

3) Außer Q, Q_j und $T^{Körp}$ sind keine Bestimmungsgrößen der sektoralen Erlös-Kosten-Relationen direkt von den Gewinnen abhängig.

Tabelle 25

Erlös-Kosten-Relationen in der privaten Wirtschaft

Jahr	Sektor 1	2	3	4	5	6
1960	1.614	1.092	1.094	1.107	1.061	1.065
1961	1.531	1.029	1.056	1.069	1.060	1.073
1962	1.531	1.049	1.056	1.049	1.072	1.074
1963	1.600	1.055	1.054	1.036	1.074	1.076
1964	1.586	1.078	1.051	1.062	1.071	1.075
1965	1.492	1.049	1.043	1.070	1.052	1.075
1966	1.449	1.031	1.038	1.046	1.040	1.053
1967	1.459	1.066	1.037	1.013	1.057	1.059
1968	1.511	1.103	1.061	1.038	1.074	1.080
1969	1.396	1.045	1.024	1.064	1.065	1.057
1970	1.332	1.038	1.017	1.062	1.057	1.051
1971	1.386	1.053	1.015	1.040	1.064	1.065
1972	1.447	1.080	1.019	1.032	1.076	1.073
1973	1.342	1.019	1.001	1.022	1.059	1.062
1974	1.288	1.016	1.002	1.051	1.026	1.044

Jahr	Sektor 7	8	9	10	11	12
1960	1.078	1.062	1.139	1.297	1.036	1.056
1961	1.076	1.050	1.127	1.273	0.980	0.991
1962	1.093	1.048	1.133	1.317	1.005	1.078
1963	1.093	1.046	1.130	1.297	1.015	1.089
1964	1.104	1.049	1.120	1.295	1.020	1.096
1965	1.114	1.047	1.116	1.284	1.015	1.064
1966	1.106	1.032	1.119	1.261	1.002	1.015
1967	1.133	1.050	1.124	1.253	1.021	1.104
1968	1.133	1.082	1.135	1.285	1.060	1.127
1969	1.106	1.056	1.139	1.213	1.017	1.017
1970	1.086	1.047	1.144	1.215	0.970	0.956
1971	1.093	1.048	1.160	1.210	0.991	1.058
1972	1.099	1.048	1.160	1.213	1.049	1.164
1973	1.078	1.037	1.141	1.173	0.995	0.998
1974	1.082	1.032	1.140	1.150	0.994	0.996

11. Die Güterstruktur der Anlageinvestitionen

11.1. Allgemeiner Rahmen

Nachdem wir in den beiden Kapiteln 10. und 8. die Anlageinvestitionen der Unternehmens- und Staatssektoren erklärt haben, wollen wir nun ihre jeweilige gütermäßige Zusammensetzung bestimmen. Grundlage dazu sind die in den Sozialproduktstabellen des Disaggregierten Prognosesystems implementierten Investitionsverflechtungsmatrizen für inländische und importierte Güter [1]. Die Berücksichtigung der Investitionsgüterstruktur in sektoral gegliederten Prognosemodellen hat ihren Ursprung in dynamischen Input-Output-Konzepten (vgl. Leontief [98], Schuman [132]) und linearen Mehrsektoren-Wachstumsmodellen (vgl. Krelle [79]). Bei Krelle [2] findet man z.B. den Ansatz [3] :

$$(11.1) \quad A \cdot x_t + B \cdot \Delta x_t + c_t = x_t$$

mit

A	$:= (a_{ij})$	- Matrix der Produktionskoeffizienten
B	$:= (b_{kl})$	- Matrix der marginalen Kapitalkoeffizienten
x_t		- Vektor der sektoralen Produktionswerte in Periode t
c_t		- Vektor der Konsumgüternachfrage in Periode t
Δx_t	$:= x_t - x_{t-1}$	

$i,j,k,l \in \{1,\dots,n\}$

Die diesem System zugrundeliegenden Investitionsfunktionen beruhen auf dem Prinzip des konstanten Akzelerators (vgl. Hicks [56]), also

$$(11.2) \quad i^{ANL}_{l,t} := k_l \cdot \Delta x_{l,t} \quad \text{mit} \quad k_l = \sum_{k=1}^{n} b_{kl} \quad .$$

Dementsprechend ist der marginale Kapitalkoeffizient b_{kl} definiert als die Anzahl der Einheiten eines Gutes k, um die der Kapitalbestand des Sektors l

1) vgl. Tabelle 2, Zeilen 1-32, Spalten 25-42
2) [79], S. 140ff
3) in realen Größen

erhöht werden muß, damit die Produktion des Gutes l um eine Einheit ausgeweitet werden kann. Außerdem gilt

(11.3) $b_{kl} := i_{kl,t}/\Delta x_{l,t} =: const.$

$i_{kl,t}$ ist die reale Investitionsgüterlieferung des Sektors k an den Sektor l in Periode t.

Im Disaggregierten Bonner Prognosesystem ist dieser Ansatz in zwei Punkten verbessert worden.

- Die Erklärung der sektoralen Anlageinvestitionen erfolgt nach den in Kapitel 10 beschriebenen Ansätzen, d.h. unter Berücksichtigung der Determinanten Zins, Kapitalnutzungskosten, Konjunkturlage usw.. Das einfache Konzept konstanter Kapitalkoeffizienten k_l in (11.2) ist nur unter der Annahme fixer Produktionsstrukturen zu vertreten. Dies ist aber aufgrund der Erfahrungen mit beiden Modellvarianten nicht sinnvoll [1]. Somit ist zunächst der rein definitorische Übergang von marginalen Kapitalkoeffizienten in (11.3) zu den in unserem Modell zu erklärenden Investitionskoeffizienten

  (11.4) $b_{kl,t} := i_{kl,t}/i^{ANL}_{l,t}$

  erforderlich.
- Die Güterstruktur der sektoralen Anlageinvestitionen wird langfristig als nicht konstant angenommen. Wir können hier die Überlegungen zur Erklärung variabler Produktionsstrukturen [2] zum Teil auf die Investitionskoeffizienten übertragen.

Im Folgenden werden wir zunächst auf den definitorischen Zusammenhang zwischen den gesamten Anlageinvestitionen und der Investitionsgüternachfrage eingehen. Beide Variablengruppen werden unabhängig voneinander bestimmt, müssen aber nach dem Einbau in das Gesamtsystem konsistente Prognosen liefern. Wir erreichen dies über eine entsprechende Spezifizierung des definitorischen Rahmens [3].

---

1) Man vergleiche dazu Kapitel 7, 10 und Kübler [96], Kapitel 2 und 3.
2) vgl. Kapitel 7.2.
3) vgl. Kapitel 3

Es folgen die Formulierung des theoretischen Konzepts zur Erklärung variabler Investitionskoeffizienten und die Auswertung der Schätzresultate. Im letzten Abschnitt werden wir anhand eines die Investitionsgütermatrizen umfassenden Teilsystems des Disaggregierten Prognosemodells eine Systemprüfung unserer Ergebnisse vornehmen. Analog zur Vorgehensweise in Kapitel 7.4. soll auch hier der Vergleich zu Systemprüfungen mit konstanten Investitionskoeffizienten einen ersten Einblick in die Prognosefähigkeit unserer Resultate geben.

11.2. Definitorischer Zusammenhang zwischen Gesamtvolumen und Güterstruktur der Anlageinvestitionen

Das Gesamtvolumen der Bruttoanlageinvestitionen eines Sektors setzt sich aus inländischen und importierten Gütern zusammen. Als Produzenten von Investitionsgütern treten dabei nur die Sektoren der privaten Wirtschaft auf. Eine Ausnahme bildet der Sektor B (Bund), dessen Investitionen zum Teil aus selbsterstellten Anlagen bestehen [1]. An importierten Gütern sind nur die Produkte der Sektoren

- Eisen/NE-Metalle (4)
- Stahl-, Maschinen-, Fahrzeugbau (5)
- Elektro/EBM-Waren (6)
- Holz/Textil (7)

verbucht. Somit gilt in nominellen Größen [2]

$$(11.5.a)\quad I_l^{ANL} = \sum_{k=1}^{12} I_{kl} + \sum_{m=4}^{7} I_{ml}^{M} - QIV_l$$

$$(11.5.b)\quad I_B^{ANL} = \sum_{k=1}^{12} I_{kB} + I_{BB} + \sum_{m=4}^{7} I_{mB}^{M}$$

$$(11.5.c)\quad I_j^{ANL} = \sum_{k=1}^{12} I_{kj} + \sum_{m=4}^{7} I_{km}^{M}$$

$$l \in \{1,\dots,11,WO,SO\} \;;\; j \in \{L,G,SV,OH\}$$

---

1) vgl. Tabelle 2, Zeile 13, Spalte 38

2) Der Zeitindex wird zunächst weggelassen.

mit

I_i^{ANL} - nominelle Anlageinvestition des Sektors i

I_{ki} - nominelle inländische Investitionsgüterlieferung des Sektors k an den Sektor i

I_{mi}^M - nominelle ausländische Investitionsgüterlieferung der Art m an den Sektor i

QIV_l - Vorsteuerabzug für die Mehrwertsteuer auf Investitionen im Sektor l. Diese Größe ergibt sich als Differenz aus der Summe der nominellen Investitionsgüterempfänge eines Sektors, die einschließlich der Mehrwertsteuer verbucht sind (seit dem 1.1.1968), und dem Gesamtvolumen der Investitionen, das um den Vorsteuerabzug für die Mehrwertsteuer bereinigt worden ist. In den Sozialproduktstabellen sind diese Werte im Kreuzungsfeld der Zeile "Gewinne" mit den Spalten der privaten Anlageinvestitionen seit dem Jahr 1968 ausgewiesen [1)] (vgl. Stäglin [136]). Aufgrund der zu geringen Informationen über ihre Entstehung werden diese Variablen zunächst exogen bestimmt.

$i \in \{1,\ldots,11,WO,SO,B,L,G,SV,OH\}$; $k \in \{1,\ldots,12,B\}$;
$m \in \{4,\ldots,7\}$; $l \in \{1,\ldots,11,WO,SO\}$

Beim Übergang zu realen Größen ergibt sich die Schwierigkeit der Bewertung des sektoralen Vorsteuerabzugs. Wir definieren deshalb zunächst die sektoralen Preisindizes für Anlageinvestitionen wie folgt:

$$(11.6) \qquad P_i^I = \frac{\sum_{k=1}^{12(B)} I_{ki} + \sum_{l=4}^{7} I_{mi}^M}{\sum_{k=1}^{12(B)} I_{ki}/p_k + \sum_{l=4}^{7} I_{mi}^M/p_m^M} \quad , \quad i \in \{1,\ldots,OH\}$$

Der Vorsteuerabzug im Bereich der privaten Unternehmenssektoren wird nun durch den jeweiligen Preisindex für Anlageinvestitionen bereinigt. Dann erhält man in realer Darstellung

1) vgl. Tabelle 2, Zeile 38, Spalten 25-37

$$(11.7.a) \quad i_1^{ANL} = \sum_{k=1}^{12} I_{kl}/p_k + \sum_{m=4}^{7} I_{ml}^M/p_m^M - QIV_l/p_l^I$$

$$(11.7.b) \quad i_B^{ANL} = \sum_{k=1}^{12} I_{kB}/p_k + I_{BB}/p_B + \sum_{m=4}^{7} I_{mB}/p_m^M$$

$$(11.7.c) \quad i_j^{ANL} = \sum_{k=1}^{12} I_{kj}/p_k + \sum_{m=4}^{7} I_{mj}^M/p_m^M \quad .$$

Somit haben wir bei der Erklärung der Anlageinvestitionsentscheidungen der privaten Wirtschaft in Kapitel 10 die Möglichkeit des Vorsteuerabzugs miteinbezogen, d.h. das tatsächliche nominelle Gesamtvolumen der Investition ergibt sich aus der Investitionsentscheidung <u>und</u> dem Vorsteuerabzug. Demgegenüber definieren wir die Zeitreihen der realen Investitionskoeffizienten in Abhängigkeit von der Summe der realen Investitionsgüterlieferungen an einen Sektor. Aufgrund dieser Abgrenzung ist gewährleistet, daß die Investitionskoeffizienten der Unternehmens- uns Staatssektoren nach dem gleichen Konzept ermittelt werden. Es gilt:

$$(11.8) \quad b_{ki} := \frac{I_{ki}/p_k}{\sum_{r=1}^{12(B)} I_{ri}/p_r + \sum_{s=4}^{7} I_{si}^M/p_s^M}$$

$$(11.9) \quad b_{li}^M := \frac{I_{li}^M/p_l^M}{\sum_{r=1}^{12(B)} I_{ri}/p_r + \sum_{s=4}^{7} I_{si}^M/p_s^M}$$

mit

b_{ki} - realer inländischer Investitionskoeffizient für Lieferungen des Sektors k an den Sektor i

b_{li}^M - realer ausländischer Investitionskoeffizient für Lieferungen der Art l an den Sektor i

$k \in \{1,\dots,12,B\}$; $l \in \{4,\dots,7\}$; $i \in \{1,\dots,OH\}$.

Unter Verwendung von (11.7 - 9) erhält man aus (11.6) nach einigen Umformungen die Definitionsgleichungen

$$(11.10) \quad p_i^I = \sum_{k=1}^{12(B)} b_{ki} \cdot p_k + \sum_{l=4}^{7} b_{li}^M \cdot p_l$$

und es gilt:

$$(11.11) \quad I_i^{ANL} = p_i^I \cdot i_i^{ANL} \quad , \ i \in \{1,\dots,11,WO,SO,B,L,G,SV,OH\}.$$

Im Disaggregierten Bonner Prognosesystem werden die realen sektoralen Anlageinvestitionen i_i^{ANL} und die Investitionskoeffizienten b_{ki} (bzw. b_{li}^M) unabhängig voneinander geschätzt. Durch die Definitionsgleichungen (11.7 - 11.11) ist aber gewährleistet, daß zu jedem Prognosezeitpunkt des Gesamtsystems die nominellen Anlageinvestitionen eines Sektors mit der Summe seiner nominellen Investitionsgüternachfragen übereinstimmen. Eine analoge Konsistenz in realen Größen ist nur dann gegeben, wenn sich die prognostizierten Investitionskoeffizienten eines Sektors, die wir mit "^" kennzeichnen wollen, zu Eins aufsummieren, also

$$(11.12) \quad \sum_{k=1}^{12(B)} \hat{b}_{ki,t} + \sum_{l=4}^{7} \hat{b}_{li,t}^{M} = 1$$

für alle $t \in \{1960,...,1974\}$.

Es ist unwahrscheinlich, daß diese Aufsummierungsbedingung immer genau erfüllt ist. Zur Lösung dieses Problems bieten sich **zwei Möglichkeiten an:**

- Die Bedingung (11.12) läßt sich innerhalb des Gesamtsystems dadurch erzwingen, daß man den jeweils größten Investitionskoeffizienten eines Sektors als Restgröße bestimmt.
  Eine alternative Möglichkeit ist die Angleichung über mehrere Koeffizienten, die Kübler ([96], S. 132) vorschlägt.
- Man definiert zusätzlich für jeden Sektor eine Gleichung, die die Differenz aus dem realen Gesamtvolumen der Investition und der Summe der realen Investitionsgüterempfänge erfaßt, also

$$(11.13) \quad diff_{i,t} := i_{i,t}^{ANL} \cdot \left(1 - \sum_{k=1}^{12(B)} b_{ki,t} - \sum_{l=4}^{7} b_{li}^{M}\right) .$$

  Man überträgt nun das Konzept akzeptabler Prognosen auf die Variable "Konsistenz" in dem Sinne, daß eine Systemlösung dann akzeptiert wird, wenn die Differenzgröße aus (11.13) innerhalb eines vorher festgelegten Fehlerintervalls liegt (z.B. 5 % des Gesamtvolumens der Investition eines Sektors) und nicht zu **einseitigen** Über- bzw. Unterschätzungen neigt. Andernfalls müssen gewisse Einzelgleichungen überprüft und evtl. neugeschätzt werden.

Die zweite Methode hat den Vorteil, daß sie einen direkten Einblick in eventuelle Fehlspezifikationen dieses Teilsystems erlaubt, und gleichzeitig die Erklärungsansätze für alle Variablen erhalten bleiben.

11.3. Ableitung der Schätzansätze

In der ersten Modellvariante ist das Konzept preis-, technologie- und kapazitätsabhängiger Produktionskoeffizienten auf die Investitionsgüterstruktur wie folgt übertragen worden. Man nimmt an, für ein repräsentatives Unternehmen existiere eine "Investitionsmöglichkeitsfunktion" vom Cobb-Douglas-Typ, die alle technisch durchführbaren Zusammensetzungen eines vorgegebenen Investitionsvolumens erfaßt. Substituierbar seien aber nur - aufgrund des hohen Aggregationsgrades des Modells - inländische und ausländische Güter gleicher Art. Das Unternehmen wählt nun die Faktorkombination, die bei gegebenen Preisen der Investitionsgüter seine Kosten minimiert. Bei Berücksichtigung unterschiedlicher Preisanpassungsgeschwindigkeiten, induziertem technischem Fortschritt und konjunktureller Einflüsse [1] erhält man die Schätzansätze

$$(11.14) \qquad b_{ki} = c_{oi} \cdot \overline{(p_k^M/p_k)}^{\alpha_i} \cdot (\bar{K}_i/\bar{A}_i)^{\beta_i} \cdot \delta_i^{\gamma_i}$$

$$(11.15) \qquad b_{li}^M = c_{oi}^M \cdot \overline{(p_l/p_l^M)}^{\alpha_i^M} \cdot (\bar{K}_i/\bar{A}_i)^{\beta_i^M} \cdot \delta_i^{\gamma_i^M} \quad ,$$

wobei die erklärenden Variablen und die Parameterrestriktionen wie in Kapitel 7.2. bzw. 7.3. definiert sind. Da nur ausländische Investitionsgüter der Art 4 (Eisen/NE) bis 7 (Holz/Textil) in den Sozialproduktstabellen erfaßt sind, können preisabhängige Investitionskoeffizienten nur bei Lieferungen dieser Sektoren geschätzt werden. Alle anderen Koeffizienten werden in Abhängigkeit von der Kapital-Arbeits-Relation und dem Kapazitätsauslastungsgrad bei Beibehaltung des multiplikativen Funktionstyps bestimmt, also

$$(11.16) \qquad b_{ki}^{(M)} = c_{oi}^{(M)} \cdot (\bar{K}_i/\bar{A}_i)^{\beta_i^{(M)}} \cdot \delta_i^{\gamma_i^{(M)}} \quad .$$

Bei der Neuschätzung des Disaggregierten Prognosemodells für die Referenzperiode 1960 - 1974 haben wir diesen Ansatz beibehalten. Entscheidend dafür sind folgende Gründe:

---

1) vgl. Kapitel 7.2.

- Die in den Arbeiten von Kübler [96] und Frerichs [34] veröffentlichten Schätzresultate für die erste Modellvariante müssen als Bestätigung des oben beschriebenen Ansatzes gewertet werden. Eine weitere empirische Überprüfung dieses Konzeptes aufgrund der aktuelleren Datenbasis ist allein deshalb gerechtfertigt.

- Der Spielraum für detailliertere Erklärungsansätze ist wegen des hohen Aggregationsgrades des Modells gering. So können z.B. sicherlich existierende Substitutionsmöglichkeiten zwischen den Güterarten "Holz" (Teil des Sektors 7) und "Kunststoff" (Teil des Sektors 3) nicht erfaßt werden, da die Preisindizes der Sektoren 7 und 3 weitgehend durch die Textil- und Lederpreise (Sektor 7) bzw. die Preise für Mineralölprodukte (Sektor 3) bestimmt sind. Der Vorschlag von Schumann [26], die Investitionskoeffizienten als Funktion

$$b_{ki} = f_{ki}(p_k, p_i^I) \quad {}^{1)}$$

zu schätzen, kann dazu führen, daß auf diesem indirekten Wege Substitutionsmöglichkeiten angenommen werden, die nicht existieren. Eine Übertragung des Jorgensonschen Translog-Ansatzes auf die Investitionsgüterstruktur ist zwar theoretisch reizvoll und für gekoppelte Systeme durchführbar, erscheint aber im Disaggregierten Bonner Modell aus Stabilitätsgründen wenig sinnvoll.

- Die Investitionsverflechtungsmatrizen sind, wie in Kapitel 2 bereits erwähnt, unter Verwendung des MODOP-Verfahrens [2] modellmäßig erstellt worden. Nur die Tabellen der Basisjahre 1962, 1966 und 1972 bestehen aus überwiegend originär ermittelten Daten. Obwohl in den entsprechenden Veröffentlichungen [3] betont wird, daß MODOP mehr als eine bloße Interpolationsmethode ist, liegt die Vermutung nahe, daß gewisse Einflüsse bei diesem Verfahren überbetont werden. Dies muß nicht unbedingt die Trendkomponente sein; im Falle der Investitionsverflechtungsmatrizen erscheint uns z.B. der konjunkturelle Aspekt überbewertet. Hansen [50] bezweifelt, daß derart ermittelte Zeitreihen zuverlässige Schätzungen von Preiseinflüssen erlauben. Insofern ist der oben beschriebene Ansatz flexibel, da er sowohl sektorspezifische technologische und konjunkturelle, als auch Preiseinflüsse berücksichtigt. Sollte sich aufgrund der ökonometrischen Untersuchungen die Behauptung Hansens als richtig erweisen, bleibt immer noch die Möglichkeit einer technologie- und konjunkturab-

---

1) Die Preisindizes für Anlageinvestitionen p_i^I werden dabei unter Verwendung der Mengenanteile der Vorperiode entsprechend (11.6) gebildet.
2) vgl. Kapitel 2.1.
3) vgl. Stäglin [136], [138], Schindke [125].

hängigen Erklärung der Investitionskoeffizienten, die - wie wir im folgenden sehen werden - den Ansätzen mit konstanten Koeffizienten überlegen ist.

Dies soll als Motivation für unsere Vorgehensweise genügen.

11.4. Die Schätzresultate

Von insgesamt 576 Feldern der Investitionsverflechtungsmatrizen sind in der Referenzperiode 1960 - 1974 259 von Null verschieden. Die Verhaltensgleichungen für die inländischen und ausländischen Investitionskoeffizienten sind auf der Grundlage der Ansätze (11.14 - 11.16) in log-linearer Form mit der gewöhnlichen Methode der kleinsten Quadrate geschätzt worden. Dabei werden ca. 75% aller von Null verschiedenen Koeffizienten von vornherein nur in Abhängigkeit von der Kapital-Arbeits-Relation und dem Kapazitätsauslastungsgrad erklärt, da hier keine konkurrierenden Importe existieren. Insgesamt sind ca. 20000 Ansätze, die sich aus der Variation verschiedener Variablenkombinationen und Preisanpassungsgeschwindigkeiten ergeben, getestet worden. Die Auswahl der besten Schätzansätze erfolgt analog zu der in Kapitel 7.3. beschriebenen Vorgehensweise. Dabei ist zu beachten, daß das Grundkriterium "plausible Vorzeichen und Größenordnungen der Parameter" jeweils auf die Paare (b_{ki}, b^M_{ki}) zugehöriger inländischer und ausländischer Investitionskoeffizienten angewandt werden muß [1].

Das erstaunliche erste Ergebnis unserer Untersuchungen ist, daß in nur 3 Fällen, d.h. bei 3 Paaren zugehöriger inländischer und ausländischer Investitionskoeffizienten, ein plausibler Einfluß der Preisrelationen feststellbar ist. Im Gegensatz dazu erwiesen sich in der ersten Modellvariante 27 Koeffizientenpaare als preisabhängig (vgl. Frerichs, Kübler [38]). Untersucht man die dort ermittelten Verhaltensfunktionen aber genauer, so stellt man fest, daß in 15 von 27 Fällen die Preiselastizität nicht direkt geschätzt, sondern im Rahmen eines Suchverfahrens exogen vorgegeben ist. Anstelle des Ansatzes (11.14) ist die Gleichung

$$(11.17)\quad b_{ki}/\overline{(p^M_k/p_k)}^{\alpha_i} = c_{oi}\cdot(\bar{K}_i/\bar{A}_i)^{\beta_i}\cdot\delta_i^{\beta_i}$$

---

1) vgl. Kapitel 7.2. und 7.3.

ökonometrisch untersucht worden. Die Preiselastizität α_i durchlief dabei das Intervall [0.2,1.5]. Kübler [1] rechtfertigt diese Vorgehensweise mit dem Hinweis auf die Beseitigung von Multikollinearitäten durch a priori-Informationen. Man sollte aber beachten, daß man mit Hilfe des Ansatzes (11.17) nicht überprüfen kann, ob der Investitionskoeffizient b_{ki} preisabhängig ist, da ein völlig anderes Problem untersucht wird. Da wir aber gerade die Preisabhängigkeit der Investitionskoeffizienten empirisch überprüfen wollen, erscheint dieses Verfahren nicht angebracht. Schneeweiß bemerkt zur Verwendung von a priori-Kenntnissen völlig richtig [2]: "Man darf sicherlich verbesserte Schätzergebnisse erwarten, wenn es gelingt, diese a priori-Kenntnisse, auch wenn sie nur sehr vage sind, in den eigentlichen Schätzvorgang einzubringen. Allerdings werden die Möglichkeiten, eine ökonomische Theorie empirisch zu überprüfen, in dem Maße eingeschränkt, wie man eben diese Theorie als a priori-Wissen zu Parameterschätzungen heranzieht." Berücksichtigt man weiterhin, daß die Schätzgleichungen der Investitionskoeffizienten in der ersten Modellvariante ohne besondere Beachtung der statistischen Prüfgröße "empirischer t-Wert" ausgewählt worden sind, erscheinen die unterschiedlichen Ergebnisse in einem anderen Licht. Bei gleichen Auswahlkriterien hätte man nahezu gleiche Resultate erhalten, was z.B. bei der Untersuchung der Produktionsstruktur der Fall ist. Somit läßt sich das erste Ergebnis unserer **Regressionsanalysen wie folgt zusammenfassen:**

Bei Zugrundelegung der Schätzansätze (11.14 - 11.16) und unter Berücksichtigung der Auswahlkriterien des Kapitels 6 erweisen sich die Veränderungen der Investitionskoeffizienten als überwiegend technologie- und kapazitätsabhängig. Preiseinflüsse sind in den meisten Fällen (bis auf 3) nicht signifikant feststellbar. Dies kann einerseits daran liegen, daß der Einfluß der Preisrelationen auf die Veränderung der Investitionsgüterstruktur tatsächlich sehr gering ist [3]; andererseits ist es möglich, daß aufgrund des hohen Aggregationsgrades und der modellmäßig erstellten Daten Preiseffekte von vornherein ausgeschaltet sind.

Wir wollen nun die Regressionsergebnisse in Bezug auf die statistischen Prüfmaße R2 (Bestimmtheitsmaß) und DW (Durbin-Watson-Prüfgröße) untersuchen. Wir werten dazu die in den Übersichten 26 und 27 zusammengefaßten Test-

1) [96], S. 52
2) [129], S. 232
3) Die Verschiebung der inländischen und importierten Investitionsgüterstruktur kann z.B. auch hauptsächlich aufgrund der zunehmenden internationalen Arbeitsteilung erfolgen.

Tabelle 26

R2 und DW für die Schätzungen der inländischen Investitions-Koeffizienten *)

Sektor	1	2	3	4	5	6	7	8	9	10	11	WO	SO	B	L	G	SV	OH
1 Landwirt- schaft	0.364 1.770	0.381 2.370	0.858 1.970	0.683 2.000	0.902 1.470	0.922 1.540	0.860 1.320	0.881 1.340	const	0.611 1.430	0.195 1.010	0.512 1.570	0.551 1.590	- -	0.448 2.370	0.600 1.120	0.401 1.770	0.570 1.780
2 Energie/ Bergbau	0.548 0.760	0.548 1.920	0.480 1.620	0.012 1.360	0.406 1.850	0.409 1.730	0.158 1.310	0.478 1.540	0.569 1.080	0.252 1.620	0.880 1.260	0.476 0.880	0.370 0.750	0.468 0.850	0.747 1.990	0.683 1.140	0.956 1.890	0.835 1.600
3 Chemie/ Steine	0.801 1.300	0.331 2.100	0.712 1.990	0.365 1.460	0.317 1.210	0.418 1.800	0.554 2.050	0.344 2.010	const	0.655 1.750	0.896 1.510	0.958 1.290	0.740 0.810	0.834 1.310	0.398 0.990	0.738 0.910	0.947 2.210	0.922 1.790
4 Eisen/NE	0.538 0.970	0.867 2.200	0.860 1.700	0.520 1.360	0.928 2.180	0.927 2.060	0.850 1.520	0.837 1.650	0.516 0.580	0.695 1.890	0.950 1.920	0.574 0.980	0.752 1.560	const	0.994 1.660	0.905 1.880	0.841 1.560	0.767 2.310
5 St.-Ma.- Fz.-Bau	0.446 1.360	0.406 1.430	0.276 1.190	0.097 0.990	0.681 1.460	0.607 1.040	0.622 1.570	0.746 0.710	0.910 1.010	0.351 1.090	0.743 0.860	0.957 2.180	0.952 0.930	0.544 2.250	0.502 1.610	0.735 2.260	0.840 1.320	0.947 1.090
6 Elektro/ EBM	0.852 1.640	0.959 2.050	0.812 0.950	0.871 1.720	0.587 1.400	0.879 1.300	0.561 1.060	0.801 1.120	0.906 1.210	0.847 2.000	0.459 1.500	0.525 0.990	0.817 0.760	0.129 2.730	0.794 1.650	0.598 2.330	0.754 1.800	0.784 1.510
7 Holz/ Textil	0.071 1.890	0.251 1.170	0.263 1.190	0.101 1.270	0.659 1.480	0.531 1.340	0.353 1.290	0.219 1.070	0.223 1.550	0.382 1.530	0.661 1.130	0.878 1.670	0.752 1.420	0.663 1.120	0.533 0.610	0.662 1.370	0.910 1.250	0.917 1.690
8 Nahrung	- -	- -	- -	- -	- -	- -	- -	0.811 2.120	- -	- -	- -	- -	- -	- -	- -	- -	- -	- -
9 Bau	0.831 1.620	0.906 1.810	0.981 1.160	0.632 1.700	0.907 2.410	0.970 1.750	0.923 1.780	0.979 1.320	0.946 1.610	0.939 1.480	0.785 1.990	0.566 0.790	0.927 0.740	0.516 2.250	0.584 0.500	0.900 2.260	0.879 0.690	0.959 1.960
10 Handel	0.677 1.260	0.502 1.460	0.662 0.980	0.211 1.270	0.606 1.550	0.461 1.210	0.572 1.660	0.923 2.030	const	0.873 1.510	0.686 1.090	- -	0.698 0.520	0.808 1.760	0.173 1.670	0.773 2.720	0.779 2.010	const
11 Verkehr	0.418 1.700	0.472 1.700	0.702 1.520	0.717 2.080	0.462 1.550	0.614 1.470	0.395 1.740	0.305 1.710	0.422 1.690	0.337 1.180	0.774 2.200	- -	0.691 1.430	0.653 2.100	0.694 2.310	0.144 0.870	- -	const
12 Dienstlei- stungen	0.906 2.140	0.900 2.510	0.930 2.140	0.576 1.840	0.890 1.400	0.912 1.410	0.766 0.840	0.899 1.190	0.756 2.040	0.703 1.370	0.546 2.180	0.647 1.060	0.426 1.450	0.531 2.740	0.108 2.060	0.252 2.010	0.207 1.080	0.306 1.330
B Bund	- -	- -	- -	- -	- -	- -	- -	- -	- -	- -	- -	- -	- -	0.488 0.790	- -	- -	- -	- -

*) Die inländischen Investitionskoeffizienten für die Nachfrage nach Gütern der Sektoren L (Länder), G (Gemeinden) SV (Sozialversicherung), PO (Private Organisationen) und PH (Private Haushalte) sind im Referenzzeitraum Null.

Tabelle 27

R2 und DW für die Schätzungen der ausländischen Investitionskoeffizienten

Sektor	1	2	3	4	5	6	7	8	9	10	11	SO	WO	B	L	G	SV	OH
1 Landwirt-	-	-	-	-	-	-	-	-	-	-	-	-	-	-	-	-	-	-
schaft	-	-	-	-	-	-	-	-	-	-	-	-	-	-	-	-	-	-
2 Energie/	-	-	-	-	-	-	-	-	-	-	-	-	-	-	-	-	-	-
Bergbau	-	-	-	-	-	-	-	-	-	-	-	-	-	-	-	-	-	-
3 Chemie/	-	-	-	-	-	-	-	-	-	-	-	-	-	-	-	-	-	-
Steine	-	-	-	-	-	-	-	-	-	-	-	-	-	-	-	-	-	-
4 Eisen/NE	0.271	0.275	0.644	0.449	0.509	0.748	0.305	0.667	0.730	0.879	0.413	0.538	0.237	const	-	-	-	-
	1.270	1.200	1.300	1.580	0.990	1.110	1.210	1.790	1.910	1.310	1.930	2.340	0.960		-	-	-	-
5 St.-Ma.-	0.935	0.894	0.853	0.743	0.822	0.887	0.945	0.432	0.867	0.891	0.804	0.840	0.804	0.590	0.350	0.829	-	0.864
Fz.-Bau	1.490	1.420	1.420	1.390	1.860	1.420	1.930	0.830	1.030	1.600	1.160	1.560	1.120	0.710	0.590	1.710	-	1.260
6 Elektro/	0.920	0.929	0.978	0.901	0.937	0.789	0.936	0.937	0.959	0.906	0.883	0.942	0.789	0.764	0.875	0.969	-	0.927
EBM	1.650	2.210	1.860	2.040	1.770	1.660	1.430	2.260	1.170	1.190	0.900	1.140	1.150	1.020	1.500	2.180	-	1.410
7 Holz/	0.536	0.885	0.960	0.930	0.958	0.846	0.909	0.945	0.939	0.918	0.874	0.962	0.820	-	0.457	-	-	0.848
Textil	1.160	2.000	1.610	1.500	2.020	1.790	1.610	2.010	1.670	1.660	1.840	2.200	1.020	-	0.830	-	-	1.580
8 Nahrung	-	-	-	-	-	-	-	-	-	-	-	-	-	-	-	-	-	-
	-	-	-	-	-	-	-	-	-	-	-	-	-	-	-	-	-	-
9 Bau	-	-	-	-	-	-	-	-	-	-	-	-	-	-	-	-	-	-
	-	-	-	-	-	-	-	-	-	-	-	-	-	-	-	-	-	-
10 Handel	-	-	-	-	-	-	-	-	-	-	-	-	-	-	-	-	-	-
	-	-	-	-	-	-	-	-	-	-	-	-	-	-	-	-	-	-
11 Verkehr	-	-	-	-	-	-	-	-	-	-	-	-	-	-	-	-	-	-
	-	-	-	-	-	-	-	-	-	-	-	-	-	-	-	-	-	-
12 Dienstlei-	-	-	-	-	-	-	-	-	-	-	-	-	-	-	-	-	-	-
stungen	-	-	-	-	-	-	-	-	-	-	-	-	-	-	-	-	-	-
ST Staat	-	-	-	-	-	-	-	-	-	-	-	-	-	-	-	-	-	-
	-	-	-	-	-	-	-	-	-	-	-	-	-	-	-	-	-	-
OH Priv. Org.	-	-	-	-	-	-	-	-	-	-	-	-	-	-	-	-	-	-
u. Haush.	-	-	-	-	-	-	-	-	-	-	-	-	-	-	-	-	-	-

größen entsprechend der im Kapitel 7.3. durchgeführten Klassifizierung der Input-Koeffizienten aus. Die Schätzresultate für die Produktions- und Investitionskoeffizienten sind somit vergleichbar. Bezüglich der Prüfgröße R2 ergibt sich:

a) inländische Investitionskoeffizienten	ca. 45 % größer als 0.7 ca. 73 % größer als 0.5
b) inländische Input-Koeffizienten	ca. 60 % größer als 0.7 ca. 78 % größer als 0.5
c) ausländische Investitionskoeffizienten	ca. 76 % größer als 0.7 ca. 85 % größer als 0.5
d) ausländische Input-Koeffizienten	ca. 56 % größer als 0.7 ca. 78 % größer als 0.5

Für die inländischen Input-Koeffizienten ist also eine erheblich bessere Datenanpassung erreicht worden als für die inländischen Investitionskoeffizienten. Bei den ausländischen Koeffizienten gilt das Gegenteil. Auffällig ist das sehr gute Ergebnis in c). Diese Aussagen gelten natürlich nur unter der Annahme, daß das Bestimmtheitsmaß die Anpassungsgüte korrekt wiedergibt. Wir werden im folgenden Abschnitt anhand einer Systemprüfung für die Jahre 1962 - 1974 ein etwas anderes Ergebnis erhalten, daß zumindest eine vorsichtige Bewertung der Testgröße R2 nahelegt.

Wir wollen nun noch kurz auf die Auswertung der Durbin-Watson-Prüfgrößen eingehen. Dazu nehmen wir eine Klassifizierung analog zu der in Kapitel 7.3. vor (Irrtumswahrscheinlichkeit 5 %). Es gilt:

a) inländische Investitionskoeffizienten	ca. 44 % im Annahmebereich ca. 10 % im kritischen Bereich
b) inländische Input-Koeffizienten	ca. 46 % im Annahmebereich ca. 9 % im kritischen Bereich
c) ausländische Investitionskoeffizienten	ca. 47 % im Annahmebereich ca. 13 % im kritischen Bereich
d) ausländische Input-Koeffizienten	ca. 56 % im Annahmebereich ca. 3 % im kritischen Bereich

Die Schätzungen der Input-Koeffizienten erweisen sich hier als etwas besser-Dem guten Ergebnis für die ausländischen Investitionskoeffizienten beim R^2 steht ein relativ schlechtes Resultat bei der Durbin-Watson-Prüfgröße gegenüber.

11.5. Eine Systemprüfung mit variablen und konstanten Investitionskoeffizienten

Die im vorigen Abschnitt ermittelten Schätzgleichungen des Variablenblocks "Investitionskoeffizienten" sollen nun einer ersten Systemprüfung unterzogen werden. Einerseits interessiert uns in diesem Zusammenhang die Prognosegüte der Koeffizientenschätzungen selbst. Andererseits wollen wir erfahren, wie sich die einzelnen Schätzfehler in den Randzeilen und Randspalten der Investitionsverflechtungsmatrizen aufsummieren. Die Randzeilen geben dabei die inländischen bzw. ausländischen, sektoralen Investitionsgüterlieferungen wieder (diese können wiederum in die Lieferungen an die private Wirtschaft und an den Staat aufgespalten werden). In einer Randspalte ist jeweils die gesamte Investitionsgüternachfrage eines Sektors erfaßt, die sowohl nominell, als auch real mit der unabhängig davon ermittelten Investitionsentscheidung übereinstimmen muß. Als Maß für die nominale Gleichheit dieser Größen dienen die Prognosen der sektoralen Preisindizes für Anlageinvestitionen. Die reale Übereinstimmung wird durch die Variable "$diff_i$" aus (11.13) erfaßt. Zusätzlich wollen wir messen, wie stark die Fehler in den Randzeilen der Investitionsverflechtungsmatrizen auf die Prognosen der sektoralen Produktionswerte und Importe überwälzt werden.

Analog zur Vorgehensweise in Kapitel 7.4. soll diese Systemprüfung auch mit konstanten Investitionskoeffizienten durchgeführt werden, so daß man Vergleichskriterien in der Bewertung der Resultate erhält. Falls die Verhaltensgleichungen der preis-, technologie- und kapazitätsabhängigen Investitionskoeffizienten nicht geringfügig, sondern wesentlich bessere Prognosen als die konstanten Ansätze liefern, werden sie innerhalb des Gesamtsystems weitergetestet. Andernfalls müssen sie verworfen werden [1].

---

1) In diesem Fall gäbe es zwei Möglichkeiten:
   a) Die Investitionskoeffizienten ändern sich im Zeitablauf so wenig, daß konstante Ansätze ausreichen.
   b) Die Investitionskoeffizienten sind nicht konstant, aber unser Ansatz ist zu unvollständig. Dann müßte ein neues Konzept zur Erklärung der Investitionsgüterstruktur entwickelt und geschätzt werden.

Bevor wir das unserer Untersuchung zugrundeliegende Teilsystem des Disaggregierten Prognosemodells formulieren, wollen wir anhand einer kurzen Datenanalyse auf die Abhängigkeit bestimmter Sektoren von der Investitionsgüternachfrage eingehen. In der Referenzperiode 1960 - 1974 decken die Wirtschaftszweige

- Baugewerbe (9) mit ca. 45 %
- Stahl-, Maschinen-, Fahrzeugbau (5) mit ca. 25 %
- Elektro/EBM-Waren (6) mit ca. 12 % [1)]

den gößten Teil (ca. 87 % [1)]) der realen Investitionsgüternachfrage. Gleichzeitig hängt die Produktion dieser Sektoren auch am stärksten von der Nachfrage nach Investitionsgütern ab. So betrugen die Investitionsgüterlieferungen der Sektoren

- Baugewerbe (9) ca. 90 %
- Stahl-, Maschinen-, Fahrzeugbau (5) ca. 35 %
- Elektro/EBM-Waren (6) ca. 10 % [1)]

der jeweiligen Produktion. Die Investitionsabhängigkeit der Bauwirtschaft ist offensichtlich. Im Sektor 5 - dem exportstärksten Wirtschaftszweig [2)] - sind die Investitionsgüterlieferungen so hoch wie das Ausfuhrvolumen. Der Sektor 6 (Elektro/EBM) fällt in dieser Wichtigkeitsskala schon stark ab. Für alle anderen Wirtschaftszweige hat die Investitionsgüternachfrage eine zweitrangige direkte Bedeutung. Dementsprechend müssen besonders die Investitionskoeffizienten, die die Nachfrage nach Gütern dieser drei Sektoren erfassen, gut erklärt werden. Dieses Kriterium ist bei der Systemprüfung also mit zu berücksichtigen.

Wir kommen nun zur Formulierung des zu untersuchenden Subsystems. Es besteht aus 86 Definitions- und 259 Verhaltensgleichungen und kann in der Terminologie des Disaggregierten Prognosemodells wie folgt beschrieben werden:

---

1) Mittelwert für die Referenzperiode 1960 - 1974.
2) vgl. Kapitel 13.1.

(11.18) a) $x_{j,t} = xvz_{j,t} + xvsz_{j,t} + xiz_{j,t} + xisz_{j,t} + \bar{n}_{j,t}$

b) $xiz_{j,t} = \sum_{i=1}^{WO} b_{ji,t} \cdot (i_{i,t}^{ANL} + QIV_{i,t}/p_{i,t}^{I})$

c) $xisz_{j,t} = \sum_{i=B}^{OH} b_{ji,t} \cdot i_{i,t}^{ANL}$

d) $m_{l,t} = mvz_{l,t} + mvsz_{l,t} + miz_{l,t} + misz_{l,t} + \bar{n}_{l,t}^{M}$

e) $miz_{l,t} = \sum_{i=1}^{WO} b_{li,t}^{M} \cdot (i_{i,t}^{ANL} + QIV_{i,t}/p_{i,t}^{I})$

f) $misz_{l,t} = \sum_{i=B}^{OH} b_{li,t}^{M} \cdot i_{i,t}^{ANL}$

g) $p_{k,t}^{I} = \sum_{r=1}^{12(B)} b_{rk,t} \cdot p_{r,t} + \sum_{s=4}^{7} b_{sk,t}^{M} \cdot p_{s,t}^{M}$

h) $diff_{k,t} = (1 - \sum_{r=1}^{12(B)} b_{rk,t} - \sum_{s=4}^{7} b_{sk,t}^{M}) \cdot i_{k,t}^{ANL}$

mit

xiz_j - reale inländische Investitionsgüterlieferungen des Sektors j an die Industrie

$xisz_j$ - reale inländische Investitionsgüterlieferungen des Sektors j an die Staatssektoren und die privaten Organisationen

miz_l - reale importierte Investitionsgüterlieferungen der Art l an die Industrie

$misz_l$ - reale importierte Investitionsgüterlieferungen der Art l an die Staatssektoren und die privaten Organisationen

$\bar{n}_j$ - restliche reale Endnachfrage nach inländischen Gütern der Art j ($= c_j^X + i_j^{VORI} + i_j^{VORO} + e_j$)

$\bar{n}_l^M$ - restliche reale Endnachfrage nach ausländischen Gütern der Art l ($= c_l^M + e_l^M$)

xvz_j, $xvsz_j$, mvz_l, $mvsz_l$, p_j, p_l^M sind wie im System (7.28), p_k^I, $diff_k$ wie in (11.10) bzw. (11.13) definiert.

$j \in \{1,\ldots,12,B\}$; $l \in \{4,\ldots,7\}$; $k \in \{1,\ldots,OH\}$.

Die von Null verschiedenen Investitionskoeffizienten werden auf drei Arten spezifiziert. Diese sind

1. Spezifikation:

(11.19.a) $b_{jk,t} = f_{jk}(p_{j,t};p^M_{j,t};\tau_{k,t};\delta_{k,t})$

(11.19.b) $b^M_{lk,t} = f^M_{lk}(p_{l,t};p^M_{l,t};\tau_{k,t};\delta_{k,t})$,

wobei τ_k und δ_k der Stand der Technologie bzw. der Kapazitätsauslastungsgrad im Sektor $k \in \{1,\ldots,11,WO,SO,B,L,G,SV,OH\}$ sind. Die Funktionstypen f_{jk}, f^M_{lk} und die Kombinationen der erklärenden Variablen entsprechen den bei den Schätzungen ermittelten Ansätzen.

2. Spezifikation:

(11.20.a) $b_{jk,t} = b_{jk,70}$

(11.20.b) $b^M_{lk,t} = b^M_{lk,70}$ für alle $t \in \{1960,\ldots,1974\}$.

$b_{jk,70}$, $b^M_{lk,70}$ sind die realisierten Werte der realen Investitionskoeffizienten des Jahres 1970 [1].

3. Spezifikation:

(11.21.a) $b_{jk,t} = \overline{b_{jk}} =: \frac{1}{15}\sum_{\sigma=60}^{74} b_{jk,\sigma}$

(11.21.b) $b^M_{lk,t} = \overline{b^M_{lk}} =: \frac{1}{15}\sum_{\sigma=60}^{74} b^M_{jk,\sigma}$

Hier gehen die Mittelwerte der in der Referenzperiode 1960 - 1974 realisierten Zeitreihen der inländischen und ausländischen Investitionskoeffizienten in den Ansatz ein.

Das System (11.18.a-h) ist unter Verwendung der drei Ansätze (11.19 - 11.21) zur Bestimmung der Investitionskoeffizienten für den Zeitraum 1962 - 1974 gelöst worden. Man erkennt im übrigen, daß die Vorleistungsgrößen xvz_j, $xvsz_j$, mvz_l, $mvsz_l$ nicht wie im Teilmodell (7.28) modellendogen berechnet

1) Zur Begründung dieser Ansätze vgl. Kapitel 7.4.

werden. Dies bedeutet, daß wir nur direkte Fehlerfortpflanzungen der Koeffizientenprognosen ermitteln. Alle Überlagerungseffekte durch die Vorleistungsstruktur sind zunächst ausgeschaltet [1].

In der Tabelle 28 werden die bei den Systemprüfungen entstandenen prozentualen Prognosefehler in Bezug auf die sektoralen Größen Bruttoproduktion, inländische Investitionsgüterlieferungen an die Industrie (bzw. an den Staat), Importe, importierte Investitionsgüterlieferungen an die Industrie (bzw. an den Staat), Preisindizes für Anlageinvestitionen und "reale Konsistenz" ($diff_j$) untersucht. Aus Platzgründen und zur besseren Vergleichbarkeit der drei Ansätze betrachten wir nicht die Prognosefehler einzelner Variablen, sondern von Variablengruppen. Die Gesamtzahl der ausgewerteten Prognosen pro Variablenblock ergibt sich als

Anzahl der sektoralen Variablen in einer Variablengruppe
x Anzahl der Prognosezeitpunkte (hier 13)

und ist jeweils in der Spalte "Summe" angegeben.

Die Ergebnisse der Tabelle 28 können wie folgt zusammengefaßt werden:

- Die Prognosen mit konstanten Investitionskoeffizienten sind erheblich schlechter (teilweise um 30 %) als die unseres preis-, technologie- und kapazitätsabhängigen Ansatzes.
- Die inländischen Investitionsgüterlieferungen werden besser prognostiziert als die ausländischen.
- Die Erklärung der Investitionsgüternachfrage der Industriesektoren ist besser als die der Staatssektoren.
- Die "realen Konsistenzbedingungen" werden von allen drei Ansätzen erfüllt. Keine Prognose der Variablen "$diff_j$" liegt über der 5%-Fehlergrenze. Im Falle der konstanten Ansätze ist diese Bedingung von vornherein erfüllt, da nach Definition gilt:

$$a) \sum_j b_{jk,70} + \sum_l b^M_{lk,70} = 1 \quad \text{für alle } k \in \{1,...,OH\}$$

1) Weitere Systemprüfungen, die Rückkopplungen zu anderen Modellteilen erfassen, können sich hier anschließen. Es besteht auch die Möglichkeit, die Auswirkungen gleichzeitiger Prognosefehler in verschiedenen Variablengruppen zu messen, z.B. von
- Input- und Investitionskoeffizienten
- Investitionskoeffizienten und Anlageinvestitionen, usw.

Tabelle 28

Verteilung der prozentualen Fehler bei Systemprüfungen mit variablen und konstanten Investitionskoeffizienten

Variablen-gruppe	Ansatz *)	prozentuale Abweichung				Summe
		0 - 5	5 - 10	10 - 20	> 20	
sektorale Brutto-produktion	variabel	156 (100%)	0 (0.0%)	0 (0.0%)	0 (0.0%)	156 (100%)
	const. 1970	148 (94.9%)	6 (3.8%)	2 (1.3%)	0 (0.0%)	156 (100%)
	const. MW	149 (95.5%)	5 (3.2%)	2 (1.3%)	0 (0.0%)	156 (100%)
inländische Investitions-güterlief. an die Industrie	variabel	110 (70.5%)	28 (18.0%)	18 (11.5%)	0 (0.0%)	156 (100%)
	const. 1970	66 (42.3%)	32 (20.5%)	43 (27.6%)	15 (9.6%)	156 (100%)
	const. MW	55 (35.2%)	48 (30.8%)	40 (25.6%)	13 (8.4%)	156 (100%)
inländische Investitions-güterlief. an den Staat	variabel	69 (48.3%)	41 (28.7%)	28 (19.6%)	5 (3.4%)	143 (100%)
	const. 1970	50 (35.0%)	39 (27.3%)	33 (23.0%)	21 (14.7%)	143 (100%)
	const. MW	43 (30.1%)	33 (23.1%)	44 (30.8%)	23 (16.0%)	143 (100%)
sektorale Importe	variabel	47 (90.4%)	5 (9.6%)	0 (0.0%)	0 (0.0%)	52 (100%)
	const. 1970	32 (61.5%)	7 (13.5%)	4 (7.7%)	9 (17.7%)	52 (100%)
	const. MW	33 (63.5%)	7 (13.5%)	9 (17.3%)	3 (5.7%)	52 (100%)

*) Es bedeuten:
variabel : Ansatz gemäß (11.19)
const. 1970 : Ansatz gemäß (11.20)
const. MW : Ansatz gemäß (11.21) (Mittelwert)

-Forts.-

Fortsetzung Tabelle 28

Variablengruppe	Ansatz	prozentuale Abweichung 0 - 5	5 - 10	10 - 20	> 20	Summe
ausländische Investitionsgüterlief. an die Industrie	variabel	18 (34.5%)	14 (27.0%)	14 (27.0%)	6 (11.5%)	52 (100%)
	const. 1970	6 (11.5%)	4 (7.7%)	10 (19.2%)	32 (61.6%)	52 (100%)
	const. MW	6 (11.5%)	7 (13.5%)	6 (11.5%)	33 (63.5%)	52 (100%)
ausländische Investitionsgüterlief. an den Staat	variabel	8 (15.4%)	10 (19.2%)	20 (38.5%)	14 (29.6%)	52 (100%)
	const. 1970	6 (11.5%)	2 (3.9%)	5 (9.6%)	39 (75.0%)	52 (100%)
	const. MW	4 (7.7%)	5 (9.6%)	9 (17.3%)	34 (65.4%)	52 (100%)
Preisindizes für Anlageinvestitionen	variabel	232 (99.1%)	2 (0.9%)	0 (0.0%)	0 (0.0%)	234 (100%)
	const. 1970	234 (100%)	0 (0.0%)	0 (0.0%)	0 (0.0%)	234 (100%)
	const. MW	234 (100%)	0 (0.0%)	0 (0.0%)	0 (0.0%)	234 (100%)
Testgröße "Konsistenz"	variabel	234 (100%)	0 (0.0%)	0 (0.0%)	0 (0.0%)	234 (100%)
	const. 1970	234 (100%)	0 (0.0%)	0 (0.0%)	0 (0.0%)	234 (100%)
	const. MW	234 (100%)	0 (0.0%)	0 (0.0%)	0 (0.0%)	234 (100%)

$$b) \sum_j \overline{b_{jk}} + \sum_l \overline{b^M_{lk}} = \sum_j (1/15 \cdot \sum_{t=60}^{74} b_{jk,t}) + \sum_l (1/15 \cdot \sum_{t=60}^{74} b^M_{lk,t}) =$$

$$1/15 \cdot \sum_{t=60}^{74} (\sum_j b_{jk,t} + \sum_l b^M_{lk,t}) = 1$$

In der zweiten Auswertung betrachten wir die Prognosefehler der Investitionskoeffizienten selbst. In der Tabelle 29 ist eine entsprechende Fehleranalyse für die beiden Variablenblöcke

- inländische Investitionskoeffizienten und
- ausländische Investitionskoeffizienten

durchgeführt worden.

Tabelle 29

Verteilung der prozentualen Fehler bei einer Systemprüfung mit variablen und konstanten Investitionskoeffizienten für die Jahre 1962 - 1974

Auswertung: Sämtliche Investitionskoeffizienten *)

Variablen-gruppe	Ansatz	prozentuale Abweichung				Summe
		0 - 5	5 - 10	10 - 20	> 20	
inländische Investitions-Koeffizienten	variabel	1362 (53.5%)	626 (24.6%)	381 (14.9%)	179 (7.0%)	2548 (100%)
	const. 1970	839 (32.9%)	526 (20.6%)	649 (25.5%)	534 (21.0%)	2548 (100%)
	const. MW	740 (29.0%)	552 (21.7%)	679 (26.7%)	577 (22.6%)	2548 (100%)
ausländische Investitions-Koeffizienten	variabel	191 (23.3%)	178 (21.8%)	232 (28.3%)	218 (26.6%)	819 (100%)
	const. 1970	106 (12.9%)	54 (6.6%)	100 (12.2%)	559 (68.3%)	819 (100%)
	const. MW	69 (8.4%)	82 (10.0%)	120 (14.7%)	548 (66.9%)	819 (100%)

*) Analog zur Tabelle 10 ergibt sich die Gesamtzahl der Beobachtungen (Summenspalte) als Produkt aus der Zahl der Koeffizienten und der Zahl der Lösungszeitpunkte (hier 13).

Wir wollen zum Abschluß diese Ergebnisse mit den entsprechenden Resultaten für die Produktionskoeffizienten in Tabelle 10 vergleichen. Zusätzlich betrachten wir die im vorigen Abschnitt durchgeführten Auswertungen der statistischen Prüfmaße.

53.5 % der Prognosen inländischer Investitionskoeffizienten weisen Fehler unter 5 % auf, 7 % der Prognosen Fehler über 20 %. Für die inländischen Input-Koeffizienten sind die Ergebnisse etwas besser (62.9 % unter 5 % und nur 3 % über 20 %). Aufgrund der statistischen Prüfgröße R2 hätten die Prognosen für die Investitionskoeffizienten aber erheblich schlechter ausfallen müssen.

Die variablen ausländischen Investitions-Koeffizienten müßten aufgrund der Auswertung der Bestimmtheitsmaße im Kapitel 11.3. besser prognostiziert werden als alle anderen Koeffizientengruppen. Wie man anhand der unten stehenden Übersicht sieht, ist dies aber nicht der Fall:

ausländische Investitionskoeffizienten:

23.3 % der Prognosen mit einem Fehler unter 5 %
26.6 % der Prognosen mit einem Fehler über 20 %

ausländische Input-Koeffizienten:

36.5 % der Prognosen mit einem Fehler unter 5 %
15.0 % der Prognosen mit einem Fehler über 20 %

inländische Investitionskoeffizienten:

53.5 % der Prognosen mit einem Fehler unter 5 %
7.0 % der Prognosen mit einem Fehler über 20 %

inländische Input-Koeffizienten:

62.9 % der Prognosen mit einem Fehler unter 5 %
3.0 % der Prognosen mit einem Fehler über 20 % .

Aufgrund dieser Ergebnisse sollte man das Bestimmtheitsmaß nicht als einziges Kriterium für die Anpassungsgüte eines Ansatzes verwenden. Insgesamt sind die Prognosen der variablen Investitionskoeffizienten zufriedenstellend, während die konstanten Ansätze - insbesondere bei den ausländischen Koeffizienten - nicht akzeptable Fehler aufweisen.

12. Die Vorratsinvestitionen

12.1. Vorbemerkungen

Zur Erklärung der sektoralen Vorratsinvestitionen sind die Ansätze aus der ersten Variante des Disaggregierten Prognosemodells neugeschätzt worden. Die theoretische Grundlage bilden "stock-adjustment"-Modelle bei konstanten bzw. variablen Anpassungskoeffizienten (vgl. Bridge [16]), wobei die klassischen Bestimmungsgründe der Vorratsinvestitionen, nämlich

- das Transaktionsmotiv
- das Vorsichtsmotiv
- das Kostenmotiv
- das Spekulationsmotiv

berücksichtigt werden. Die zugrundeliegenden Überlegungen sind in der Modellbeschreibung von Kübler [1] detailliert dargestellt worden, so daß wir uns an dieser Stelle mit kurzen Ausführungen zu Datenmaterial, Theorie und Schätzansatz begnügen können. Die neuen Schätzergebnisse werden zum Abschluß mit den Resultaten der ersten Modellvariante verglichen werden, um einen Einblick in die Problematik dieses Variablenblocks zu geben. Wir folgen in diesem Kapitel inhaltlich den Ausführungen von Kübler [1].

12.2. Vorratsarten und Preisbereinigung

In der Datenbasis des Disaggregierten Prognosesystems sind die Veränderungen der sektoralen Vorratsbestände im Bereich der Endnachfrage verbucht [2]. Dabei unterscheidet man zwei Vorratsarten:

- Inputvorräte, d.h. Vorleistungsgüter
- Outputvorräte, d.h. fertige und halbfertige Produkte .

Da alle Daten des Modells nach dem <u>institutionellen</u> Prinzip erstellt worden sind [3], erfolgt die Verbuchung sowohl der Input-, als auch der Outputvorräte bei den Sektoren, die sie lagern. Diese Vorgehensweise ist aus folgendem

1) [96], S. 133 - 170
2) vgl. Tabelle 2, Zeilen 1 - 12, Spalten 43, 44
3) vgl. Kapitel 2.1.

Grund problematisch. Da wir in der Regel von geplanter Vorratshaltung ausgehen können, ist es sinnvoll, reale Größen zu schätzen. Während die Preisbereinigung der sektoralen Outputvorräte problemlos erfolgt (hier können die inländischen Preisindizes für die Produkte der entsprechenden Sektoren verwendet werden), müßten für die Inputvorräte neue Preisindizes ermittelt werden. Dies ist aber aufgrund fehlender Informationen über die jeweilige Zusammensetzung der Vorratsgrößen nicht möglich. Zur Lösung dieses Problems haben wir zwei Möglichkeiten in Betracht gezogen. Einerseits kann man die Inputvorratsinvestitionen eines Sektors mit einem Preisindex für Vorleistungsempfänge bewerten, z.B.

$$(12.1) \quad p_{i,t}^{VORI} := \sum_{j=1}^{12} a_{ji,t} \cdot p_{j,t}$$

mit

$p_{i,t}^{IVORI}$ - Preisindex für Inputvorräte im Sektor $i \in \{1,...,12\}$.

Andererseits bietet sich unter Berücksichtigung der Tatsache, daß ein wesentlicher Teil der Vorleistungsempfänge aus Eigenlieferungen besteht, der inländische Preisindex des jeweiligen Sektors zur Deflationierung an, d.h.

$$(12.2) \quad p_{i,t}^{VORI} = p_{i,t} \,.$$

Beide Ansätze werden den o.g. Erfordernissen nur zum Teil gerecht. (12.1) ist nur dann ohne Einschränkung richtig, wenn bei der Vorratshaltung nur das Transaktionsmotiv entscheidend ist und in der gesamten Referenzperiode konstante Faktoreinsatzverhältnisse vorliegen würden. Beides ist aber nicht gegeben. Vorräte werden u.a. aufgrund unterschiedlicher Preis- und Zinserwartungen (Spekulations- und Kostenmotiv) gehalten; die Annahme konstanter Inputstrukturen muß wegen der Ergebnisse des Kapitels 7 verworfen werden. Dies bedeutet, daß die Zusammensetzungen der Inputvorräte und der Vorleistungskäufe eines Jahres starke Unterschiede aufweisen können. In (12.2) werden demgegenüber die Vorleistungslieferungen anderer Sektoren von vornherein nicht berücksichtigt. Da beide Deflationierungsmethoden nur approximativ richtig sind, haben wir uns für den einfacheren Ansatz (12.2) entschieden. Dadurch wird zum einen eine unnötige Erweiterung des Gesamtsystems um 12 Definitionsgleichungen vermieden; zum anderen ist die Vergleichbarkeit unserer Resultate zu denen der ersten Modellvariante, in der die gleiche Methode angewandt worden ist, gewährleistet.

12.3. Theorie und Schätzansatz

12.3.1. Allgemeines theoretisches Konzept

Bevor wir die Schätzansätze für die Input- und Outputvorratsinvestitionen im einzelnen herleiten, wollen wir zunächst das allgemeine Konzept der "stock-adjustment"-Modelle darstellen.

Es sei

$v^*_{j,t}$ - der reale Bestand an Vorräten der Art * im Sektor j am Ende der Periode t

$\bar{v}^*_{j,t}$ - der optimale (d.h. gewünschte) reale Vorratsbestand der Art * des Sektors j am Ende der Periode t

$i^{VOR(*)}_{j,t}$ - die reale Vorratsinvestition der Art * des Sektors j in der Periode t

mit

$$* = \begin{cases} I & \text{für Inputvorräte} \\ O & \text{für Outputvorräte} \end{cases}$$

$j \in \{1,\ldots,12\}$.

Wir verzichten im folgenden der Einfachheit halber auf eine Sektorindizierung. Die Grundannahme der "stock-adjustment"-Modelle besagt, daß jedes Unternehmen seinen realisierten Vorratsbestand am Ende der Periode t-1 einem optimalen (d.h. gewünschten) Bestand zum Ende der Periode t angleichen will. Die dazu erforderliche optimale Vorratsveränderung wird aber wegen zeitlicher Verzögerungen zwischen Bestellung und Lieferung und anderen Gründen, die im folgenden angegeben werden, nicht vollständig getätigt, sondern erfolgt im Rahmen eines partiellen Anpassungsprozesses. Die Anpassungsgeschwindigkeit wird durch den Akzelerator μ wiedergegeben. Formal lautet dieser Ansatz:

$$(12.3) \quad v^*_t - v^*_{t-1} = \mu \cdot (\bar{v}^*_t - v^*_{t-1}) \quad , \quad 0 \leq \mu \leq 1 \quad .$$

Beim Prinzip des <u>flexiblen</u> Akzelerators wird nun der gewünschte Vorratsbestand als Funktion von Variablen x^T, x^V, x^K und x^S, die das Transaktions-, Vorsichts-, Kosten- und Spekulationsmotiv wiedergeben, bestimmt; also

$$(12.4) \quad \bar{v}_t^* = f(x_t^T, x_t^V, x_t^K, x_t^S) \quad .$$

Nimmt man an, der gewünschte Vorratsbestand sei proportional zur Variablen x^T, wobei aber der Proportionalitätsfaktor eine Funktion der Größen x^V, x^K, x^S ist, hat man das Prinzip des <u>variablen</u> Akzelerators. In diesem Fall gilt:

$$(12.5.a) \quad \bar{v}_t^* = a_t \cdot x_t^T$$

$$(12.5.b) \quad a_t = g(x_t^V, x_t^K, x_t^S) \quad .$$

Setzt man (12.4) bzw. (12.5.a,b) in (12.3) ein, erhält man nach einigen Umformungen die Grundansätze des flexiblen bzw. variablen Akzeleratorprinzips:

(12.6) <u>flexibler Akzelerator:</u>

$$v_t^* = \mu \cdot f(x_t^T, x_t^V, x_t^K, x_t^S) + (1-\mu) \cdot v_{t-1}^*$$

(12.7) <u>variabler Akzelerator:</u>

$$v_t^* = g(x_t^V, x_t^K, x_t^S) \cdot x_t^T + (1-\mu) \cdot v_{t-1}^*$$

Im Disaggregierten Prognosesystem wollen wir sowohl Aussagen über die Vorratsveränderungen, als auch über die Entwicklung der Vorratsbestände erhalten. Obwohl nur Zeitreihen über sektorale Vorratsinvestitionen vorliegen, ist dies aufgrund folgender Definition möglich:

$$(12.8) \quad v_t^* = v_0^* + \sum_{k=60}^{t} i_k^{VOR(*)} =: v_0^* + S(*)_t \; , \quad t \in \{1960, \ldots, 1974\}$$

Dabei ist v_0^* der Anfangsbestand (hier: der Bestand am Ende des Jahres 1959) an Vorräten der Art * . Eingesetzt in (12.6) bzw. (12.7) ergibt dies die allgemeinen Schätzansätze

$$(12.6.a) \quad S(*)_t = \mu \cdot f(x_t^T, x_t^V, x_t^K, x_t^S) + (1-\mu) \cdot S(*)_{t-1} - \mu \cdot v_0^*$$

bzw.

(12.7.a) $$S(*)_t = g(x_t^V, x_t^K, x_t^S) \cdot x_t^T + (1-\mu) \cdot S(*)_{t-1} - \mu \cdot v_0^*$$

Da sowohl die Konstante μv_0^*, als auch der Anpassungskoeffizient μ geschätzt werden können, erhält man nach Rückrechnung über (12.8) den jeweiligen Vorratsbestand v_t^*. Die Vorratsinvestition ergibt sich dann über die Definitionsgleichung

(12.9) $$i_t^{VOR(*)} = S(*)_t - S(*)_{t-1} \ .$$

Dies ist das allgemeine Konzept zur Erklärung der Vorratsbestände und Bestandsänderungen im Disaggregierten Prognosesystem. Die Ansätze werden nun im einzelnen dargestellt.

12.3.2. Die Schätzansätze zur Erklärung der Inputvorräte

Wir gehen von den Bestimmungsgleichungen des optimalen Vorratsbestandes (12.4) und (12.5.a,b) aus. Die Motive der Vorratshaltung werden nun wie folgt spezifiziert:

Transaktionsmotiv: Die Unternehmen halten Inputvorräte, um einen reibungslosen Produktionsablauf zu gewährleisten. Sinnvoll erscheint deswegen der Ansatz

(12.10) $$x_t^T := x_{j,t} \ , \quad j \in \{1,\dots,12\} \ ,$$

wobei die reale Produktion $x_{j,t}$ des Sektors j im Jahr t als die zumindest erwartete Produktion des Folgejahres t+1 interpretiert werden kann.

Vorsichtsmotiv: Da einerseits in einer wachsenden Wirtschaft die Produktion des Jahres t+1 höher sein wird als die des Vorjahres, andererseits unerwartete Nachfragespitzen zu Produktionserhöhungen führen können, ergibt sich das Vorsichtsmotiv als Ergänzung zum Transaktionsmotiv. Ein geeigneter Ansatz ist hier:

(12.11) $$x_t^V := \frac{x_{j,t} - x_{j,t-1}}{x_{j,t-1}} =: w_t^{x_j} \ .$$

Kostenmotiv: Unter der Annahme einer teilweisen Fremdfinanzierung der Vorratsinvestitionen wird das Kostenmotiv am besten durch den erwarteten Zins wiedergegeben. Im einfachsten Fall lautet der Ansatz:

(12.12) $$x_t^K := \text{ROBLD}_t \;\text{[1]} .$$

Spekulationsmotiv: Bei erwarteten Preiserhöhungen werden die Unternehmen in gewissem Umfang die Lager aufstocken, um in den Folgeperioden Kosten zu sparen. Wir wählen dazu den Ansatz:

(12.13) $$x_t^S := p_{j,t} \; .$$

Bei Zugrundelegung linearer Funktionstypen für f und g in (12.4) bzw. (12.5.a,b) erhält man die Bestimmungsgleichungen für den optimalen Vorratsbestand an Inputgütern des Sektors $j \in \{1,...,12\}$.

(12.14) flexibler Akzelerator:

$$\bar{v}^I_{j,t} = \alpha_1 x_{j,t} + \alpha_2 w_t^{x_j} + \alpha_3 \text{ROBLD}_t + \alpha_4 p_{j,t}$$

(12.15) variabler Akzelerator:

$$\bar{v}^I_{j,t} = \beta_1 x_{j,t} + \beta_2 w_t^{x_j} \cdot x_{j,t} + \beta_3 \text{ROBLD}_t \cdot x_{j,t} + \beta_4 p_{j,t} \cdot x_{j,t}$$

Setzt man (12.14) und (12.15) in die allgemeinen Schätzansätze (12.6.a) und (12.7.a) ein und berücksichtigt zusätzlich konjunkturelle Einflüsse aufgrund von Kapazitätsüberlastungen mit Hilfe der Variablen

(12.16) $$D_{j,t} = \begin{cases} 1, \text{ falls } \delta_{j,t} \gtreqqless 1 & \text{[2]} \\ 0, \text{ falls } \delta_{j,t} < 1 \end{cases} ,$$

wobei $\delta_{j,t}$ der Kapazitätsauslastungsgrad des Sektors j ist, ergibt dies die beiden Schätzansätze zur Bestimmung der Inputvorräte:

---

1) Die ökonometrischen Untersuchungen mit anderen Zinssätzen, z.B. dem Diskontsatz, haben keine Verbesserungen erbracht.
2) Vergleichsregressionen haben ergeben, daß der konjunkturelle Einfluß besser durch die Variable $D_{j,t}$ als durch den Kapazitätsauslastungsgrad $\delta_{j,t}$ erklärt wird.

(12.17) flexibler Akzelerator:

$$SI_{j,t} = a_0 + a_1 \cdot x_{j,t} + a_2 \cdot w_t^{x_j} + a_3 \cdot ROBLD_t +$$

$$a_4 \cdot p_{j,t} + a_5 \cdot D_{j,t} + a_6 \cdot SI_{j,t-1}$$

mit den zu beachtenden Parameterrestriktionen

$a_1 = \mu\alpha_1 > 0$; $a_2 = \mu\alpha_2 > 0$; $a_3 = \mu\alpha_3 < 0$; $a_4 = \mu\alpha_4 > 0$;

$a_6 = 1-\mu$, $0 \leq \mu \leq 1$.

(12.18) variabler Akzelerator:

$$SI_{j,t} = b_0 + b_1 \cdot x_{j,t} + b_2 \cdot w_t^{x_j} \cdot x_{j,t} + b_3 \cdot ROBLD_t \cdot x_{j,t} +$$

$$b_4 \cdot p_{j,t} \cdot x_{j,t} + b_5 \cdot D_{j,t} + b_6 \cdot SI_{j,t-1}$$

mit den Parameterrestriktionen

$b_1 = \mu\beta_1 > 0$; $b_2 = \mu\beta_2 > 0$; $b_3 = \mu\beta_3 < 0$; $b_4 = \mu\beta_4 > 0$;

$b_6 = 1-\mu$, $0 \leq \mu \leq 1$.

12.3.3. Die Schätzansätze zur Erklärung der Outputvorräte

Ausgangspunkt ist die Gleichung (12.3), in die zusätzlich das Motiv der "ungeplanten" Vorratshaltung aufgenommen wird, also

$$(12.19) \quad v_{j,t}^O - v_{j,t-1}^O = \mu \cdot (\bar{v}_{j,t}^O - v_{j,t-1}^O) + \sigma \cdot (u_{j,t}^{gep} - u_{j,t}) ,$$

$$0 \leq \mu,\sigma \leq 1$$

mit

$u_{j,t}$ - realer Umsatz des Sektors j im Jahr t ($= x_{j,t} - (i_{j,t}^{VORI} + i_{j,t}^{VORO})$)

$u_{j,t}^{gep}$ - geplanter Umsatz des Sektors $j \in \{1,\ldots,12\}$.

Der Koeffizient σ gibt an, welcher Teil der Differenz zwischen geplantem und realisiertem Umsatz über die Vorratshaltung ausgeglichen wird. Im Falle $\sigma=0$ können Fehleinschätzungen des zukünftigen Umsatzes vollständig über die Produktion aufgefangen werden. Die Bestimmung der Variablen x^T, x^V, x^K, x^S erfolgt nun unter dem Gesichtspunkt, daß die Outputvorratshaltung nicht produktions-, sondern umsatzorientiert ist. Entsprechend ändern sich die Definitionen von x^T und x^V.

(12.20) $$x_t^T := u_{j,t+1}^{gep}$$

(12.21) $$x_t^V := \frac{u_{j,t} - u_{j,t-1}}{u_{j,t-1}} =: w_t^{u_j}$$

Für x^K und x^S können die Ansätze aus dem vorigen Abschnitt beibehalten werden. Die Bestimmungsgleichungen für die optimalen Vorratsbestände an Outputgütern lauten dann:

(12.22) $$\bar{v}_{j,t}^O = \alpha_1 u_{j,t+1}^{gep} + \alpha_2 w_t^{u_j} + \alpha_3 ROBLD_t + \alpha_4 p_{j,t}$$

(flexibler Akzelerator)

(12.23) $$\bar{v}_{j,t}^O = \beta_1 u_{j,t+1}^{gep} + \beta_2 w_t^{u_j} \cdot u_{j,t+1}^{gep} + \beta_3 ROBLD_t \cdot u_{j,t+1}^{gep} + \beta_4 p_{j,t} u_{j,t+1}^{gep}$$

(variabler Akzelerator)

Nimmt man nun an, der zumindest geplante Umsatz in Periode t+1 sei der Umsatz der Vorperiode, also

(12.24) $$u_{j,t+1}^{gep} = u_{j,t} ,$$

und setzt dann (12.22 - 12.24) in (12.19) ein, erhält man nach einigen Umformungen - entsprechend (12.8), (12.6.a) und (12.7.a) - die Schätzgleichungen für die Outputvorräte.

(12.25) <u>flexibler Akzelerator</u>

$$SO_{j,t} = a_0 + a_1 \cdot u_{j,t} + a_2 \cdot w_t^{u_j} + a_3 \cdot ROBLD_t + a_4 \cdot p_{j,t} +$$
$$a_5 \cdot D_{j,t} + a_6 \cdot u_{j,t-1} + a_7 \cdot SO_{j,t-1}$$

mit den zu beachtenden Parameterrestriktionen

$a_2 = \mu\alpha_2 > 0$; $a_3 = \mu\alpha_3 < 0$; $a_4 = \mu\alpha_4 > 0$;

$a_6 = \sigma$, $0 \leq \sigma \leq 1$; $a_7 = 1-\mu$, $0 \leq \mu \leq 1$.

(12.26) variabler Akzelerator:

$$SO_{j,t} = b_0 + b_1 \cdot u_{j,t} + b_2 \cdot w_t^{u_j} \cdot u_{j,t} + b_3 \cdot ROBLD_t \cdot u_{j,t} +$$

$$b_4 \cdot p_{j,t} \cdot u_{j,t} + b_5 \cdot D_{j,t} + b_6 \cdot u_{j,t-1} + b_7 \cdot SO_{j,t-1}$$

mit den Parameterrestriktionen

$b_2 = \mu\beta_2 > 0$; $b_3 = \mu\beta_3 < 0$; $b_4 = \mu\beta_4 > 0$;

$b_6 = \sigma$, $0 \leq \sigma \leq 1$; $b_7 = 1-\mu$, $0 \leq \mu \leq 1$.

12.4. Auswertung der Schätzergebnisse

In den Ansätzen (12.17, 12.18) und (12.25, 12.26) ist die Anzahl der zu schätzenden Parameter in Relation zu der Zahl der Beobachtungen im Referenzzeitraum 1960 - 1974 sehr hoch. Bei Beibehaltung aller erklärenden Variablen in den Schätzgleichungen würde man Regressionen mit maximal 6 Freiheitsgraden durchführen. Dies führt in der Regel dazu, daß der ex postfit zwar gut, die Signifikanz der Parameterschätzungen aber nicht gewährleistet ist. Die Prognosefähigkeit solcher Ansätze ist zu bezweifeln. Wir haben deshalb nur die Regressionsergebnisse ausgewählt, die aufgrund der empirischen t-Werte gesichert sind - natürlich unter der Voraussetzung, daß Vorzeichen und Größenordnung der Parameter die oben angegebenen Restriktionen erfüllen. Als nächstes Auswahlkriterium ist dann erst die Anpassungsgüte an die Vergangenheitsentwicklung betrachtet worden. Dieses Auswahlverfahren entspricht der Vorgehensweise bei der ökonometrischen Untersuchung der Vorratsinvestitionen in der ersten Modellvariante, so daß auch hier eine Vergleichbarkeit der Ergebnisse gewährleistet ist [1].

In der Tabelle 30 sind die wichtigsten Resultate aller Schätzungen der Inputvorratsfunktionen zusammengefaßt. Für jeden Sektor sind in der oberen Zeile das Akzeleratorprinzip, die erklärenden Motive, der Anpassungskoeffi-

1) vgl. Kapitel 12.2.

Tabelle 30: Schätzresultate für die Input-Vorratsinvestitionen *) in der alten und neuen Variante des Disaggregierten Modells

Sektor	Akzelerator-prinzip	Motive der **) Vorratshaltung	Anpassungs-koeffizient	R2	DW
1	-	keine	-	-	-
	-	Lieferungen	-	-	-
2	flexibel	_ _ K _ _	0.489	0.303	2.09
	flexibel	T _ _ S D	0.864	0.926	2.08
3	flexibel	T V _ S _	0.642	0.986	1.45
	flexibel	T V _ S D	0.743	0.996	1.86
4	flexibel	T _ _ _ D	0.813	0.974	2.08
	variabel	T _ K _ D	0.650	0.773	1.59
5	flexibel	_ V _ S _	0.243	0.934	2.12
	variabel	T _ K _ D	0.580	0.940	2.11
6	variabel	T V _ _ D	0.387	0.992	1.34
	variabel	T _ K _ _	0.760	0.969	1.02
7	variabel	_ V _ S _	0.575	0.974	2.04
	variabel	T _ K _ _	0.857	0.972	1.99
8	flexibel	_ _ _ _ D	0.221	0.950	1.50
	flexibel	T _ _ _ _	0.640	0.998	2.09
9	flexibel	T _ _ _ _	0.575	0.758	1.97
	flexibel	T _ _ _ _	0.430	0.977	2.08
10	flexibel	T _ _ _ _	0.704	0.993	1.90
	variabel	T _ K _ _	0.760	0.996	1.05
11	flexibel	T _ _ _ _	0.352	0.710	1.43
	variabel	T _ K S _	0.343	0.963	2.12
12	variabel	_ V _ S _	0.836	0.872	2.39
	variabel	T _ K _ _	0.479	0.823	2.48

*) Die Ergebnisse der neuen Modellversion stehen jeweils in der oberen Zeile. Die Resultate der alten Modellvariante (untere Zeile) sind entnommen aus (Kübler [96] , S. 156).

**) Es bedeuten: T - Transaktionsmotiv; V - Vorsichtsmotiv; K - Kostenmotiv; S - Spekulationsmotiv; D - Dummy-Variable;

zient, das Bestimmtheitsmaß (R2) und die Durbin-Watson-Prüfgröße (DW) der Regressionsanalysen für die neue Modellvariante (Referenzperiode 1960 - 1974) ausgewiesen. In der unteren Zeile stehen die entsprechenden Resultate des Disaggregierten Prognosesystems I (Referenzperiode 1954 - 1967). Es sind zwei Gemeinsamkeiten feststellbar.

- Die statistischen Prüfmaße sind - besonders unter Berücksichtigung der o.a. Auswahlkriterien der besten Ansätze - äußerst zufriedenstellend. Die Vergangenheitsentwicklung scheint durch die ausgewählten Verhaltensgleichungen in beiden Modellvarianten gut erfaßt zu sein. Eine Ausnahme bildet nur die Gleichung für die Inputvorräte des Sektors 2 (Energie/Bergbau) in der neuen Modellversion.
- Das Transaktionsmotiv erweist sich als wichtigster Bestimmungsgrund der Vorratshaltung. Dieses Resultat ist plausibel.

Andererseits beobachtet man sowohl eine starke Veränderung der Anpassungskoeffizienten, z.B. im Sektor 6 (Elektro/EBM) von 0.760 (1. Modellversion) auf 0.387 (2. Modellversion), als auch eine sektorale Verschiebung der Investitionsmotive. So sind im Sektor 5 (Stahl-, Maschinen-, Fahrzeugbau) nur noch die Motive feststellbar, die in der ersten Modellvariante nicht berücksichtigt worden sind. Entsprechende Resultate weisen auch die in der Tabelle 31 dargestellten Schätzgleichungen für die sektoralen Outputvorräte auf. Die Ergebnisse beider Modellvarianten sind aufgrund der statistischen Prüfmaße und der plausiblen Größenordnungen der Parameter als Bestätigung der theoretischen Konzepte anzusehen. Andererseits gibt die Verschiedenartigkeit der Anpassungskoeffizienten und der Investitionsmotive (mit Ausnahme des Transaktionsmotives) in beiden Versionen Grund zu der Annahme, daß die zugrundeliegende Theorie nicht zur Erklärung mittel- bis langfristiger Tendenzen geeignet ist. Das Ende der Referenzperiode der neuen Modellvariante liegt nämlich noch innerhalb des Prognosehorizonts der alten Modellversion.

Eine Erklärung dieser widersprüchlichen Ergebnisse gibt ein Vergleich zwischen der alten und neuen Datenbasis des Disaggregierten Prognosesystems für die Überschneidungsjahre 1960 - 1967. Man stellt fest, daß die sektoralen Vorratsinvestitionen zu den Variablengruppen des Modells gehören, für die keine langfristig stabilen Zeitreihen vorliegen; d.h. daß die Daten aufgrund von Revisionen besonders starken Veränderungen unterworfen sind. Wir wollen dies am Beispiel der nominellen Inputvorratsinvestitionen des Sektors 2 (Energie/Bergbau) verdeutlichen. Man betrachte dazu die Tabelle 32.

Tabelle 31: Schätzresultate für die Output-Vorratsinvestitionen *) in der alten und neuen Variante des Disaggregierten Modells

Sektor	Akzelerator-prinzip	Motive der **) Vorratshaltung	Anpassungs-koeffizient	R2	DW
1	flexibel	T _ _ S _ _	0.329	0.951	1.21
	flexibel	T _ _ _ _ U	0.402	0.980	1.51
2	flexibel	T _ _ _ _ _	0.604	0.351	1.19
	flexibel	_ _ K S _ _	0.552	0.945	2.15
3	flexibel	T _ _ _ _ _	0.531	0.981	2.23
	variabel	T _ _ S _ _	0.837	0.991	2.04
4	flexibel	T _ _ _ _ U	0.805	0.954	2.36
	flexibel	T _ _ S _ _	0.538	0.964	1.83
5	flexibel	_ V _ S D _	0.457	0.980	1.96
	flexibel	T _ _ _ _ _	0.877	0.967	1.93
6	flexibel	_ _ _ _ _ U	0.789	0.986	1.31
	flexibel	_ V _ S _ _	0.252	0.977	1.89
7	flexibel	T V _ _ _ _	0.294	0.962	1.98
	flexibel	T _ _ S _ _	0.816	0.976	2.29
8	flexibel	T _ _ _ _ _	0.542	0.984	1.93
	flexibel	T _ K _ _ U	0.244	0.977	1.28
9	flexibel	T _ _ _ _ U	0.022	0.546	1.97
	flexibel	T _ _ _ _ _	0.520	0.919	2.21
10	-	keine	-	-	-
	-	Lieferungen	-	-	-
11	variabel	_ V _ _ _ U	0.299	0.938	1.83
	flexibel	T _ _ _ _ _	0.232	0.873	2.28
12	flexibel	T _ _ _ _ _	0.521	0.787	1.59
	flexibel	T V _ _ _ _	0.285	0.970	2.20

*) Die Ergebnisse der neuen Modellversion stehen jeweils in der oberen Zeile. Die Resultate der alten Modellvariante (untere Zeile) sind entnommen aus (Kübler [96], S. 158).

**) Es bedeuten: T - Transaktionsmotiv; V - Vorsichtsmotiv; K - Kostenmotiv; S - Spekulationsmotiv; D - Dummy-Variable; U - ungeplante Lagerhaltung;

Tabelle 32

Vergleich der Inputvorratsinvestitionen des Sektors Energie in der alten und neuen Datenbasis des Disaggregierten Prognosemodells

Jahr	Modellversion II 1960 - 1974 (Mio. DM)	Modellversion I 1954 - 1967 (Mio. DM)	Differenz	Abweichung in Prozent
1960	53	40	13	24.5
1961	30	16	14	46.7
1962	-24	-8	-16	-66.6
1963	217	225	-8	-3.7
1964	-57	22	-79	-138.6
1965	42	40	2	4.8
1966	-22	30	-52	-236.4
1967	-60	-30	-30	-50.0

In den Überschneidungsjahren der alten und neuen Datenbasis weisen die beiden Zeitreihen Abweichungen zwischen 3.7 % und 236.4 % auf. Diese Diskrepanz ist auch bei den Vorratsinvestitionen der anderen Sektoren feststellbar. Demgegenüber stimmen die Summen der sektoralen Input- und Outputvorratsinvestitionen in beiden Modellversionen überein.

Die Frage, ob die Zeitreihen der sektoralen Vorratsinvestitionen in der neuen Modellversion richtig sind oder nur aus Konsistenzgründen 'zurechtgefittet' wurden, kann nicht beantwortet werden. In den entsprechenden Veröffentlichungen wird das Zustandekommen dieser Diskrepanzen nicht erklärt.

Insofern kann das oben dargestellte theoretische Konzept nicht verworfen werden - bestätigt ist es damit aber auch nicht. Der Test anderer Ansätze erscheint aufgrund der Datenlage nicht sinnvoll.

Für eine Weiterentwicklung des Disaggregierten Prognosesystems bieten sich zwei Lösungsmöglichkeiten an.

- Bisher wird die Übereinstimmung der sektoralen, nominellen Produktionswerte von der Entstehungs- und Verwendungsseite über die Erklärung der sektoralen Gewinne als Restgröße erreicht [1]. Dadurch sind diese Variablen häufig mit hohen Prognosefehlern behaftet, die wegen der Verflechtung mit anderen wichtigen Größen, z.B. den Anlageinvestitionen, die Prognosequalität des Gesamtmodells erheblich beeinträchtigen können. Für die sektoralen Gewinne liegen aber Zeitreihen vor, die in den Überschneidungsjahren der alten und neuen Datenbasis weitgehend übereinstimmen. Wir können also annehmen, daß dieses Datenmaterial zuverlässiger ist. Man könnte deshalb versuchen, die Gewinne direkt und somit genauer zu erklären, demgegenüber die sektoralen Vorratsinvestitionen als Differenz aus Produktion und Umsatz zu bestimmen. Dadurch wird erreicht, daß einerseits die Prognosequalität des Modells verbessert wird, andererseits Variablen zur Konsistenzbildung verwendet werden, deren Zeitreihen von vornherein unzuverlässig sind. Diesem Vorschlag steht leider die bisherige Modellbauerfahrung gegenüber, daß die gleichzeitige Bestimmung von Angebot und Nachfrage - und daraus hervorgehend die Erklärung der Preise - zu Instabilitäten führen kann.

- Die zweite Möglichkeit besteht in der Einbeziehung datenanalytischer Methoden (vgl. Box, Jenkins [14]). Im einfachsten Fall könnte man die sektoralen Vorratsinvestitionen durch das Transaktionsmotiv erklären und die Residuen mit Verfahren der Datenanalyse erfassen. Beide Resultate werden dann für die Prognosen zusammengefaßt. Hier sind aber auch theoretisch anspruchsvollere Ansätze möglich.

---

1) vgl. Kapitel 3.4.

13. Die Exporte

13.1. Allgemeine Vorbemerkungen

Der Außenhandel nimmt im Disaggregierten Bonner Prognosemodell eine Sonderstellung ein, die im wesentlichen auf folgenden Grundkonzepten beruht [1]:

- Ausgangspunkt ist ein Zweiländerkonzept, in dem nur die Volkswirtschaft der BRD und das 'Ausland' - als Zusammenfassung aller Handelspartner - betrachtet werden. Dies hat einerseits zur Folge, daß die Importe zwar nach Güterarten und Verwendungszwecken, aber nicht nach Herkunftsländern erklärt werden. Andererseits erfassen wir die Exporte nur nach lieffernden Sektoren, aber nicht nach Absatzländern und darin wiederum nach Verwendungszwecken. Entsprechendes gilt auch für die Transferbeziehungen mit dem Ausland [2].

- Die wirtschaftlichen Beziehungen zwischen der BRD und der restlichen Welt werden ohne Berücksichtigung des vollständigen interdependenten Zusammenhangs erklärt. Zwar wollen wir den Einfluß wichtiger Weltmarktvariablen, z.B. Weltmarktpreise, Wechselkurs und Einkommen im Ausland, auf Wachstum, Konjunktur und Struktur der deutschen Wirtschaft erfassen; die entgegengesetzten Einflüsse sollen aber nicht betrachtet werden. Aus diesem Grund wird das Außenhandelssubsystem des Disaggregierten Modells in wesentlichen Teilen durch exogen vorgegebene Variable bestimmt. Diese sind u.a. die sektoralen Importpreise, die Weltmarktpreise, der Wechselkurs, das Welthandelsvolumen.

Die Gründe für diese Konzeption liegen zum einen in dem Erklärungsziel des Modells, die inländische sektorale Wirtschaftsentwicklung zu analysieren. Dementsprechend werden alle Vorgänge außerhalb der Volkswirtschaft der BRD nur grob erfaßt und eventuelle Interdependenzen vernachlässigt. Zum anderen fehlt für eine detaillierte Modellierung der Außenhandelsbeziehungen das Datenmaterial. Ein Fortschritt ist hier nur im Rahmen internationaler Modellbauzusammenarbeit zu erreichen. Dann könnte man gleichartige Ländermodelle

---

1) vgl. dazu Kapitel 4.1.
2) vgl. Tabelle 4

für Prognose- und Simulationszwecke zu einem Gesamtsystem koppeln, das die meisten interdependenten Zusammenhänge berücksichtigt. Entsprechende Versuche werden erfolgreich mit aggregierten Modellen im Rahmen des PROJECT LINK durchgeführt (vgl. Krelle [90]). Für sektoral gegliederte Systeme ist das geplante - bzw. in Arbeit befindliche - multinationale, multisektorale Modell der "Kommission der Europäischen Gemeinschaften" [22] zu erwähnen, das zumindest im Bereich der EWG detailliert die Außenhandelsverflechtungen modellieren könnte. Unsere Modellkonzeption führt im Hinblick auf die Erklärung und Implementierung der Exportfunktionen zu folgenden Erfordernissen:

- Es müssen geeignete Variablen gefunden werden, die die ausländische Nachfrage nach Gütern im Rahmen eines theoretischen Ansatzes bestimmen können. Diese Größen sollen sowohl den gesamten Weltmarkt - ohne die wirtschaftlichen Aktivitäten der BRD - repräsentieren, aber auch mit der Sektorklassifikation des Disaggregierten Prognosesystems abgestimmt sein.

- Da die 'Weltmarktvariablen' exogen vorgegeben werden, muß ihre Fortschreibung für Prognosezwecke gewährleistet sein. Dies ist in stark disaggregierter Form nicht ohne weiteres möglich. Als Eckdaten bieten sich hier Mengen- und Preisindizes an, die in aggregierten Modellen - deren Datenbasen von vorneherein aktueller sind - prognostiziert werden.

- In Bezug auf Simulationen mit dem Gesamtmodell, z.B. Untersuchungen der Auswirkungen von Wechselkurserhöhungen oder Veränderungen der Weltkonjunkturlage, ist zu berücksichtigen, daß alle Rückkopplungen zum Weltmarkt ausgeschaltet sind. Bei Betrachtung einer kleinen Volkswirtschaft, deren wirtschaftlicher Einfluß auf andere Länder gering ist, wäre der daraus resultierende Fehler unbedeutend. Innerhalb unseres Modells können dadurch aber nicht meßbare Verzerrungen der Simulationsergebnisse bewirkt werden.

Die theoretische Grundlage zur Bestimmung der Exportfunktionen beruht auf einem Ansatz von Krelle [80], der auch in den aggregierten Bonner Modellen Verwendung findet (vgl. Conrad, Kohnert [23], Kohnert [73], Sandermann [123]). Das Umsetzen dieses Konzeptes für sektorale Analysen - unter Berücksichtigung der obigen Erfordernisse - konnte in der ersten Modellvariante leider nicht vollständig gelöst werden. Dort hat man provisorisch folgende Verhaltensfunktion geschätzt:

(13.1) $e_{j,t} = a_0 \cdot WHV_t^{a_1} \cdot pmpe_{j,t}^{a_2}$

mit

$e_{j,t}$ - reale Exporte des Sektors j

WHV_t - reales Welthandelsvolumen

$pmpe_{j,t}$ - terms of trade im Sektor j ($= \sum_{\sigma=1}^{3} p^E_{j,t-\sigma}/p^M_{j,t-\sigma}$)

$p^M_{j,t}$ - Importpreis für Güter der Art j

$p^E_{j,t}$ - Exportpreis für Güter der Art j, $j \in \{1,...,12\}$.

Die Preiselastizitäten 'a_2' sind dabei nicht direkt ermittelt, sondern innerhalb eines akzeptablen Intervalls wahlweise vorgegeben worden. Ausgewählt wurde der Ansatz, der die Summe der quadratischen Abweichungen minimierte. Die Problematik dieses Konzepts ist offensichtlich. Da der Wechselkurs nicht explizit in den Gleichungen auftritt, sind entsprechende Simulationen nur indirekt über die Variation der Importpreisindizes in den 'terms of trade' durchführbar. Die sektorale Abstimmung dieser Veränderungen muß per Hand erfolgen. Ähnliches gilt für die exogene Fortschreibung der Preisterme zu Prognosezwecken.

Da die Preiselastizitäten exogen vorgegeben worden sind, kann die Frage, ob die Veränderung der Exportnachfrage durch Marktreaktionen, d.h. durch geänderte Preisrelationen oder durch andere Einflüsse bestimmt wird, nicht ohne weiteres beantwortet werden [1]. Eine exakte Interpretation der Schätzergebnisse ist somit nicht möglich.

Wir haben deshalb einen neuen Schätzansatz entwickelt, der einerseits die o.g. Anforderungen berücksichtigt, andererseits im Rahmen des Grundkonzeptes von Krelle bleibt.
Zunächst wollen wir aber anhand einer kurzen Auswertung des Datenmaterials einen Eindruck von der Exportabhängigkeit einiger weniger Sektoren des Disaggregierten Prognosesystems geben.

1) vgl. Kapitel 11.4.

13.2. Die Exportabhängigkeit der deutschen Wirtschaft

Im Verlauf der Referenzperiode 1960 - 1974 haben die Exporte die Investitionen als zweitgrößte Endnachfragekomponente - hinter dem Konsum - abgelöst [1]. Während im Jahr 1960 der reale Anteil [2] der Exporte am Bruttosozialprodukt (BSP) 16 % betrug, stieg er bis 1974 auf 28 %. Im gleichen Zeitraum ist der reale Anteil der Investitionen am BSP von 25 % auf 22 % gesunken. Man betrachte dazu die Abbildung 4.

Abbildung 4

Anteil der Exporte und Investitionen am Bruttosozialprodukt
(in Preisen von 1970)

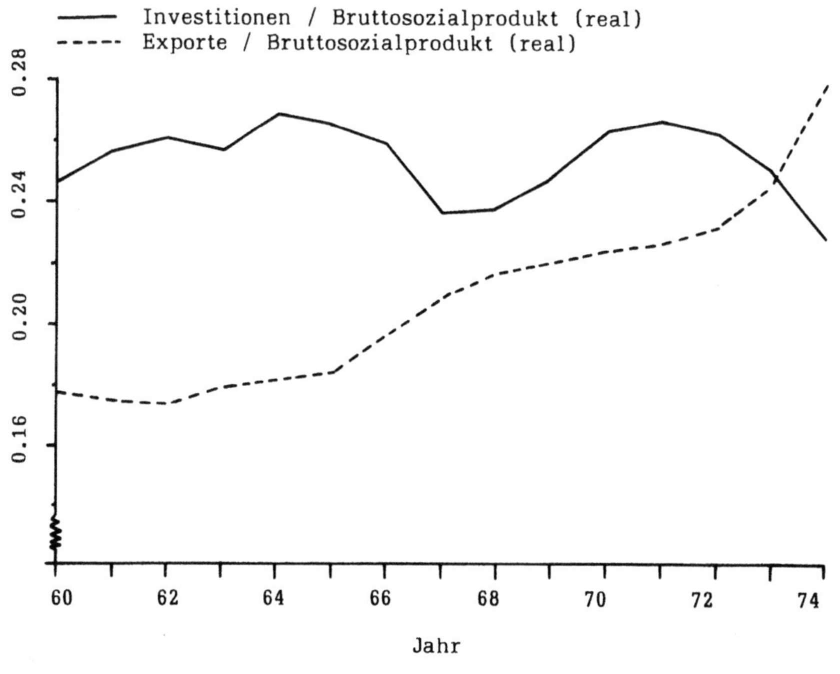

Das Wachstumsverhalten der Volkswirtschaft der BRD ist somit entscheidend durch die Ausfuhr mitgeprägt worden. Einflüsse auf - bzw. Abhängigkeiten von - binnenwirtschaftlichen Konjunkturschwankungen sind demgegenüber

1) Dies gilt auch für die Jahre nach 1974.
2) in Preisen von 1970

kaum feststellbar. Dies läßt sich u.a. dadurch belegen, daß in konjunkturschwachen Jahren (z.B. 1967) der Exportanteil stärker, in Jahren der Hochkonjunktur (z.B. 1970) aber weniger stark gestiegen ist.

Betrachtet man die sektorale Entwicklung der Ausfuhr, wird die Exportabhängigkeit einiger weniger Wirtschaftszweige deutlich. So produzieren in der Referenzperiode 1960 - 1974 nur vier Sektoren ca. 67 % [1)] aller Exportgüter. Diese sind in der Reihenfolge ihrer Wichtigkeit

- Stahl-, Maschinen-, Fahrzeugbau (5)	mit 30.3 %
- Chemie (3)	mit 13.9 %
- Elektro/EBM-Waren (6)	mit 13.1 %
- Eisen/NE-Metalle (4)	mit 9.6 % [1)] .

Dabei ist der Exportanteil des Sektors 3 (Chemie) sogar von 11 % (1960) auf 17 % (1974) gestiegen. Mißt man die direkte Exportabhängigkeit eines Sektors durch den Anteil seines realen Exportvolumens an seiner realen Produktion, so ergibt sich folgende Rangordnung:

- Stahl-, Maschinen-, Fahrzeugbau (5)	29.6 %
- Elektro/EBM-Waren (6)	20.2 %
- Chemie (3)	16.1 %
- Eisen/NE-Metalle (4)	11.2 % [1)] .

In allen anderen Sektoren ist dieser Anteil kleiner als 10 %. Die indirekte Exportabhängigkeit eines Sektors entsteht dadurch, daß seine Produkte auch als Vorleistungen für die Produktion anderer Exportgüter verwendet werden. Hier erweist sich vor allem der Sektor 4 (Eisen/NE) als ausfuhrabhängig, da ca. 60 % [1)] seiner Produktion als Vorleistungen in die vier exportstärksten Sektoren eingeht [2)].

Man erkennt die große Bedeutung der Exporte für die Produktion und die Beschäftigung in den Sektoren 3 bis 6. Für den Modellbauer ergibt sich die Notwendigkeit, diese Exportfunktionen besonders gut zu erklären.

---

1) Mittelwert für den Zeitraum 1960 - 1974.
2) Auf eine detailliertere Untersuchung der indirekten Exportabhängigkeit mit Methoden der Input-Output-Analyse wollen wir hier verzichten. Man vgl. dazu z.B. Stäglin [137].

Auf der anderen Seite beträgt der Anteil der fünf exportschwächsten Sektoren an der Gesamtausfuhr nur ca. 6.6 % [1].
Es sind die Wirtschaftszweige

- Energie/Bergbau (2) mit 2.7 %
- Nahrung (8) mit 2.4 %
- Landwirtschaft (1) mit 0.9 %
- Baugewerbe (9) mit 0.4 %
- Bund (B) mit 0.2 % [1].

Die Exportzeitreihen dieser Sektoren sind aufgrund einiger Ausreißer sehr instabil. Dies ist teilweise auf eine Vielzahl staatlicher Maßnahmen im Referenzzeitraum zurückzuführen, z.B. Regelungen innerhalb des EWG-Agrarmarktes für den Sektor 1 (Landwirtschaft) und Steinkohlebergbauförderungsmaßnahmen für den Sektor 2 (Energie/Bergbau). Bei anderen Zeitreihen gibt es nur ungenügende Informationen über deren Zusammensetzung, z.B. beim Sektor B (Bund). Die dort auftretenden Sprünge können auch reine Datenfehler sein. Die Erklärung dieser Exportfunktionen ohne eine Einführung geeigneter Dummy-Variablen kann zu unbefriedigenden Regressionsergebnissen führen, was aber aufgrund ihrer geringen Bedeutung innerhalb des Gesamtsystems nicht sehr ins Gewicht fällt.

Neben den Exporten der 12 Industriesektoren und des Bundes wird in den Sozialproduktstabellen des Disaggregierten Prognosesystems noch die Größe "Erwerbs- und Vermögenseinkommen an die übrige Welt" [2] erfaßt. Sie ist im Kreuzungsfeld der Einfuhr des Sektors 12 (Dienstleistungen) mit der Ausfuhrspalte verbucht [3]. Da im Kreuzungsfeld der Zeilen 37 (Löhne) und 38 (Gewinne) mit der Exportspalte nur die Salden der Bilanzen der Arbeitsleistungen und der Kapitalerträge angegeben werden, ist diese Verbuchung zur Abstimmung mit den Zahlen der amtlichen Volkswirtschaftlichen Gesamtrechnung notwendig. Auf diese Weise werden die Aggregate

- Exporte
- Importe
- Einkommen aus unselbständiger Arbeit
- Einkommen aus Unternehmertätigkeit und Vermögen

vollständig nach dem Inländerkonzept erfaßt. Die Erklärung dieser Größe erfolgt durch einen gesonderten Ansatz.

---

1) Mittelwert für den Zeitraum 1960 - 1974.
2) vgl. Baumgart u.a. [9]
3) vgl. Tabelle 2, Zeile 30, Spalte 45

13.3. Ableitung der Schätzansätze

Ausgehend von den im Forschungsplan [80] angegebenen Verhaltensfunktionen haben wir folgende Grundansätze zur Erklärung der realen Exporte der Industriesektoren spezifiziert:

$$(13.2) \quad e_{j,t} = a_0 \cdot {y_t^W}^{a_1} \cdot (p_{j,t}^E/(p_{j,t}^\$ \cdot FX'SUS_t))^{a_2}$$

$$(13.3) \quad e_{j,t} = a_0 + a_1 \cdot y_t^W + a_2 \cdot (p_{j,t}^E/(p_{j,t}^\$ \cdot FX'SUS_t))$$

mit

y_t^W - reale ausländische Aktivitätsvariable im Jahr t
$p_{j,t}^\$$ - Weltmarktpreis für Güter der Art j (in Dollar)
$p_{j,t}^E$ - Exportpreis für Güter der Art j (in DM)
$FX'SUS_t$ - Wechselkurs (DM/\$) [1], $j \in \{1,...,12\}$

Ähnliche Ansätze sind auch im Rahmen der aggregierten Bonner Modelle 5 und 10 getestet worden (vgl. Fleck, Quinke [31], Conrad, Kohnert [23]). Die Gleichung (13.2) kann rein formal aus der Kostenminimierung eines repräsentativen ausländischen Unternehmens bei Zugrundelegung einer Cobb-Douglas-Produktionsfunktion, die allerdings nur die Substituierbarkeit zwischen inländischen und ausländischen Gütern gleicher Art erfaßt, hergeleitet werden (vgl. Sandermann [123]). Als Aktivitätsvariable des Auslands müßte dabei die reale Weltproduktion - bereinigt um die Produktion der BRD - verwendet werden. Eine Interpretation der Gleichung (13.2) in diesem Sinne ist aber sowohl in aggregierten, als auch in disaggregierten Modellen nur mit Einschränkungen möglich. Ein großer Teil der Ausfuhr besteht nämlich aus Konsumgüterlieferungen [2] und müßte daher aus dem Nutzenmaximierungskonzept eines repräsentativen ausländischen Haushaltes bestimmt werden. Als Aktivi-

---

1) Die Berücksichtigung des (DM/$)-Wechselkurses kann nur eine grobe Approximation an die Realität sein. Sinnvoller wäre die Spezifizierung eines Wechselkurses, der das Austauschverhältnis zu den Währungen der wichtigsten Handelspartner der BRD erfaßt. Wir haben uns hier aber an die im Bonner Modell 10 verfügbaren Daten halten müssen.

2) Zum Vergleich kann man die Importstruktur der BRD im Zeitraum 1960 - 1974 betrachten. Der Anteil der realen Importgüterlieferungen an die privaten Haushalte an den gesamten realen Importen beträgt ca. 24 % (Mittelwert). Für einzelne Güterarten ist dieser Anteil sogar größer als 50.%, z.B. Holz/Textil 50.3 % , Nahrung 60.3 % .

tätsvariable des Auslands muß dann das verfügbare Einkommen aller ausländischen Haushalte gewählt werden. Eine detaillierte Aufschlüsselung der Exporte nach Verwendungszwecken steht uns aber nicht zur Verfügung. Wir müssen uns deshalb damit begnügen, mit Hilfe des Schätzansatzes (13.2) alle wesentlichen Bestimmungsgründe der sektoralen Exportnachfrage - zumindest approximativ - erfaßt zu haben. Die Gleichung (13.3) ist eine linearisierte Form des Ansatzes (13.2) [1].

Für die ökonometrischen Untersuchungen wählen wir als Aktivitätsvariable des Auslands das - um die Ausfuhr der BRD bereinigte - Welthandelsvolumen. Diese Größe wird aus dem Bonner Modell 10 übernommen. Größere Schwierigkeiten bereitet die Spezifikation der sektoralen Weltmarktpreisindizes, für die leider keine Daten nach der im Disaggregierten Prognosemodell vorgenommenen Sektoreinteilung vorliegen. Wir richten uns deshalb auch hier nach den im aggregierten Bonner Modell 10 vorhandenen Zeitreihen. Hier werden - in Abstimmung mit dem PROJEKT LINK - beim internationalen Warenverkehr 4 Gütergruppen unterschieden. Man geht dabei von der SITC-Unterteilung [2] der UN in die 10 Teile

0 - Lebende Tiere und Nahrungsmittel
1 - Getränke und Tabak
2 - Rohstoffe ohne mineralische Brennstoffe
3 - Mineralische Brennstoffe, Schmiermittel
4 - Tierische und pflanzliche Fette und Öle
5 - Chemische Erzeugnisse
6 - Bearbeitete Waren nach Beschaffenheit
7 - Maschinen und Fahrzeuge
8 - Verschiedene bearbeitete Waren
9 - Waren nicht nach Beschaffenheit

aus und faßt diese zu folgenden Gruppen zusammen:

---

1) Dieser linearisierte Ansatz ist schon im Modell von König und Timmermann [72], das am Anfang der Modellbauentwicklung in der Bundesrepublik Deutschland stand, verwendet worden. Er findet auch noch in aktuellen Prognosesystemen Verwendung (z.B. Krelle [83], Rettig [118]).
2) SITC = "Standard International Trade Classification of the United Nations" vgl. United Nations [149].

01 - Lebensmittel und Getränke (SITC 0 und 1)

24 - Rohmaterial (SITC 2 und 4)

3 - Öle und Fette (SITC 3)

59 - Fertigprodukte (SITC 5 bis 9) [1)]

Die Sektoren 1 - 8 des Disaggregierten Prognosesystems können nun wie folgt in das SITC-Schema und somit in die 4 Gütergruppen des PROJEKT LINK überführt werden. Wir betrachten dazu die Tabelle 33.

Tabelle 33

Sektor im Disaggregierten Bonner Prognosesystem	SITC-Kategorie	PROJEKT LINK-Gütergruppe
1 Landwirtschaft	0	01
2 Energie/Bergbau	2,3	3
3 Chemie	5,6	59
4 Eisen/NE - Metalle	6	59
5 Sta.-Ma.-Fz.-Bau	7	59
6 Elektro/EBM-Waren	6,7,8	59
7 Holz/Textil	6,8	59
8 Nahrung	0,1	01

Die Sektoren 1 und 3 - 8 lassen sich problemlos in die PROJEKT LINK-Klassifizierung einordnen. Nur für den Sektor 2 ist die Zuordnung nicht sofort einsichtig. Wir betrachten dazu in der Tabelle 34 die im Energiesektor zusammengefaßten Branchen [2)] und ihre Einteilung nach SITC. Zusätzlich werden die Exportanteile dieser Wirtschaftszweige an der gesamten Energieausfuhr des Jahres 1972 angegeben [3)]. Die der SITC-Kategorie 3 zugeordneten Branchen exportieren im Jahr 1972 ca. 85 % der gesamten Ausfuhr des Sektors 2 [4)].

1) Aus Datenbeschaffungsgründen wird tatsächlich nur der Weltmarktpreisindex der SITC-Gruppen 5 - 8 verwendet. Wegen des geringen Anteils der SITC-Gruppe 9 am Welthandel (s. Henkner [55], S. 29) ist der daraus resultierende Fehler verschwindend gering.
2) nach DIW-Systematik, vgl. Pischner [115], S. 10
3) Quelle: Pischner, u.a. [115]
4) In den Jahren vor 1972 ist dieser Anteil noch höher, nach 1972 bleibt er ungefähr gleich. Man vgl. dazu Stäglin [137].

Tabelle 34

Die Branchen des Sektors 2 (Energie/Bergbau) nach DIW-Systematik und SITC-Kategorien

DIW-Systematik	Anteil der Exporte des Teilsektors an der gesamten Ausfuhr des Sektors 2 *)	SITC-Kategorie
Elektrizitätswirtschaft	9.4 %	3
Gas- und Wasserwirtschaft	1.2 %	3
Kohlenbergbau	71.4 %	3
Eisenerzbergbau	0.1 %	2
Kali- und Steinsalzbergbau	11.7 %	2
Erdölgewinnung	2.9 %	3
Restlicher Bergbau	3.3 %	2

*) in Preisen von 1962

Somit ist die Zuordnung nach Tabelle 33 sinnvoll. Die im Modell 10 verfügbaren Weltmarktpreise dieser Güterkategorien sind um die deutschen Exportpreise bereinigt, womit der Erklärungswert des hier gewählten Ansatzes bekräftigt wird. Der entscheidende Vorteil dieser Zuordnung ist aber, daß diese Preisindizes jeweils aufgrund der aktuellsten PROJEKT LINK-Prognose fortgeschrieben werden können.

Für die Sektoren 9 (Bauwirtschaft), 10 (Handel), 11 (Verkehr) und 12 (Dienstleistungen) liegen keine Weltmarktpreise vor.

Aufgrund der vorangegangenen Überlegungen müssen die Schätzansätze (13.2) und (13.3) wie folgt modifiziert werden. In den Exportfunktionen der Sektoren 1 - 8 definieren wir die Preisrelationen entsprechend den Zuordnungen der Tabelle 33. Zusätzlich werden unterschiedliche Anpassungsgeschwindigkeiten getestet, also

$$(13.4) \quad e_{j,t} = a_0 \cdot WHV_t^{a_1} \cdot (\overline{p_{j,t}^E / p_{k,t}^\$ \cdot FX'SUS_t)})^{a_2}$$

$$(13.5) \quad e_{j,t} = a_0 + a_1 \cdot WHV_t + a_2 \cdot \overline{(p^E_{j,t}/(p^\$_{k,t} \cdot FX'SUS_t))}$$

mit

WHV_t - Welthandelsvolumen im Jahr t

$$\overline{(p^E_{j,t}/(p^\$_{k,t} \cdot FX'SUS))} := a \cdot (p^E_{j,t}/(p^\$_{k,t} \cdot FX'SUS_t))$$
$$+ (1-a) \cdot (p^E_{j,t-1}/(p^\$_{k,t-1} \cdot FX'SUS_{t-1})) \quad ^{1)}$$

$a \in \{0, 0.1, \ldots, 0.9, 1\}$; $j \in \{1,\ldots,8\}$; $k \in \{01,3,59\}$;
j und k entsprechend der Zuordnung der Tabelle 33.

Die Exporte der Sektoren 9 - 12 werden ohne Berücksichtigung der Preisrelationen geschätzt. Dafür erfassen wir Gewöhnungseffekte und langfristige Verträge durch die jeweiligen Exporte der Vorperiode. Somit lauten die Ansätze für diese Sektoren:

$$(13.6) \quad e_{j,t} = a_0 \cdot WHV_t^{a_1} \cdot e_{j,t-1}^{a_2}$$

$$(13.7) \quad e_{j,t} = a_0 + a_1 \cdot WHV_t + a_2 \cdot e_{j,t-1}$$

$$j \in \{9,10,11,12\} .$$

Über die beim Sektor Bund verbuchten staatlichen Exporte liegen leider keine detaillierten Informationen vor. Wir nehmen an, daß sie linear von den gesamten realen Exporten der Industriesektoren abhängen.

$$(13.8) \quad e_{B,t} = a_0 + a_1 \cdot e_{U,t}$$

mit

$e_{U,t}$ - reale Exporte der Industriesektoren ($= \sum_{i=1}^{12} e_{i,t}$) .

Die Größe "Erwerbs- und Vermögenseinkommen an die übrige Welt" setzt sich aus Lohn- und Zinszahlungen der Unternehmenssektoren und des Staates zusammen (vgl. Schäfer, Zerwas [124]). Genauere Angaben liegen nicht vor.

1) Vergleichsregressionen haben ergeben, daß der Zweijahresdurchschnitt der Preisrelationen als erklärende Variable ausreicht.

Diese Variable wird in nomineller Form als Funktion der gesamten Lohnsumme und der Gewinne erklärt. Eine eventuelle Trendkomponente erfassen wir durch den Zeitindex t. Es werden verschiedene Funktionstypen und lag-Strukturen ausprobiert. Somit lautet der allgemeine Schätzansatz:

$$(13.9) \quad EEN_{12,t} = f(L_t, Q_t, L_{t-1}, Q_{t-1}, t)$$

mit

$EEN_{12,t}$ - nominelle Erwerbs- und Vermögenseinkommen an die übrige Welt im Jahr t

L_t - gesamte Lohnsumme

Q_t - gesamte Gewinne

13.4. Die Schätzresultate im Überblick

Die Verhaltensgleichungen der realen sektoralen Exporte sind auf der Grundlage der Ansätze (13.4 - 13.9) mit dem OLS-Verfahren geschätzt worden. Die Regressionen mit den multiplikativen Funktionstypen (13.4, 6) [1] sind etwas besser ausgefallen, so daß wir uns hier mit der Zusammenfassung dieser Resultate begnügen können. Wir betrachten zunächst die Schätzergebnisse im Überblick. Bei den Exportfunktionen der Sektoren 1 - 8 ist in den meisten Fällen ein signifikanter Einfluß der relativen Preise feststellbar. Eine Ausnahme bildet die Ausfuhr des Sektors 4 (Eisen/NE), da hier die Parameterschätzung der Preiselastizität das falsche Vorzeichen ergab [2]. Dieses Ergebnis ist aber nicht unplausibel, da die Subventionspolitik der anderen EG-Staaten hier zu starken Wettbewerbsverzerrungen führt. Aus den Parameterschätzungen der Gleichungen (13.4,6) können direkt die Einkommens- und Preiselastizitäten der Nachfrage nach Exportgütern abgelesen werden. Es gilt:

$$(13.10) \quad \varepsilon^j_{e,WHV} = a_1$$

$$(13.11) \quad \varepsilon^j_{e,p} = a_2$$

---

1) Diese Gleichungen sind für die ökonometrische Analyse zunächst auf eine log-lineare Form transformiert worden.

2) Das gleiche Resultat ergab sich beim Schätzansatz (13.5). Die Preiselastizität ist daraufhin nicht berücksichtigt worden.

Diese Elastizitäten sind in der Übersicht der Tabelle 35 ausgewiesen. Auffällig ist, daß die Exporte der meisten Sektoren überproportional an einem steigenden Welthandelsvolumen partizipieren. Dies gilt insbesondere für den Sektor 8 (Nahrung), dessen geschätzte Verhaltensfunktion wir exemplarisch vorführen wollen. Sie lautet:

$$(13.12) \quad e_{8,t} = (p^{E}_{8,t}/(p^{\$}_{01,t} \cdot FX'SUS_t))^{-0.6853} \cdot WHV_t^{1.5366} \cdot \exp(-2.8806)$$
$$\qquad\qquad\qquad\qquad (0.3714) \qquad\qquad (0.0431) \qquad\qquad (0.6469)$$

Die Einkommenselastizität ist mit 1.5366 sehr hoch. Dies weist auf eine überproportional hohe Nachfrage nach deutschen Genußmitteln hin. Die Preiselastizität ist mit -0.6853 durchschnittlich. Dieses Resultat erscheint plausibel. Die Ausfuhr der vier exportstärksten Sektoren 3 - 6 wird durch unsere Ansätze sehr gut erfaßt, wie die statistischen Prüfmaße zeigen. Für ex ante-Prognosen sind also bei korrekter Fortschreibung des Welthandelsvolumens und der Weltmarktpreise gute Vorhersagen zu erwarten.

Zum Abschluß geben wir der Vollständigkeit halber noch die geschätzten Gleichungen für die realen Exporte des Bundes $e_{B,t}$ und das nominelle Erwerbs- und Vermögenseinkommen an die übrige Welt $EEN_{12,t}$ an. Sie müssen nicht näher erläutert werden.

$$(13.13) \quad e_{B,t} = 65.707 + 0.00096 \cdot e_{U,t}$$
$$\qquad\qquad (31.829) \quad (0.00022)$$

$$R2 = 0.658 \quad , \quad DW = 2.12$$

$$(13.14) \quad EEN_{12,t} = (0.0089 + 0.0007 \cdot t) \cdot (L_t + Q_t)$$
$$\qquad\qquad (0.0014) \quad (0.0002)$$

$$R2 = 0.963 \quad , \quad DW = 1.42$$

Tabelle 35

Die Schätzresultate für die realen Exporte der privaten Wirtschaft

Index	Sektor	$\varepsilon^j_{e,WHV}$ gemäß (13.10)	$\varepsilon^j_{e,p}$ gemäß (13.11)	R2	DW
1	Landwirtschaft	1.220	-0.505	0.963	1.99
2	Energie/Bergbau	-	-0.253	0.611	0.92
3	Chemie	1.282	-0.497	0.991	1.35
4	Eisen/NE	0.815	-	0.930	1.20
5	Sta.-Ma.-Fz.-Bau	1.148	-0.835	0.993	1.65
6	Elektro/EBM	1.068	-0.683	0.984	1.51
7	Holz/Textil	1.261	-0.641	0.996	1.99
8	Nahrung	1.537	-0.685	0.992	1.93
9	Bau	0.235	-	0.855	1.84
10	Handel	1.237	-	0.971	1.28
11	Verkehr	0.087 *)	-	0.924	1.56
12	Dienstleistungen	0.509	-	0.962	1.29

*) In diesem Ansatz sind die Exporte des Vorjahres als erklärende Variable enthalten, so daß hier nur die kurzfristige Nachfrageelastizität angegeben wird.

14. Die primären Inputs

14.1. Vorbemerkungen

Von den in den Sozialproduktstabellen des Disaggregierten Prognosemodells ausgewiesenen primären Inputs [1)] werden die sektoralen Lohneinkommen im Rahmen des Arbeitsmarktsubsystems [2)] erklärt. Die bei den 12 Sektoren der privaten Wirtschaft entstandenen Einkommen aus Unternehmertätigkeit und Vermögen, kurz Gewinne genannt, sind schon durch die Gleichungen (3.12) des definitorischen Gerüsts bestimmt worden. Somit beschränkt sich die in diesem Kapitel durchgeführte Analyse auf die Variablengruppen

- Abschreibungen
- indirekte Steuern an den Staat
- indirekte Steuern an das Ausland
- Subventionen an die Sektoren der privaten Wirtschaft .

Die Schätzansätze zu diesen Größen sind nicht immer aus geschlossenen theoretischen Konzepten abgeleitet worden, sondern richten sich eher nach der Entstehung, der Zusammensetzung und dem Aussagegehalt des vorhandenen Datenmaterials. Wir fassen deshalb die Ausführungen zur Datenanalyse, zu den theoretischen Konzepten, den Schätzansätzen und den Resultaten in jeweils einem Abschnitt pro untersuchter Variablengruppe zusammen. Dabei gehen wir in der o.g. Reihenfolge vor.

14.2. Die Abschreibungen

Da im Disaggregierten Prognosesystem eine eigene Vermögensrechnung durchgeführt wird, könnten die sektoralen Abschreibungen in diesem Rahmen berechnet werden [3)]. Dies würde aber aufgrund einiger Unterschiede zu den Berechnungsmethoden des Statistischen Bundesamtes zu Abweichungen von den in der Sozialproduktstabelle 2 ausgewiesenen Abschreibungswerten führen. Man vergleiche dazu auch Kirner [66]. Wir haben deshalb einen Erklärungs-

1) vgl. Tabelle 2, Zeilen 33 - 38, Spalten 1 - 18
2) vgl. Kapitel 15.
3) vgl. Kapitel 18.2.

ansatz gewählt, der als Approximation an eine Bestimmung im Rahmen der modellendogenen Vermögensrechnung angesehen werden kann. Der Grundansatz lautet:

$$(14.1) \quad d_{j,t} = a_0 + a_1 \cdot K_{j,t-1} \quad ^{1)}$$

mit

$d_{j,t}$ - reale Abschreibungen des Sektors j im Jahr t

$K_{j,t-1}$ - realer Kapitalstock des Sektors j am Ende der Periode t-1

$j \in \{1,...,11,WO,SO,B,L,G,SV,PO\}$.

Die Berücksichtigung des Kapitalstocks der Vorperiode in (14.1) bedeutet, daß von den in der Periode t getätigten Investitionen nichts im gleichen Zeitraum vernutzt wird [2]. Wegen des seit der Einführung der Mehrwertsteuer (1.1.1968) möglichen Vorsteuerabzugs auf Investitionen [3] tritt in den Zeitreihen der sektoralen Abschreibungen seit 1968 (bzw. 1969) eine Niveauverschiebung auf, die wir durch die zusätzliche Aufnahme einer Dummy-Variablen erfassen. Somit lautet der erweiterte Ansatz:

$$(14.2) \quad d_{j,t} = a_0 + a_1 \cdot K_{j,t-1} + a_2 \cdot D_{68,t}$$

bzw.

$$(14.3) \quad d_{j,t} = a_0 + a_1 \cdot K_{j,t-1} + a_2 \cdot D_{69,t}$$

mit

$$D_{68,t} = \begin{cases} 0 \text{ für } t < 1968 \\ 1 \text{ für } t \geq 1968 \end{cases} ; \quad D_{69,t} = \begin{cases} 0 \text{ für } t < 1969 \\ 1 \text{ für } t \geq 1969 \end{cases} .$$

Diese Verhaltensfunktionen sind mit der gewöhnlichen Methode der kleinsten Quadrate geschätzt worden. Die Resultate sind in der Tabelle 36 zusammengefaßt.

---

1) Dieser Ansatz geht auf den Forschungsplan [80] zurück und weicht von dem in der ersten Modellvariante verwendeten Konzept technologieabhängiger Abschreibungskoeffizienten ab.
2) vgl. Gleichung (18.1) in Kapitel 18.2.
3) vgl. Kapitel 11.

Tabelle 36

Die Schätzresultate für die realen Abschreibungen

Index	Sektor	erklärende Variablen *)				R2	DW
		K_{-1}	D_{68}	D_{69}	const.		
1	Landwirtschaft	0.037	-260.2	-	-173.1	0.992	1.35
2	Energie/Bergbau	0.049	-392.3	-	-598.0	0.983	1.14
3	Chemie	0.069	401.5	-	-512.4	0.935	0.96
4	Eisen/NE	0.083	445.5	-	-688.2	0.984	1.39
5	Sta.-Ma.-Fz.-Bau	0.074	-	-422.5	-671.2	0.989	1.08
6	Elektro/EBM	0.065	150.4	-	132.8	0.991	1.31
7	Holz/Textil	0.068	261.6	-	-631.1	0.991	1.17
8	Nahrung	0.048	-	-314.1	246.9	0.990	1.73
9	Bau	0.056	-	393.7	1119.6	0.935	0.96
10	Handel	0.029	348.5	-	781.6	0.984	1.39
11	Verkehr	0.046	-	-	-785.1	0.980	0.46
WO	Wohnungsvermietung	0.019	-	387.5	-4472.5	0.998	2.12
SO	Sonst. Dienstleist.	0.017	-	-	1319.5	0.954	0.52
B	Bund	0.006	-	-32.9	-136.2	0.945	1.72
L	Länder	0.014	-	41.5	-288.0	0.998	1.76
G	Gemeinden	0.013	-	-	-613.2	0.992	0.93
SV	Sozialversicherung	0.017	-	-4.7	-32.5	0.908	1.10
PO	Priv. Organisationen	0.021	-15.3	-	-169.0	0.998	1.43

*) Aus Platzgründen werden nur die Parameterschätzungen angegeben; sie sind in der Regel signifikant.

Man erkennt, daß die Anpassungsgüte in allen geschätzten Gleichungen sehr gut ist. Der Durbin-Watson-Test fällt demgegenüber in einigen Fällen schlecht aus, was aber wegen des approximativen Charakters unseres Ansatzes nicht verwunderlich ist. Die Aufnahme der Dummy-Variablen hat sich bis auf drei Ausnahmen - und zwar bei den Verhaltensgleichungen der Sektoren 11 (Verkehr), SO (Sonstige Dienstleistungen) [1] und G (Gemeinden) - als richtig erwiesen.

Die nominellen Abschreibungen $D_{j,t}$ eines Sektors j erhält man durch die Bewertung der realen Größe mit dem jeweiligen Preisindex für Anlageinvestitionen $p^I_{j,t}$, also

(14.4) $$D_{j,t} := p^I_{j,t} \cdot d_{j,t} .$$

Diese Vorgehensweise entspricht der Bewertung der Abschreibungen zu Wiederbeschaffungspreisen.

14.3. Die indirekten Steuern an den Staat

In den Sozialproduktstabellen des Disaggregierten Prognosesystems sind die indirekten Steuerzahlungen von 17 Sektoren (12 Sektoren der privaten Wirtschaft, 4 Staatssektoren, private Organisationen) ausgewiesen [2]. Die indirekten Steuern $T^{ind}_{j,t}$ der Sektoren $j \in \{1,...,12,PO\}$ setzen sich im wesentlichen aus den Steuerarten

- Umsatzsteuer (bis einschließlich 1967 Bruttoallphasensteuer, ab 1968 Mehrwertsteuer [3])
- Einfuhrabgaben (bis 1967 Umsatzausgleichssteuer) und Zölle
- Mineralölsteuer
- Tabak- und Getränkesteuer
- Vermögenssteuer

---

1) Die Abschreibungen des Sektors 12 (Dienstleistungen) sind getrennt nach den Branchen WO (Wohnungsvermietung) und SO (Sonstige Dienstleistungen) erklärt worden.
2) vgl. Tabelle 2, Zeile 34, Spalten 1 - 17
3) Im alten Umsatzsteuersystem wurde jede Wirtschaftsstufe für sich belastet, während durch die Einführung der Mehrwertsteuer ein einheitlicher Steuersatz von 11 % (5.5 % für Lebensmittel) vorgesehen war. Dieser Steuersatz ist bisher zweimal geändert worden: 1.1.1976 auf 12 % (bzw. 6 %) und 1.7.1978 auf 13 % (bzw. 6.5 %).

zusammen. Den größten Anteil macht dabei die Umsatzsteuer aus. Wegen der Verschiedenartigkeit der Bemessungsgrundlagen und der Proportionalität der wichtigsten Steuerarten scheint folgender linearer Grundansatz sinnvoll zu sein:

$$(14.5) \quad T^{ind}_{j,t} = a_0 + a_1 \cdot X_{j,t} \quad .$$

$X_{j,t}$ ist die nominelle Produktion des Sektors $j \in \{1,...,12,PO\}$.

Wir wollen nun zusätzlich überprüfen, wie die Umstellung des alten Umsatzsteuersystems auf die Mehrwertsteuer im Jahr 1968 das Niveau und die Steigung der Steuerfunktionen beeinflußt hat. Dazu führen wir in den Schätzansatz (14.5) die Dummy-Variablen $D_{68,t}$ (bzw. $D_{69,t}$) aus (14.2) bzw. (14.3) wie folgt ein:

$$(14.6) \quad T^{ind}_{j,t} = a_0 + a_1 \cdot X_{j,t} + a_2 \cdot D_{68,t} + a_3 \cdot D_{68,t} \cdot X_{j,t}$$

bzw.

$$(14.7) \quad T^{ind}_{j,t} = a_0 + a_1 \cdot X_{j,t} + a_2 \cdot D_{69,t} + a_3 \cdot D_{69,t} \cdot X_{j,t} \quad .$$

Die Resultate dieser Regressionsanalysen sind in der Tabelle 37 zusammengefaßt. Um eine anschaulichere Darstellung der Auswirkungen der Umsatzsteuersystemveränderung des Jahres 1968 zu erhalten, haben wir nur die Vorzeichen der signifikanten Parameterschätzungen angegeben. Man erkennt, daß die Einführung der Mehrwertsteuer in einigen Sektoren mit einer Verzögerung von einem Jahr durchgeschlagen hat (Sektoren 1, 2, 6, 9, 10, 11). Die Auswirkungen selbst sind unterschiedlich. Im Sektor 3 (Chemie) sind keine Einflüsse feststellbar, was sich u.a. auf den hohen Anteil der Mineralölsteuer zurückführen läßt. Die Sektoren 1 (Landwirtschaft) und 8 (Nahrung) scheinen Teile ihrer indirekten Steuerzahlungen auf den Endverbraucher abgewälzt zu haben, wie die negativen Vorzeichen der Koeffizienten vor den Termen mit Dummy-Variablen ausdrücken. Demgegenüber werden z.B. der Energiesektor und die eisenerzeugende Industrie durch die Mehrwertsteuer stärker belastet.

Die indirekten Steuerzahlungen der Staatssektoren bestehen zu ca. 75 % aus Beiträgen zur gesetzlichen Unfallversicherung, die der Staat als Arbeitgeber entrichtet [1]. Diese können proportional zur Lohnsumme angenommen werden,

1) Siehe dazu Komarnicki [74], S. 49, und Bartels [5], S. 124 .

Tabelle 37

Die Schätzresultate für die indirekten Steuern der privaten Wirtschaft an den Staat

Index	Sektor	Vorzeichen der Parameterschätzungen a_0	a_1	a_2	a_3	Ansatz gemäß (14.6)	(14.7)	R2	DW
1	Landwirtschaft	-	+		-		x	0.942	1.47
2	Energie/Bergbau	+	+		+		x	0.966	1.25
3	Chemie	+	+			*)		0.966	1.38
4	Eisen/NE	+	+		+	x		0.955	2.01
5	St.Ma.Fz.-Bau	+	+	-		x		0.957	1.74
6	Elektro/EBM	-	+	+			x	0.984	1.74
7	Holz/Textil	-	+	+		x		0.986	2.82
8	Nahrung	+	+	-		x		0.979	1.62
9	Bau	+	-		-		x	0.995	1.76
10	Handel		+		-		x	0.985	1.80
11	Verkehr		+	+			x	0.995	2.44
12	Dienstleistungen	+	+		+	x		0.993	2.02
PO	Priv. Organisat.	+	+			*)		0.710	0.58

*) Ansatz gemäß (14.5)

also

$$(14.8) \quad T^{ind}_{j,t} = a_0 + a_1 \cdot L_{j,t} \quad , \; j \in \{B,L,G,SV\}$$

mit

$L_{j,t}$ - Lohnsumme im Sektor j .

Die Schätzresultate sind in der Tabelle 38 ausgewiesen.

Tabelle 38

Sektor	Parameterschätzungen		R2	DW
	a_0	a_1		
Bund	16.78270 (2.53204)	0.00403 (0.00022)	0.962	2.18
Länder	0.28156 (5.23276)	0.00356 (0.00019)	0.966	0.90
Gemeinden	5.65374 (3.57956)	0.00905 (0.00026)	0.989	0.79
Sozialversicherung	3.36491 (1.80728)	0.00489 (0.00060)	0.837	1.41

Die Summe der sektoralen Steuerzahlungen ergibt die in der Randspalte der Sozialproduktstabellen angegebenen gesamten indirekten Steuern an den Staat [1].

$$(14.9) \quad T_t^{ind} = \sum_{i=1}^{PO} T_{j,t}^{ind}$$

In den Transfertabellen wird diese Gesamtgröße in die Komponenten $T_t^{ind,GK}$ (indirekte Steuern an die Gebietskörperschaften) und $T_t^{ind,SV}$ (indirekte Steuern an die Sozialversicherung) aufgeteilt. Um das Modell konsistent zu schließen, erklären wir die Größe $T_t^{ind,SV}$ über einen gesonderten Ansatz. Folgende Verhaltensgleichung ist geschätzt worden:

$$(14.10) \quad T_t^{ind,SV} = \underset{(204.262)}{-381.721} + \underset{(0.00246)}{0.05277} \cdot T_t^{ind}$$

$$R2 = 0.973 \quad , \quad DW = 0.84 \quad .$$

Die indirekten Steuern an die Gebietskörperschaften können nun als Differenzgröße bestimmt werden, also

$$(14.11) \quad T_t^{ind,GK} = T_t^{ind} - T_t^{ind,SV} \quad .$$

1) vgl. Tabelle 2, Zeile 34, Spalte 46

14.4. Die indirekten Steuern an das Ausland

Indirekte Steuerzahlungen an das Ausland sind nur bei den Sektoren 2 (Energie/Bergbau) und 4 (Eisen/NE) verbucht [1]. Es handelt sich um Umlagen an die Europäische Gemeinschaft für Kohle und Stahl (EGKS-Umlage) [2]. Wir wählen approximativ einen linearen Ansatz mit den jeweiligen nominellen Exporten als erklärende Variablen. Die Schätzungen ergeben:

$$(14.12) \quad T^{ind,E}_{2,t} = \underset{(0.92655)}{2.15287} + \underset{(0.00028)}{0.00083} \cdot E_{2,t}$$

$$R2 = 0.419 \;,\; DW = 0.96$$

für den Energiesektor und

$$(14.13) \quad T^{ind,E}_{4,t} = \underset{(4.2843)}{35.5219} + \underset{(0.00032)}{0.00179} \cdot E_{4,t}$$

$$R2 = 0.721 \;,\; DW = 1.18$$

für den Sektor 4 (Eisen/NE). $E_{j,t}$ sind die nominellen Exporte des Sektors $j \in \{2,4\}$.

Die indirekten Steuerzahlungen an das Ausland betragen ungefähr 0.1 % des gesamten Aufkommens an indirekten Steuern und sind deshalb eine im Gesamtmodell unwichtige Variablengruppe.

---

1) vgl. Tabelle 2, Zeile 35
2) vgl. z.B. Statistisches Bundesamt [141], S. 94

14.5. Die Subventionen

Die Subventionen werden in der Volkswirtschaftlichen Gesamtrechnung definiert als "Zuschüsse, die der Staat oder Einrichtungen der Europäischen Gemeinschaften im Rahmen der Wirtschafts- und Sozialpolitik an Unternehmen für laufende Produktionszwecke gewähren, sei es zur Beeinflussung der Marktpreise oder zur Stützung von Produktion und Einkommen" [1].

Entsprechend dieser Abgrenzung sind die staatlichen Subventionszahlungen in den Sozialproduktstabellen des Disaggregierten Prognosesystems verbucht worden [2].

Im Verlauf der Referenzperiode 1960 - 1974 haben alle 12 Zweige der privaten Wirtschaft Finanzhilfen des Staates erhalten (davon die Sektoren 5 (Stahl-, Maschinen-,Fahrzeug-Bau), 6 (Elektro/EBM), 7 (Holz/Textil) seit 1968 und der Bausektor seit 1970). Der größte Teil der gesamten Subventionen (ca. 90 %) ist aber den vier Branchen

- Verkehr (ca. 32.2 %) [3)4)]
- Landwirtschaft (ca. 30.4 %)
- Handel (ca. 15.9 %) [5]
- Dienstleistungen (ca. 9.8 %) [6]

zugeflossen. Dabei hat der Verkehrssektor seit 1967 den Sektor Landwirtschaft als größter Subventionsempfänger abgelöst. Man betrachte dazu die Abbildung 5 [7]. Die Subventionsstruktur der BRD hat, wie man sieht, seit 1967 erhebliche Veränderungen erfahren. Diese Entwicklung setzt sich auch über das Jahr 1974 hinaus fort [8].

Die Erklärung der sektoralen Finanzhilfen des Staates wäre aufgrund der o.a. Definition wenig problematisch, wenn die Zahlungen einerseits nach

---

1) Statistisches Bundesamt [141], S. 94
2) vgl. Tabelle 2, Zeile 36
3) Mittelwert für den Zeitraum 1960 - 1974
4) hauptsächlich: Bundesbahn
5) hauptsächlich: Großhandel
6) hauptsächlich: Wohnungsvermietung
7) Hier werden gemäß der definitorischen Abgrenzung des Statistischen Bundesamtes keine Steuervergünstigungen berücksichtigt.
8) Detaillierte Angaben für die Jahre 1970 - 1978 entnehme man Teichmann [146], S. 237 ff.

Abbildung 5

Die Entwicklung der Subventionsempfänge der Sektoren 1, 10, 11 und 12

Anteil der Empfänge an den gesamten Subventionen

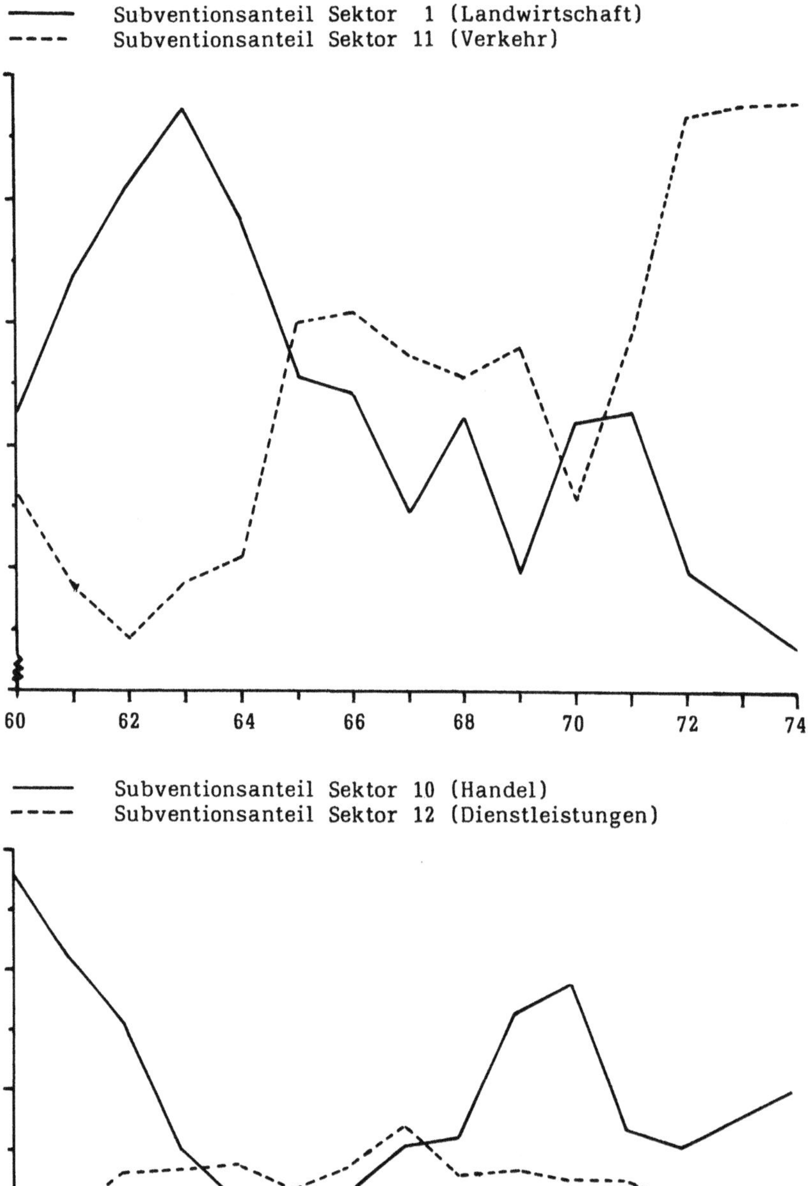

einem einheitlichen Konzept erfolgen und andererseits direkt dem zu unterstützenden Sektor zufließen würden. Beides ist nicht der Fall. In der Übersicht der Volkswirtschaftlichen Gesamtrechnung [1] werden allein 33 verschiedene Subventionsarten aufgeführt. Zudem richtet sich die "Zuordnung der Subventionen an die Wirtschaftsbereiche nach dem Tätigkeitsbereich des Empfängers, der oft nicht mit dem letztlich Begünstigten identisch ist" [1]. So kommen z.B. die "Zuschüsse zu den Kosten der Vorratshaltung landwirtschaftlicher Produkte" im Endeffekt dem Agrarsektor zugute. Die Zahlungen selbst erfolgen aber an den Sektor 10 (Handel). Die Formulierung eines theoretisch fundierten Aufteilungskonzeptes für die in Kapitel 8. bestimmten gesamten Finanzhilfen der Gebietskörperschaften ist somit äußerst schwierig.

Wir wollen hier einen Ansatz vorstellen, der, ausgehend von dem staatlichen Nutzenmaximierungskonzept des Kapitels 8., politische und wirtschaftliche Gesichtspunkte in die Bestimmung der einzelnen Subventionszahlungen einbezieht. Dies ist eine Verbesserung gegenüber der Vorgehensweise in der ersten Modellvariante, in der die Aufteilung der gesamten Finanzhilfen nur mit Hilfe von konstanten Anteilssätzen durchgeführt worden ist (vgl. Frerichs [36], Frerichs, Kübler [38]).

Wir übertragen zunächst den staatlichen Nutzenmaximierungsansatz (8.6.a-c) auf die sektoralen Subventionsempfänge, also:

(14.14.a) $$U_t = \sum_{i=1}^{12} a_i(\cdot)\cdot\log(sub_{i,t}) = \max$$

unter den Nebenbedingungen

(14.14.b) $$\sum_{i=1}^{12} p_{i,t}^{sub}\cdot sub_{i,t} = SUB_t^{GK}$$ [2]

(14.14.c) $$0 < a_i(\cdot) < 1 \; ; \; \sum_{i=1}^{12} a_i(\cdot) = 1 \quad \text{für alle } t$$

mit

$sub_{i,t}$ - reale Subventionszahlungen des Staates an den Sektor i

$p_{i,t}^{sub}$ - Preisindex für Subventionen an den Sektor $i \in \{1,\dots,12\}$.

---

1) Statistisches Bundesamt [141], S. 95

2) Im Gegensatz zur Nebenbedingung (8.6.b) wird hier nicht die erwartete, sondern die tatsächliche Budgetbeschränkung verwendet, da das Gesamtvolumen der staatlichen Subventionszahlungen schon in der ersten Stufe bestimmt worden ist.

Die Lösung dieses Problems mit Hilfe des Lagrange-Ansatzes ergibt die Bestimmungsgleichungen:

$$(14.15) \quad p^{sub}_{i,t} \cdot sub_{i,t} \;:=\; SUB_{i,t} \;=\; a_i(\cdot) \cdot SUB^{GK}_t \; .$$

Zur Spezifizierung der Anteilsfunktionen $a_i(\cdot)$ berücksichtigen wir zwei Aspekte. Zum einen ändert sich die Struktur der Subventionszahlungen aufgrund wechselnder Zielvorstellungen der politischen Entscheidungsträger. Als Beispiele seien das 1967 verabschiedete Stabilitätsgesetz und die zunehmenden staatlichen Interventionen seit Beginn der SPD/FDP-Regierung genannt. Andererseits können wir uns streng an die zu Beginn dieses Kapitels gegebene Definition des Subventionsbegriffes halten, wobei wir drei Varianten des Staatsverhaltens modellieren wollen:

1) Der Staat gewährt Zuschüsse, wenn ein Wirtschaftszweig aufgrund seiner Kostenstruktur so hohe Preise fordern muß, daß er gegenüber ausländischen Produkten gleicher Art nicht konkurrenzfähig ist [1]. Diese Subventionszahlungen führen somit zu Kostensenkungen. Werden daraufhin die Preise gesenkt, so verbessert sich die Absatzlage der Produkte. Verändern die Unternehmen die Preise aber nicht, so kompensiert die staatliche Finanzhilfe die eventuelle Erlösminderung (vgl. dazu Wessels [152]). Ein Ansatz für die Anteilsfunktion wäre somit

$$(14.16) \quad a_i(\cdot) \;=\; a_0 + a_1 \cdot (p_{i,t-1}/p^M_{i,t-1}) \quad , \quad a_1 > 0 \quad .$$

Die Preisrelation geht wegen der "Trägheit der staatlichen Entscheidungsfindung" [2] mit einem lag 1 in die Gleichung ein.

2) Der Staat gewährt Subventionen, wenn die Lohnentwicklung in einem Sektor gegenüber den anderen Wirtschaftszweigen zurückbleibt. Die Finanzhilfen werden hier direkt an den Lohnempfänger weitergegeben [3]. Ein geeigneter Ansatz wäre hierzu:

$$(14.17) \quad a_i(\cdot) \;=\; a_0 + a_1 \cdot (l_{i,t-1}/l_{t-1}) \quad , \quad a_1 < 0 \quad ,$$

wobei $l_{i,t}$ der Lohnsatz im Sektor i und l_t der gesamtwirtschaftliche Lohnsatz ist.

---

1) Wegen des noch zu hohen Aggregationsgrades des Disaggregierten Modells müssen wir die Existenz anderer konkurrierender Produkte ausschließen. Vgl. Kapitel 7. und 13.
2) Frerichs [36]
3) Z.B. Beihilfe zur gesetzlichen Unfallversicherung im Sektor 1.

3) Subventionszahlungen erfolgen dann, wenn die konjunkturelle Situation eines Sektors gegenüber der gesamtwirtschaftlichen Entwicklung zurückbleibt. Somit lautet der Ansatz hier:

$$(14.18) \quad a_i(\cdot) = a_0 + a_1 \cdot (\delta_{i,t} / \delta_{G,t}) \quad , \quad a_1 < 0 \;^{1)}.$$

$\delta_{G,t}$ ist der gesamtwirtschaftliche und $\delta_{i,t}$ der Kapazitätsauslastungsgrad des Sektors i.

Wegen der geringen Zahl der Beobachtungen im Referenzzeitraum ist es nicht möglich, alle o.g. wirtschaftlichen und politischen Bestimmungsgründe der Subventionsgewährung in die Anteilsfunktionen $a_i(\cdot)$ aufzunehmen. Wir haben deshalb jeden der Ansätze (14.16 - 14.18) einzeln in Verbindung mit den politischen Einflußgrößen geschätzt. Somit erhalten wir z.B. aus der Gleichung (14.16) den Schätzansatz:

$$(14.19) \quad SUB_{i,t} = (a_0 + a_1 \cdot (p_{i,t-1}/p^M_{i,t-1}) + a_2 \cdot (p_{i,t-1}/p^M_{i,t-1}) \cdot D_{67,t}$$
$$+ a_3 \cdot (p_{i,t-1}/p^M_{i,t-1}) \cdot D_{70,t} + a_4 \cdot D_{67,t} + a_5 \cdot D_{70,t}) \cdot SUB^{GK}_t$$

$D_{67,t}$ und $D_{70,t}$ sind wie in Kapitel 8. definiert.

Da für die Subventionszahlungen an den Bausektor nur 5 Beobachtungen vorliegen, setzen wir diese Größe konstant. Somit ist (14.19) ein System von 11 Gleichungen in reduzierter Form. Wir haben es sowohl mit der gewöhnlichen Methode der kleinsten Quadrate, als auch mit der 2-Phasen-Variante des Minimum-Distance-Verfahrens geschätzt. Wegen der in Kapitel 6. beschriebenen Schätzproblematik werden die Finanzhilfen an den Sektor 1 (Landwirtschaft) nicht direkt, sondern als Restgröße bestimmt. Von den drei aus (14.16 - 14.18) resultierenden Systemen wollen wir nur die Resultate des Ansatzes (14.19) anhand der Übersicht der Tabelle 39 diskutieren. Die beiden Modelle (14.17) und (14.18), die auf die Einkommens- bzw. konjunkturelle Entwicklung der einzelnen Sektoren abzielen, haben zu insgesamt schlechteren Ergebnissen in den Regressionsanalysen geführt.

Man sieht, daß die Datenanpassung im Schätzzeitraum zufriedenstellend ist. Dies gilt sowohl für die Einzel- als auch für die Systemschätzungen. Das OLS-Verfahren führt in der Regel zu besseren Ergebnissen bei den Bestimmt-

---

1) Einen ähnlichen Schätzansatz schlägt Frerichs [36] vor.

Tabelle 39: Die Schätzresultate für die Subventionen an die private Wirtschaft

Index	Sektor	Schätzverfahren	Parameterschätzungen *)						R2	DW
			P	$P \cdot D_{67}$	D_{67}	$P \cdot D_{70}$	D_{70}	const.		
2	Energie/Bergbau	Minimum-Distance	0.0518 (0.0021)			-0.0091 (0.0054)			0.79	1.53
		OLS	0.0553 (0.0066)			-0.0131 (0.0047)			0.82	1.62
3	Chemie	Minimum-Distance	0.0276 (0.0020)	-0.0187 (0.0024)		-0.0220 (0.0021)			0.46	1.26
		OLS	0.0260 (0.0036)	-0.0143 (0.0047)		-0,0205 (0.0038)			0.51	1.41
4	Eisen/NE	Minimum-Distance	0.0036 (0.0002)	0.0097 (0.0004)					0.93	1.50
		OLS	0.0036 (0.0003)	0.0100 (0.0008)					0.93	1.64
5	Stahl-, Maschinen-, Fahrzeug-Bau **)	Minimum-Distance	0.0103 (0.0003)	-0.0076 (0.0009)					0.97	2.43
		OLS	0.0102 (0.0008)	-0.0066 (0.0012)					0.97	2.56
6	Elektro/EBM **)	Minimum-Distance	0.0034 (0.0002)	-0.0020 (0.0004)					0.91	1.30
		OLS	0.0033 (0.0002)	-0.0019 (0.0007)					0.91	1.29

Index	Sektor	Schätzverfahren	Parameterschätzungen *)						R2	DW
			P	$P \cdot D_{67}$	D_{67}	$P \cdot D_{70}$	D_{70}	const.		
7	Holz/Textil **)	Minimum-Distance	0.0039 (0.0002)	-0.0024 (0.0004)					0.90	1.26
		OLS	0.0039 (0.0003)	-0.0022 (0.0007)					0.90	1.29
8	Nahrung	Minimum-Distance	0.0583 (0.0024)			-0.0186 (0.0029)			0.80	1.74
		OLS	0.0593 (0.0041)			-0.0193 (0.0048)			0.80	1.76
10	Handel	Minimum-Distance			0.0500 (0.0244)		0.0459 (0.0238)	0.1072 (0.0225)	0.80	1.25
		OLS			0.0529 (0.0422)		0.0468 (0.0344)	0.1084 (0.0319)	0.80	1.27
11	Verkehr	Minimum-Distance	0.1677 (0.0205)					0.3154 (0.0168)	0.96	1.17
		OLS	0.1869 ***) (0.0351)					0.3019 (0.0274)	0.95	1.26
12	Dienstleistungen	Minimum-Distance					-0.0207 (0.0038)	0.1063 (0.0030)	0.90	1.38
		OLS					-0.0227 (0.0073)	0.1089 (0.0062)	0.90	1.47

*) Es bedeutet: P - Relation zwischen Inlands- und Importpreis für Güter gleicher Art
**) Subventionszahlungen seit 1968
***) Einfluß der Preisrelation seit 1965

heitsmaßen und Durbin-Watson-Prüfgrößen, während die Minimum-Distance-Schätzung eine größere Sicherung der Parameter ergibt. Diese Resultate sind plausibel.

Die Erklärung der Subventionszahlungen durch die Relation inländischer und ausländischer Preisindizes erweist sich vor allem in den Sektoren des verarbeitenden Gewerbes als signifikant. Dies erscheint wegen der zunehmenden konkurrierenden Importe in diesem Bereich sinnvoll. In den Verhaltensgleichungen für die Sektoren 10 (Handel) und 12 (Dienstleistungen) werden demgegenüber die Preisrelationen nicht berücksichtigt. Einerseits sind die Inlands- und Importpreise für Produkte dieser Wirtschaftszweige nahezu gleichlaufend [1]; andererseits geht der größte Teil der Zuschüsse an das Dienstleistungsgewerbe in den Teilsektor WO (Wohnungsvermietung), für den keine konkurrierenden ausländischen Produkte existieren. Somit ist auch dieses Ergebnis sinnvoll.

1) vgl. Abbildung 1

15. Der Arbeitsmarkt

15.1. Allgemeiner Rahmen

Es gibt verschiedene Möglichkeiten, den Arbeitsmarkt in sektoral gegliederten Prognosesystemen zu modellieren. Im einfachsten Fall kann man sektorale Lohnsummenfunktionen schätzen, z.B.:

$$(15.1) \quad L_{i,t} = f_i(L_{i,t-1}, p_t^C, x_{i,t}, t) \quad ^{1)}$$

mit

$L_{i,t}$ - Lohnsumme des Sektors i in Periode t

p_t^C - Preisindex für Konsumgüter

$x_{i,t}$ - reale Produktion des Sektors i

Der Zeitindex t gibt dabei approximativ die Entwicklung der Arbeitsproduktivität wieder. Dieser Ansatz führt zwar in der Regel zu einer guten Datenanpassung in der Vergangenheit, liefert aber als einzige Information über den Arbeitsmarkt die Höhe der Lohnsumme der Sektoren und ist somit unzureichend.

Eine weitere Möglichkeit besteht darin, die Lohnsumme $L_{i,t}$ in die Komponenten $ET_{i,t}$ (Erwerbstätige) und $l_{i,t}^{ET}$ (Lohnsumme pro Erwerbstätigem) aufzuteilen, so daß gilt:

$$(15.2) \quad L_{i,t} = l_{i,t}^{ET} \cdot ET_{i,t} \quad .$$

$l_{i,t}^{ET}$ und $ET_{i,t}$ werden jeweils durch Verhaltensfunktionen erklärt. Anhand dieser Vorgehensweise erhält man die wichtigsten Angaben über die Lohn- und Beschäftigungsstruktur. Außerdem steht hierfür ein umfangreiches Datenmaterial des Statistischen Bundesamtes zur Verfügung (vgl. z.B. [141]), das auch sektoral tief gegliederte Untersuchungen erlaubt. Wir haben im Disaggregierten Bonner Prognosesystem versucht, den Arbeitsmarkt noch genauer zu modellieren, indem wir zusätzlich die sektoralen Arbeitsvolumina, Arbeits-

1) Diesen Ansatz wählen z.B. Diekheuer, Meyer, Schumann [26].

zeiten und Lohnsätze pro Arbeitsstunde bestimmen. Die entsprechenden Daten sind in beiden Modellvarianten weitgehend in eigener Arbeit zusammengestellt worden (vgl. Kübler [96], Frerichs, Kübler [33], Jäger [59])[1].

Die Kausalverflechtung innerhalb des Arbeitsmarktsubmodells kann anhand des in der Abbildung 6 dargestellten Flußdiagramms veranschaulicht werden. Wir verzichten dabei auf eine Sektorindizierung. Die mit '*' gekennzeichneten Variablen werden durch Definitionsgleichungen bestimmt. Die Zahl der Erwerbspersonen wird exogen vorgegeben. Über Verhaltensgleichungen erklären wir somit die Variablengruppen

- Arbeitsvolumina (18 Sektoren)
- Lohnsätze pro Arbeitsstunde (18 Sektoren)
- durchschnittliche Wochenarbeitszeiten (14 Sektoren)[2]
- Arbeitsvolumina Nichtselbständiger (12 Sektoren)[3].

Abbildung 6

Die Kausalverflechtung innerhalb des Arbeitsmarktmodells

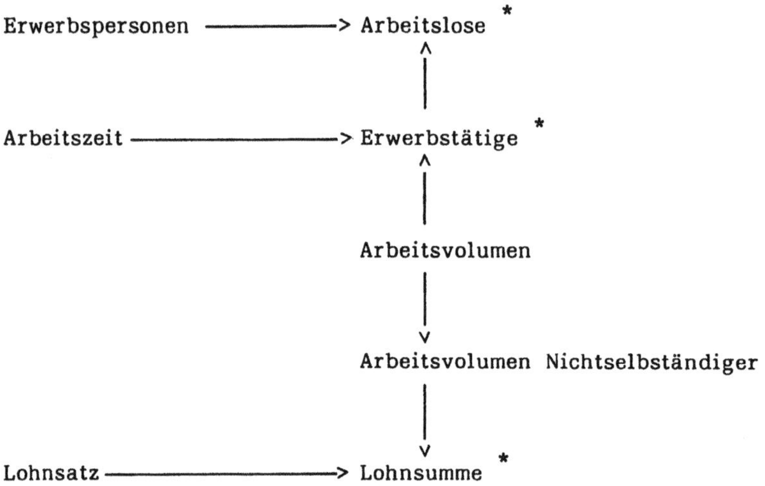

1) Die Zusammenstellung dieser Zeitreihen für die 18 Sektoren des Disaggregierten Prognosesystems ist wegen der schlechten Datenlage sehr mühsam und zum Teil nur mit Hilfe von Approximationen möglich. Wenn man bedenkt, daß neuere Modellbauentwicklungen auf noch tiefere Sektorgliederungen abzielen (vgl. Rettig [118], Krelle u.a. [92]), wird man in Zukunft wieder nach der in (15.2) angegebenen Methode vorgehen müssen. Der Spielraum für neue theoretische Konzeptionen ist entsprechend gering. In absehbarer Zeit ist aber hier kein Fortschritt zu erwarten.

2) Unternehmenssektoren , Staat, Priv. Org. u. HH.

3) Nur die 12 Unternehmenssektoren unterscheiden zwischen selbständiger und unselbständiger Arbeit.

Zum Abschluß dieses Überblicks noch einige Anmerkungen zur Vorgehensweise in diesem Kapitel. Wir werden die o.g. vier Variablengruppen in jeweils einem Abschnitt behandeln. Der Arbeitsmarkt ist im Bonner SFB 21 bereits zweimal Gegenstand detaillierter theoretischer und ökonometrischer Untersuchungen gewesen (vgl. Schloenbach [127], Jäger [59]). Da insbesondere in der Arbeit von Jäger die meisten aktuellen Entwicklungen auf diesem Gebiet ausführlich dargestellt sind, beschränken wir uns auf kurze Ableitungen unserer Schätzansätze.

15.2. Die Arbeitsvolumina

Wir wollen hier einen Ansatz entwickeln, der auf Konzepten von Coen [20] bzw. Coen, Hickmann [21] beruht. Auf eine empirische Überprüfung neuerer Theorien, die z.B. neben den laufenden Kosten der Arbeit auch lohnunabhängige Kosten im Schätzansatz berücksichtigen (vgl. z.B. Hart, Robb [51]), müssen wir wegen des unzureichenden Datenmaterials leider verzichten [1]. Jäger [59] hat zwar in seinem Arbeitsmarktmodell - das auch auf der Datenbasis des Disaggregierten Prognosesystems beruht - versucht, in die Erklärungsansätze für die Arbeitsnachfragefunktionen modellendogen bestimmte "user costs" der Arbeit aufzunehmen [2]. Doch erfolgte die Konstruktion der Zeitreihen der Kosten für die "Bestandhaltung der Arbeit" [3] mit Hilfe einer Vielzahl von Näherungsrechnungen, so daß im Endeffekt nur der Aussagegehalt sektoraler Lohnsätze übrigblieb.

Die in diesem Modell verwendete Variante der Arbeitsnachfragefunktion von Coen und Hickmann beruht auf dem gleichen theoretischen Konzept wie die in Kapitel 10.2.1. entwickelte Investitionsfunktion.

Ein repräsentatives Unternehmen plane seinen Bestand an Arbeit der Vorperiode A_{t-1} einem gewünschten Bestand $\hat{A}_t$ in der Periode t anzugleichen. Diese Anpassung wird aber nur zum Teil sofort durchgeführt, also [4]:

---

1) Hart und Robb führen ihre Untersuchungen aus diesem Grund anhand genauerer Britischer Industriedaten durch (vgl. [51], S. 16).
2) Dabei sind zwei Nachfragefunktionen geschätzt worden. Die erste beruhte auf dem Konzept von Nadiri und Rosen [109], [110]; die zweite wurde aus einer "putty-clay"-Technologie (vgl. Johansen [60]) hergeleitet.
3) Jäger [59], S. 30
4) Wir verzichten zunächst auf eine Sektorindizierung.

$$(15.3) \quad A_t - A_{t-1} = \lambda \cdot [\hat{A}_t - A_{t-1}] , \quad 0 < \lambda < 1 .$$

Der Koeffizient λ gibt die Anpassungsgeschwindigkeit an.

Aus (15.3) folgt

$$(15.4) \quad A_t = \lambda \cdot \hat{A}_t + (1-\lambda) \cdot A_{t-1} .$$

Das als optimal angesehene Arbeitsvolumen $\hat{A}_t$ kann aus der langfristigen Kostenminimierung der repräsentativen Firma bei Zugrundelegung einer Cobb-Douglas-Produktionsfunktion abgeleitet werden:

$$(15.5) \quad \hat{l}_t \cdot \hat{A}_t + \hat{uc}_t \cdot \hat{K}_t = \min !$$

unter der Nebenbedingung

$$(15.6) \quad \hat{x}_t = g_0 \cdot \hat{A}_t^{\alpha} \cdot \hat{K}_t^{\beta} \cdot e^{\gamma \cdot t} , \quad g_0, \alpha, \beta, \gamma > 0 ,$$

mit

$\hat{x}_t$ - langfristig gewünschter Output

$\hat{K}_t$ - gewünschter Kapitalstock

$\hat{A}_t$ - gewünschter Bestand an Arbeit

$\hat{l}_t$ - erwarteter Lohnsatz

$\hat{uc}_t$ - erwartete Kapitalnutzungskosten

$e^{\gamma t}$ erfaßt den technischen Fortschritt .

Die Kapitalnutzungskosten können dabei aus den Rentabilitätsüberlegungen einer geplanten Kapitalstockerweiterung analog zu (10.6) bestimmt werden [1]. Die Kosten einer Arbeitseinheit sind demgegenüber nur durch den Lohnsatz festgelegt. Andere Arbeitskosten bleiben unberücksichtigt. Das Problem (15.5,6) führt zu der Lösung:

$$(15.7) \quad \hat{A}_t = c_0 \cdot (\hat{uc}_t / \hat{l}_t)^{c_1} \cdot \hat{x}_t^{c_2} \cdot e^{c_3 \cdot t}$$

---

1) Die detaillierte Ableitung dieser Größe entnehme man Kübler [96], S. 80 ff., bzw. Coen [20].

mit $c_0 = [g_0^{-1} \cdot (\alpha/\beta)^{\beta}]^{1/(\alpha+\beta)}$; $c_1 = \beta/(\alpha+\beta)$;

$c_2 = 1/(\alpha+\beta)$; $c_3 = -\gamma/(\alpha+\beta)$ [1)]

Wenn man (15.7) linearisiert, den technischen Fortschritt durch den Sechsjahresschnitt der Kapital-Arbeitsrelation $(\overline{K}/\overline{A})$ bestimmt und in erster Näherung setzt:

$$(15.8) \quad \hat{x}_t := x_t \;;\; \hat{uc}_t := uc_t \;;\; \hat{l}_t := l_t$$

ergibt dies

$$(15.9) \quad \hat{A}_t = c_0 + c_1 \cdot (uc_t / l_t) + c_2 \cdot x_t + c_3 \cdot (\overline{K}_t / \overline{A}_t) \;.$$

Wir setzen nun (15.9) in (15.4) ein und berücksichtigen zusätzlich die Auswirkungen konjunkturell schwankender Kapazitätsauslastungen auf die Arbeitsnachfrage. Somit ergeben sich folgende Nachfragefunktionen für die Sektoren der privaten Wirtschaft:

$$(15.10) \quad A_{j,t} = a_0 + a_1 \cdot (uc_{j,t} / l_{j,t}) + a_2 \cdot x_{j,t} + a_3 \cdot (\overline{K}_{j,t} / \overline{A}_{j,t}) + a_4 \cdot \delta_{j,t} + a_5 \cdot A_{j,t-1}$$

$$j \in \{1,\ldots,12\} \;.$$

Folgende Parameterbeschränkungen sind dabei zu beachten:

$$a_0 = \lambda c_0 > 0 \;;\; a_1 = \lambda c_1 > 0 \;;\; a_2 = \lambda c_2 > 0 \;;$$

$$a_3 = \lambda c_3 < 0 \;;\; a_4 > 0 \;;\; 0 < a_5 = 1 - \lambda < 1 \;.$$

Die von den Staatssektoren, den privaten Organisationen und privaten Haushalten nachgefragte Arbeit kann nicht aus dem kostenminimierenden Verhalten (15.5,6) abgeleitet werden. Wir reduzieren deshalb für diese Sektoren den Grundansatz (15.10) auf:

$$(15.11) \quad A_{j,t} = b_0 + b_1 \cdot x_{j,t} + b_2 \cdot (\overline{K}_{j,t} / \overline{A}_{j,t}) + b_3 \cdot \delta_{j,t} + b_4 \cdot A_{j,t-1}$$

$$j \in \{B,L,G,SV,PO,PH\}.$$

1) Man sieht, daß die Koeffizienten $\alpha, \beta, \gamma, g_0$ aus den Schätzungen für c_0, c_1, c_2, c_3 zurückgerechnet werden können.

Die Parameterrestriktionen lauten hier:

$b_0 = \lambda c_0 > 0$; $b_1 = \lambda c_2 > 0$; $b_2 = \lambda c_3 < 0$; $b_3 > 0$;

$0 < b_4 = 1-\lambda < 1$.

Wir wollen nun die Schätzergebnisse für die Arbeitsnachfragefunktionen (15.10,11) des Modells von Coen zunächst anhand von zwei Beispielen diskutieren. Die Arbeitsnachfrage des Sektors 3 (Chemie) wird durch folgende Verhaltensgleichung erklärt:

$$(15.12)\quad A_{3,t} = \underset{(409.59)}{2033.99} + \underset{(61.954)}{136.079}\cdot(uc_{3,t}/l_{3,t}) + \underset{(0.0020)}{0.0155}\cdot x_{3,t} - \underset{(5.035)}{35.796}\cdot(\bar{K}_{3,t}/\bar{A}_{3,t}) + \underset{(0.147)}{0.309}\cdot A_{3,t-1}$$

$$R2 = 0.896 \qquad DW = 1.13$$

Hier sind - bis auf den Kapazitätsauslastungsgrad - bei allen erklärenden Variablen des Grundansatzes signifikante Parameterschätzungen ermittelt worden. Den größten Einfluß auf die Arbeitsnachfrage des Sektors 3 hat die erwartete Produktion, während eine Veränderung der Faktorkostenrelation nur geringfügige Auswirkungen hat. Wir betrachten dazu die entsprechenden Elastizitäten für das Jahr 1970:

$$(15.13.a)\quad \varepsilon^{3,70}_{A,x} := \frac{\partial A_{3,70}}{\partial x_{3,70}} \cdot \frac{x_{3,70}}{A_{3,70}} \sim 0.7035$$

$$(15.13.b)\quad \varepsilon^{3,70}_{A,uc} := \frac{\partial A_{3,70}}{\partial(uc_{3,70}/l_{3,70})} \; \frac{(uc_{3,70}/l_{3,70})}{A_{3,70}} \sim 0.1085$$

Der Anpassungskoeffizient λ ist mit 0.691 ziemlich hoch. Dieses Resultat ist typisch für alle Arbeitsnachfragefunktionen des verarbeitenden Gewerbes. Das Faktoreinsatzverhältnis ändert sich zwar langfristig im Zuge des technischen Fortschritts; kurzfristig sind die Produktionsstrukturen aber nahezu konstant und erlauben nur geringfügig Substitutionen zwischen Arbeit und Kapital aufgrund veränderter Faktorpreise. Anpassungen an den gewünschten Bestand werden schnell durchgeführt. Für die Staatssektoren erhalten wir ein etwas anderes Ergebnis. Hier sind die Anpassungskoeffizienten relativ niedrig; d.h.

Tabelle 40

Die Schätzresultate für die Arbeitsnachfragefunktionen

Sektor	Einflußgröße*)	Anpassungs-koeffizient	R2	DW
1 Landwirtschaft	P K ·D	-	0.929	2.72
2 Energie/Bergbau	tF FK P K	0.786	0.995	2.03
3 Chemie	tF FK P	0.691	0.896	1.13
4 Eisen/NE	tF FK P	0.930	0.981	1.59
5 St.Ma.Fz.-Bau	tF FK P	0.943	0.966	1.79
6 Elektro/EBM	tF P	0.913	0.883	0.97
7 Holz/Textil	tF FK P	0.622	0.996	1.24
8 Nahrung	tF P	-	0.938	1.88
9 Bau	tF P	0.821	0.918	2.12
10 Handel	tF P	0.710	0.988	1.98
11 Verkehr	tF FK P	0.283	0.859	0.83
12 Dienstleistungen	tF P	0.432	0.975	1.93
B Bund	tF P	0.385	0.961	2.85
L Länder	tF P K	0.587	0.997	2.09
G Gemeinden	tF P	0.582	0.992	2.36
SV Sozialversicherung	tF P K	0.890	0.726	1.67
PO Priv. Organis.	tF	0.152	0.968	0.65
PH Priv. Haushalte	tF P	0.690	0.989	2.23

*) Es bedeuten:
tF - technischer Fortschritt
FK - Faktorkostenrelation
P - Produktion
K - Kapazitätsauslastung
D - Dummy-Variable (hier: Einflüsse der SPD/FDP-Regierung seit 1970)

die Arbeitsnachfrage hängt stärker vom Bestand des Vorjahres ab [1]. Dies ist wegen des Anteils der Beamten an den Angestellten des öffentlichen Dienstes plausibel. Wir geben exemplarisch die geschätzte Nachfragefunktion für den Sektor G (Gemeinden) an:

$$(15.14) \quad A_{G,t} = \underset{(155.141)}{627.436} + \underset{(0.0048)}{0.0218} \cdot x_{G,t} - \underset{(2.900)}{7.294} \cdot (\bar{K}_{G,t}/\bar{A}_{G,t}) + \underset{(0.150)}{0.418} \cdot A_{G,t-1}$$

$$R2 = 0.992 \;, \quad DW = 2.36$$

Betrachtet man die Schätzergebnisse im Überblick (Tabelle 40), so kann man bei fast allen Ansätzen eine gute Anpassung an die Vergangenheitsentwicklung feststellen. Haupteinflußgrößen der Arbeitsnachfrage sind die erwartete Produktion und der Stand des technischen Fortschritts. Einflüsse der Faktorkostenrelationen sind nur bei 6 (von 12) Sektoren ermittelt worden.

15.3. Die Arbeitsvolumina der Nichtselbständigen

Die im vorigen Abschnitt untersuchten sektoralen Arbeitsvolumina können bei der privaten Wirtschaft in Arbeitsleistungen Selbständiger und Nichtselbständiger unterteilt werden. Die mit den Lohnsätzen bewerteten Arbeitsvolumina Nichtselbständiger bestimmen die sektoralen Lohnsummen; die Arbeitsentgelte der Selbständigen sind in den Einkommen aus Unternehmertätigkeit und Vermögen, die gemäß der definitorischen Abgrenzung in Kapitel 3 als Restgrößen bestimmt werden, enthalten.

Bis auf den Sektor 1 (Landwirtschaft) wird der größte Teil der Arbeitsleistung einer Branche von abhängig Beschäftigten erbracht. Man betrachte dazu die folgende Tabelle 41, in der für die Jahre 1960, 1967 und 1974 jeweils die prozentualen Anteile der Arbeit Nichtselbständiger am gesamten Arbeitsvolumen ausgewiesen sind.

---

1) Eine Ausnahme bildet der Sektor SV (Sozialversicherung). Im Sektor 11 (Verkehr), der die Teilbereiche "Bundesbahn" und "Bundespost" enthält, ist der Anpassungskoeffizient sehr klein (0.283), was die obige Aussage bestätigt.

Tabelle 41

Prozentuale Anteile der Nichtselbständigenarbeit am gesamten Arbeitsvolumen

Sektor	1960	1967	1974	Sektor	1960	1967	1974
1	12.7	10.7	11.5	7	87.2	87.1	87.4
2	96.8	96.2	97.8	8	74.5	78.8	82.7
3	96.2	97.1	97.4	9	88.3	88.9	89.1
4	94.9	95.1	96.0	10	64.8	68.3	69.8
5	95.0	95.8	96.0	11	92.4	92.4	92.5
6	95.7	96.4	96.7	12	64.4	68.3	70.0

Zur Erklärung der sektoralen Arbeitsvolumina abhängig Beschäftigter $ANSE_{j,t}$ wählen wir zwei Grundansätze:

(15.15) $$ANSE_{j,t} = a_0 + a_1 \cdot A_{j,t}$$

(15.16) $$ANSE_{j,t} = a_0 + (a_1 + a_2 \cdot (\overline{K}_{j,t}/\overline{A}_{j,t})) \cdot A_{j,t}$$

$$j \in \{1,\ldots,12\} .$$

In der Gleichung (15.15) nehmen wir an, daß der Anteil der Nichtselbständigenarbeit sich langfristig nicht wesentlich ändert. Der Ansatz (15.16) berücksichtigt demgegenüber Verschiebungen der Arbeitsstruktur zwischen Selbständigen und Nichtselbständigen aufgrund technologischer Entwicklungen.

Beide Verhaltensfunktionen sind mit dem OLS-Verfahren geschätzt worden [1]. Wir haben sämtliche Resultate in der Tabelle 42 zusammengefaßt. Die sektoralen Entwicklungen werden, auch bei konjunkturellen Auf- bzw. Abschwüngen, gut nachvollzogen. Dies bedeutet, daß die wesentlichen Bestimmungsgründe in unserem Ansatz enthalten sind. Die zum Teil schlechte Durbin-Watson-Prüfgröße weist zwar auf eine fehlende erklärende Variable hin, die aber nur einen geringen Erklärungswert haben kann, da im ex post-Vergleich keine Fehlerabweichung über 1 % liegt. Das Aufteilungsverhältnis zwischen den Ar-

1) Die Gleichung (15.16) kann entsprechend umformuliert werden.

beitsvolumina Selbständiger und Nichtselbständiger ändert sich im Verlauf der Referenzperiode 1960 - 1974 kaum [1]. Verschiebungen aufgrund technologischer Entwicklungen sind nur bei den Sektoren 3 (Chemie), 7 (Holz/Textil), 9 (Bau) und 12 (Dienstleistungen) signifikant feststellbar.

Tabelle 42

Die Schätzresultate für die Arbeitsvolumina der Nichtselbständigen

Sektor		Ansatz	Parameterschätzungen			R2	DW
			a_0	a_1	a_2		
1	Landwirtschaft	(15.15)	-1.0402 (29.0343)	0.1130 (0.0046)		0.981	1.03
2	Energie/Bergbau	(15.15)	-2.5922 (24.1749)	0.9756 (0.0200)		0.995	1.24
3	Chemie	(15.16)	-112.2360 (74.9790)	0.9970 (0.0256)	0.0002 (0.0000)	0.995	0.28
4	Eisen/NE	(15.15)	-8.6930 (12.9080)	0.9573 (0.0064)		0.999	0.83
5	St.Ma.Fz.-Bau	(15.15)	-234.9780 (67.9117)	1.0081 (0.0140)		0.998	0.66
6	Elektro/EBM	(15.15)	-116.7500 (82.3343)	0.9969 (0.0220)		0.994	0.30
7	Holz/Textil	(15.16)	-589.1200 (119.4670)	0.9655 (0.0200)	0.0024 (0.0004)	0.999	1.28
8	Nahrung	(15.15)	629.6370 (73.3593)	0.3843 (0.0478)		0.843	1.13
9	Bau	(15.16)	-392.2770 (65.3539)	0.9757 (0.0142)	0.0009 (0.0002)	0.998	1.04
10	Handel	(15.15)	1754.9300 (380.9550)	0.4291 (0.0560)		0.830	0.71
11	Verkehr	(15.15)	-34.0329 (25.3189)	0.9358 (0.0085)		0.999	1.25
12	Dienstleistungen	(15.16)	-1832.6200 (228.2040)	0.9543 (0.0542)	0.0002 (0.0000)	0.992	1.39

1) vgl. Tabelle 41

15.4. Die durchschnittlichen Wochenarbeitszeiten

Die Datenbasis des Disaggregierten Bonner Prognosesystems enthält Zeitreihen über die Jahresarbeitszeiten der 12 Industriesektoren, des Staates und der privaten Organisationen und Haushalte. Zur besseren Anschaulichkeit haben wir diese 14 Zeitreihen jeweils durch die Zahl der Wochen pro Jahr geteilt. Dadurch erhalten wir näherungsweise eine Aussage über die Höhe der durchschnittlichen Wochenarbeitszeiten. Da mangels ausreichender Informationen bei dieser Berechnung keine Urlaubstage usw. berücksichtigt worden sind, ist dies nur eine grobe Approximation der tatsächlichen Wochenarbeitszeiten. Wir werden im folgenden dennoch die Bezeichnung "durchschnittliche Wochenarbeitszeiten" beibehalten, obwohl wir wissen, daß die betrachteten Zeitreihen nur normierte Jahresarbeitszeiten sind.

Bei der Spezifikation der Schätzansätze haben wir zwei wesentliche Aspekte berücksichtigen wollen:

- Im Zuge des technischen Fortschritts und begleitet von gewerkschaftlichen Forderungen hat die Zahl der Arbeitsstunden trendmäßig abgenommen.

- Bei konjunkturell bedingten Schwankungen der Kapazitätsauslastungen werden nicht sofort Arbeiter eingestellt bzw. entlassen; es wird vielmehr versucht, kurzfristige Über- bzw. Unterauslastungen durch Überstunden bzw. Kurzarbeit zu kompensieren.

Zur Erklärung dieser Zusammenhänge bieten sich folgende Verhaltensfunktionen an:

$$(15.17) \quad ETSTD_{j,t} = a_0 + a_1 \cdot (\bar{K}_{j,t}/\bar{A}_{j,t}) + a_2 \cdot \delta_{j,t}$$

bzw.

$$(15.18) \quad ETSTD_{j,t} = a_0 + a_1 \cdot \log(\bar{K}_{j,t}/\bar{A}_{j,t}) + a_2 \cdot \delta_{j,t}$$

mit

$ETSTD_{j,t}$ - durchschnittliche Wochenarbeitszeit im Sektor j
$j \in \{1,...,12,ST,OH\}$.

Tabelle 43

Die Schätzresultate für die durchschnittlichen Wochenarbeitszeiten

	Sektor	Ansatz	Einflußgrößen *)		R2	DW
1	Landwirtschaft	(15.18)	tF		0.806	1.38
2	Energie/Bergbau	(15.17)	tF		0.693	1.09
3	Chemie	(15.17)	tF	K	0.989	1.61
4	Eisen/NE	(15.17)	tF	K	0.936	1.46
5	St.Ma.Fz.-Bau	(15.17)	tF	K	0.945	1.11
6	Elektro/EBM	(15.17)	tF	K	0.973	1.67
7	Holz/Textil	(15.17)	tF	K	0.932	1.27
8	Nahrung	(15.17)	tF		0.560	2.29
9	Bau	(15.17)	tF	K	0.676	2.08
10	Handel	(15.17)	tF	K	0.987	1.96
11	Verkehr	(15.17)	tF		0.962	0.85
12	Dienstleistungen	(15.17)	tF	K	0.991	2.37
ST	Staat	(15.17)	tF	K**)	0.814	0.75
OH	Pr. Org.u.Haush.	(15.17)	tF		0.953	0.40

*) Es bedeuten:
tF - technischer Fortschritt
K - Kapazitätsauslastung

**) Der Kapazitätsauslastungsgrad geht mit einem lag 1 in den Schätzansatz ein.

Der logarithmische Ansatz (15.18) erscheint im Hinblick auf langfristige Prognosen sinnvoll. Bei der Auswahl der besten Schätzgleichungen sind die Parameterbeschränkungen $a_1 \leq 0$ und $a_2 \geq 0$ zu beachten.

Die wichtigsten Ergebnisse der Regressionsanalysen sind in der Tabelle 43 zusammengefaßt. Man erkennt, daß bei 9 der 14 Sektoren Kapazitätsschwankungen zu kurzfristigen Änderungen der Arbeitszeiten führen. Der logarithmische Funktionstyp hat zwar zu etwas schlechteren Resultaten geführt als der Ansatz (15.17) - eine Ausnahme bildet nur der Sektor 1 (Landwirtschaft) - , doch sollte er im Rahmen der dynamischen ex ante-Prognosen erneut getestet werden. Wir betrachten zum Abschluß exemplarisch die Verhaltensgleichung für die durchschnittliche Arbeitszeit im Sektor 3 (Chemie):

$$(15.19) \quad ETSTD_{3,t} = \underset{(0.784)}{43.389} - \underset{(0.0032)}{0.0937} \cdot (\bar{K}_{3,t}/\bar{A}_{3,t}) + \underset{(0.7339)}{4.5122} \cdot \delta_{3,t}$$

$$R2 = 0.989 \quad , \quad DW = 1.61$$

In diesem Ansatz werden beide o.g. Aspekte berücksichtigt. Die Arbeitszeit nimmt aufgrund technologischer Entwicklungen bzw. gewerkschaftlicher Forderungen ab. Andererseits führt eine Veränderung des Kapazitätsauslastungsgrades um 10 % zu einer Erhöhung der Wochenarbeitszeit um ca. 1/2 Stunde.

15.5. Die Lohnsätze

Die sektoralen Lohnsätze beeinflussen im Disaggregierten Prognosemodell einerseits die Inlands- und Exportpreise und somit die Wettbewerbsfähigkeit der einzelnen Branchen; andererseits sind sie in Verbindung mit dem Arbeitsvolumen der Hauptbestimmungsfaktor der gesamtwirtschaftlichen Lohnsumme, die wiederum wesentlich die Konsumgüternachfrage der privaten Haushalte bestimmt. Betrachtet man die wieder aktuelle Diskussion um die Auswirkungen von Lohnerhöhungen bzw. -senkungen, so scheinen insbesondere Simulationen mit sektoral gegliederten, ökonometrischen Modellen einen interessanten Beitrag zu dieser Fragestellung liefern zu können.

Wir haben deshalb einen Schätzansatz zur Bestimmung der Branchenlohnsätze gewählt, der sowohl die tatsächlichen Gegebenheiten weitgehend erfaßt, als auch im Rahmen von Simulationen einfach handhabbar ist. Die Erklärung der Lohnhöhe basiert auf der Annahme der Lohnführerschaft der IG-Metall. Hierzu liegen u.a. detaillierte empirische Untersuchungen von Beckord [11] und

Jäger [59] vor. Sektorale Unterschiede werden durch die Berücksichtigung der jeweiligen erwarteten Arbeitsproduktivitäten und Konsumgüterpreise herausgearbeitet. Dieser Ansatz ist eine Modifizierung der von Jäger [1] vorgeschlagenen Lohnfunktion. Er lautet:

$$(15.20)\quad l_{j,t} = a_0 + a_1 \cdot p_t^{C,E} + a_2 \cdot (x_{j,t}^E / A_{j,t}^E) + a_3 \cdot l_{4,t}$$

$$j \in \{1,2,3,5,\ldots,12,B,L,G,SV,PO,PH\} .$$

Wir bestimmen im Gegensatz zu Jäger die Lohnsätze direkt und nicht über die jeweiligen Wachstumsraten. Außerdem wählen wir als Ecklohn den Lohnsatz des Sektors 4 (Eisen/NE) [2]. Die erwarteten Preise und Arbeitsproduktivitäten werden wie folgt bestimmt:

$$(15.21.a)\quad p_t^{C,E} = p_{t-1}^C$$

$$(15.21.b)\quad (x_{j,t}^E / A_{j,t}^E) = (x_{j,t-1} / A_{j,t-1})$$

Der Ansatz (15.20, 15.21.a,b) beruht auf der Annahme, daß in jeder Branche bzw. Branchengruppe die Lohnhöhe im Rahmen eines kollektiven Aushandlungsprozesses festgelegt wird. Theoretische Grundlage zu diesem Konzept ist die Preisbestimmung im bilateralen Monopol (vgl. Krelle [85]). Über eine Variation des Ecklohnes können nun Simulationen von Lohnerhöhungen durchgeführt werden, die keine explizite Feinabstimmung für einzelne Sektoren erfordern. Dennoch werden sowohl die sektoralen, als auch die gesamtwirtschaftlichen Auswirkungen vollständig erfaßt.

Der Leitlohn wird im Disaggregierten Modell entweder exogen gesetzt oder über den Ansatz

$$(15.22)\quad l_{4,t} = a_0 + a_1 \cdot p_{t-1}^C + a_2 \cdot (x_{4,t-1} / A_{4,t-1})$$

bestimmt.

Wir betrachten zunächst die Schätzresultate im Überblick (Tabelle 44). Der Einfluß des Ecklohnes ist in allen Sektoren signifikant feststellbar. Mit Ausnahme der Sektoren 9 (Bau), PO (Private Organisationen) und PH (Private

1) [59], S. 159 - 203 und 235 - 243
2) Jäger geht vom Lohnsatz des Sektors 5 aus, der in der Referenzperiode die höchste Zahl an Streiktagen aufweist. Wir haben mehrere Versionen getestet, wobei der Ansatz mit l_4 zu den besten Resultaten führte.

Tabelle 44

Die Schätzresultate für die sektoralen Lohnsätze

	Sektor	Einflußgrößen *)			R2	DW
1	Landwirtschaft	L	AP	PC	0.999	1.73
2	Energie/Bergbau	L		PC	0.998	1.50
3	Chemie	L		PC	1.000	1.59
4	Eisen/NE		AP	PC	0.998	0.74
5	Sta.-Ma.-Fz.-Bau	L	AP	PC	1.000	2.48
6	Elektro/EBM	L	AP	PC	0.999	1.67
7	Holz/Textil	L		PC	0.998	1.44
8	Nahrung	L	AP	PC	0.999	2.13
9	Bau	L	AP		0.992	1.26
10	Handel	L	AP	PC	0.999	1.95
11	Verkehr	L		PC	0.997	1.89
12	Dienstleistungen	L		PC	0.998	1.39
B	Bund	L		PC	0.998	2.42
L	Länder	L		PC	0.997	1.93
G	Gemeinden	L		PC	0.997	1.60
SV	Sozialversicherung	L		PC	0.987	1.63
PO	Priv. Organisationen	L	AP		0.997	2.02
PH	Priv. Haushalte	L	AP		0.996	0.96

*) Es bedeuten:
L - Lohnsatz des Sektors 4
AP - Arbeitsproduktivität des Vorjahres
PC - Preisindex für Konsumgüter des Vorjahres

Haushalte) gilt dies auch für den erwarteten Konsumgüterpreisindex. Die Arbeitsproduktivität geht demgegenüber nur bei den Branchen des verarbeitenden Gewerbes, der Landwirtschaft, dem Handel und den privaten Organisationen und Haushalten in die Bestimmung der Lohnhöhe ein. Die Anpassungsgüte ist aufgrund der statistischen Prüfmaße überaus gut. Die Vergangenheitsentwicklung wird exakt wiedergegeben.

Zum Abschluß unserer Untersuchungen wollen wir exemplarisch zwei Lohnfunktionen gegenüberstellen. Die Verhaltensgleichung für den Lohnsatz im Sektor 6 (Elektro/EBM) enthält alle erklärenden Variablen des Ansatzes (15.20). Sie lautet:

$$(15.23) \quad l_{6,t} = \underset{(0.7825)}{-3.5772} + \underset{(0.0115)}{0.0534} \cdot p^C_{t-1} + \underset{(0.0170)}{0.0211} \cdot (x_{6,t-1}/A_{6,t-1}) + \underset{(0.0489)}{0.5877} \cdot l_{4,t}$$

$$R2 = 0.999 \quad , \quad DW = 1.67$$

Im Sektor 12 (Dienstleistungen) ist demgegenüber kein signifikanter Einfluß der Arbeitsproduktivität auf die Lohnhöhe feststellbar. Hier gehen nur der Ecklohn und der erwartete Preisindex für Konsumgüter in den Schätzansatz ein.

$$(15.24) \quad l_{12,t} = \underset{(1.2080)}{-2.2868} + \underset{(0.0178)}{0.0392} \cdot p^C_{t-1} + \underset{(0.0601)}{0.5353} \cdot l_{4,t}$$

$$R2 = 0.998 \quad , \quad DW = 1.39$$

16. Das Preissystem

16.1. Allgemeine Vorbemerkungen

In den Kapiteln 15 (Arbeitsmarkt) und 10 (Anlageinvestitionen) sind die sektoralen Preisindizes für die Produktionsfaktoren Arbeit und Kapital bereits bestimmt worden. Die Importpreise werden im Disaggregierten Modell exogen vorgegeben [1] und die inländischen Preisindizes der Staatssektoren, der privaten Organisationen und der privaten Haushalte im Rahmen des definitorischen Gerüsts [2] erfaßt. Somit müssen wir in diesem Abschnitt nur noch die beiden Variablengruppen

- inländische Preisindizes für die Produkte der Sektoren der privaten Wirtschaft
- Exportpreisindizes für inländische Produkte

erklären. Die Bestimmung der inländischen Produktpreise erfolgt nach dem von Krelle [81], [92] vorgeschlagenen Konzept der Ersetzung von Produktionsangebotsfunktionen durch Preisfunktionen. Die grundlegende Hypothese dieses Ansatzes besagt, daß der Produktmarkt monopolistische Züge trägt, während auf dem Faktormarkt vollständige Konkurrenz herrscht. Die Firmen legen also auf dem Gütermarkt die Preise fest; auf dem Faktormarkt müssen sie aber die Faktorpreise akzeptieren. Für diese Preisfunktionen werden wir zwei Schätzansätze ableiten und ökonometrisch untersuchen.

Den Abschluß dieses Kapitels bildet die Erklärung der sektoralen Exportpreisindizes.

---

1) vgl. Kapitel 4.1.
2) vgl. Kapitel 3.4.

16.2. Die inländischen Preisindizes

16.2.1. Theorie und Schätzansätze [1)]

Wir nehmen an, eine repräsentative Firma des Sektors i setze den Produktpreis p_i [2)] auf dem Arbeitsmarkt so fest, daß ihr Gewinn Q_i maximiert wird. Bezeichnet man die Kosten der Firma mit $KOST_i$ und die Nachfragefunktion nach dem Gut i mit $x_i(p_i)$, $i \in \{1,...,12\}$, so gilt:

$$(16.1) \quad Q_i = p_i \cdot x_i(p_i) - KOST_i = \max_{p_i} .$$

Die Kosten der Firma setzen sich aus Vorleistungskosten für inländische und importierte Güter, Abschreibungs-, Steuer- und Lohnkosten zusammen. Es gilt:

$$(16.2) \quad KOST_i = \sum_{j=1}^{PH} a_{ji} \cdot p_j \cdot x_i + \sum_{k=1}^{OH} a^M_{ki} \cdot p^M_k \cdot x_i + dk_i \cdot p_i \cdot x_i +$$

$$t_i^{ind} \cdot p_i \cdot x_i + t_i^{ind,E} \cdot p_i \cdot x_i - s_i^{ub} \cdot p_i \cdot x_i + l_i \cdot h_i \cdot x_i$$

mit

$dk_i := (D_i / p_i \cdot x_i)$ – realer Abschreibungskoeffizient in Sektor i [3)]

$t_i^{ind} := (T_i^{ind} / p_i \cdot x_i)$ – Satz der indirekten Steuern des Sektors i an den Staat

$t_i^{ind,E} := (T_i^{ind,E} / p_i \cdot x_i)$ – Satz der indirekten Steuern des Sektors i an das Ausland

$s_i^{ub} := (SUB_i / p_i \cdot x_i)$ – Satz der Subventionen an den Sektor i .

Alle anderen Variablen sind bereits in den vorigen Kapiteln definiert worden.

Der Gewinn in (16.1) wird genau dann maximal, wenn der Grenzerlös gleich den Grenzkosten ist. Dies ergibt die Amoroso-Robinson-Gleichung:

1) Wir folgen im wesentlichen Krelle [81], S. 94 - 98, [92], S. 31 - 33.
2) Der Zeitindex wird zunächst weggelassen.
3) Im Gegensatz zu (3.13) und (14.4) bewerten wir die Abschreibungen in erster Näherung mit p_i . Die weitere Ableitung wird dadurch vereinfacht.

$$(16.3)\quad p_i\cdot(1-\frac{1}{\varepsilon_i}) = \frac{\partial KOST_i}{\partial x_i}\ ,\quad \varepsilon_i := -\frac{\partial x_i}{\partial p_i}\cdot\frac{p_i}{x_i}\ .$$

Die Inverse der Preiselastizität der Nachfrage ε_i wird als Monopolgrad der repräsentativen Firma des Sektors i interpretiert.

Aus (16.3) folgt unter Berücksichtigung von (16.2):

$$(16.4)\quad p_i\cdot(1-\frac{1}{\varepsilon_i}) = \sum_{j=1}^{PH} a_{ji}\cdot p_j + \sum_{k=1}^{OH} a_{ki}^M\cdot p_k^M + dk_i\cdot p_i + t_i^{ind}\cdot p_i + t_i^{ind,E}\cdot p_i - s_i^{ub}\cdot p_i + l_i\cdot h_i\ .$$

Faßt man alle Terme, die p_i enthalten zusammen, so erhält man nach einigen Umformungen:

$$(16.5)\quad p_i = \frac{\sum_{j\neq i}^{PH} a_{ji}\cdot p_j + \sum_{k=1}^{OH} a_{ki}^M\cdot p_k^M + l_i\cdot h_i}{1-\frac{1}{\varepsilon_i} - a_{ii} - dk_i - t_i^{ind} - t_i^{ind,E} + s_i^{ub}}\ .$$

Die Preisfunktionen können nun einerseits direkt mit Hilfe des Ansatzes (16.5) geschätzt werden, wobei der Monopolgrad $1/\varepsilon_i$ als konstanter Parameter ermittelt wird. Hierfür sind aber nichtlineare Schätzverfahren erforderlich. Andererseits kann man (16.5) als Definitionsgleichung spezifizieren und für die Monopolgrade jeweils eine Verhaltensfunktion schätzen. Wir haben uns für den zweiten Weg entschieden [1]. Der Monopolgrad wird als Funktion des Kapazitätsauslastungsgrades und einer Trendkomponente, z.B. der Zeit, erklärt. Zusätzlich haben wir untersucht, wie groß die Einflüsse politischer Veränderungen auf die Marktmacht einzelner Sektoren ist. Somit lautet der allgemeine Schätzansatz:

$$(16.6)\quad eps_{i,t} := 1/\varepsilon_i = a_0 + a_1\cdot D_{*,t} + a_2\cdot t + a_3\cdot D_{*,t}\cdot t + a_4\cdot\delta_{i,t}\ .$$

---

1) Die Zeitreihen der Monopolgrade $1/\varepsilon_i$ erhält man unter Verwendung von (16.1) und (16.5) als

$$1/\varepsilon_i = \frac{Q_i\cdot(1 - a_{ii} - dk_i - t_i^{ind} - t_i^{ind,E} + s_i^{ub})}{Q_i + \sum_j a_{ji}\cdot p_j\cdot x_i + \sum_k a_{ki}^M\cdot p_k^M\cdot x_i + l_i\cdot h_i\cdot x_i}\ .$$

Siehe dazu auch Krelle [81], S. 97.

Mit $D_{*,t}$ sollen hauptsächlich die Auswirkungen des Regierungswechsels des Jahres 1970 gemessen werden. Im Sektor 2 (Energie/Bergbau) testen wir alternativ, wie die Gründung der Ruhrkohle AG die Marktmacht dieses Wirtschaftszweiges beeinflußt hat. Bei dem Ansatz (16.6) ist nur die Parameterbeschränkung $a_4 \geq 0$ zu beachten.

Der zweite Schätzansatz für p_i kann als eine lineare Approximation von (16.5) interpretiert werden. Es wird außerdem eine zeitliche Verzögerung zwischen der Kostenentstehung und der Preisbildung angenommen. Zur Erklärung der Preisindizes der Sektoren 1 (Landwirtschaft) und 4 (Eisen/NE) wird zusätzlich der jeweilige Importpreis in den Schätzansatz aufgenommen. Dadurch wollen wir Richtpreisbildungen für Agrar- und Stahlerzeugnisse innerhalb der EG erfassen, die eine "normale" Preisentwicklung verhindern. Somit lauten die Schätzansätze:

(16.7.a) $p_{i,t} = a_0 + a_1 \cdot COST_{i,t-1} + a_2 \cdot \delta_{i,t}$ für $i \in \{2,3,5,\dots,12\}$

(16.7.b) $p_{i,t} = a_0 + a_1 \cdot COST_{i,t-1} + a_2 \cdot \delta_{i,t} + a_3 \cdot p^M_{i,t}$ für $i \in \{1,4\}$

mit $COST_{i,t} := KOST_{i,t}/x_{i,t}$.

In (16.7.a,b) sind die Parameterrestriktionen $a_1 \geq 0$, $a_2 \geq 0$ und $a_3 \geq 0$ zu beachten.

16.2.2. Die Schätzergebnisse im Überblick

Die Ansätze (16.6) und (16.7.a,b) sind jeweils mit der gewöhnlichen Methode der kleinsten Quadrate geschätzt worden. Neben der Plausibilität haben wir insbesondere die Signifikanz der Parameterschätzungen als Auswahlkriterium der besten Resultate beachtet. Dadurch haben wir alle Ergebnisse herausgefiltert, die statistisch und ökonomisch unplausible Einflüsse der politischen und konjunkturellen Variablen auf die Marktmacht bzw. die Preisbildung eines Sektors ergaben. In der Tabelle 45 werden die nach dieser Methode ausgewählten Verhaltensgleichungen für die sektoralen Monopolgrade dargestellt.

Tabelle 45

Die Schätzergebnisse für die sektoralen Monopolgrade

	Sektor	Einflußgrößen *)	R2	DW
1	Landwirtschaft	T TD K CD	0.844	2.66
2	Energie/Bergbau	T TD K CD	0.806	2.37
3	Chemie	T TD K CD	0.917	2.89
4	Eisen/NE	T K C	0.562	1.47
5	St.Ma.Fz.-Bau	T K C	0.487	1.41
6	Elektro/EBM	T K C	0.711	2.19
7	Holz/Textil	T TD K CD	0.741	2.42
8	Nahrung	T K C	0.202	1.23
9	Bau	T TD K CD	0.513	0.98
10	Handel	T TD K CD	0.877	2.21
11	Verkehr	T TD K CD	0.498	2.50
12	Dienstleistungen	T K C	0.975	1.55

*) Es bedeuten:
T - Zeittrend
TD - Zeittrend ab 1970 (ab 1968 im Sektor 2)
K - Kapazitätsauslastung
C - Konstante
CD - Konstante ab 1970 (ab 1968 im Sektor 2).

Wir betrachten exemplarisch die Schätzgleichung für den Sektor 12 (Dienstleistungen). Sie lautet:

$$(16.8) \quad eps_{12,t} = \underset{(0.0262)}{0.2047} + \underset{(0.0002)}{0.0033} \cdot t + \underset{(0.0264)}{0.0519} \cdot \delta_{12,t}$$

$$R2 = 0.975 \quad , \quad DW = 1.55$$

Der Monopolgrad des Sektors 12 nimmt also im Zeitablauf zu. Dieses Ergebnis entspricht der zunehmenden Bedeutung des Dienstleistungsgewerbes. Politische Einflüsse auf die Marktmacht dieses Wirtschaftszweiges sind nicht feststellbar, während Kapazitätsauslastungsschwankungen geringe Auswirkungen auf die Höhe des Monopolgrades haben. Dieses Resultat erscheint plausibel.

In der Tabelle 46 sind die Schätzergebnisse für die Preisfunktionen gemäß den Ansätzen (16.7.a,b) ausgewiesen. Man sieht, daß die Inlandspreise hauptsächlich von den Einheitskosten abhängen. Demgegenüber ist nur bei den Sektoren 5 (Stahl-,Maschinen-,Fahrzeug-Bau), 6 (Elektro/EBM) und 10 (Handel) ein signifikanter Einfluß der Kapazitätsauslastung auf das Preisniveau erfaßt worden. Dies ist nicht unbedingt ein Widerspruch zu den Ergebnissen der Tabelle 45, da dort nur die Auswirkungen schwankender Kapazitätsauslastungen auf die Marktmacht der Sektoren - wiedergegeben durch den Monopolgrad - gemessen werden. Wie sich dieser Einfluß in den Preisen niederschlägt, kann dort nicht abgelesen werden.

Tabelle 46

Die Schätzergebnisse für die inländischen Preisindizes

	Sektor	Einflußgrößen *)			R2	DW
1	Landwirtschaft	COST	P	C	0.817	2.09
2	Energie/Bergbau	COST		C	0.940	1.71
3	Chemie	COST		C	0.981	1.30
4	Eisen/NE	COST	P	C	0.918	0.74
5	St.Ma.Fz.-Bau	COST	K	C	0.985	1.65
6	Elektro/EBM	COST	K	C	0.971	1.97
7	Holz/Textil	COST		C	0.964	1.93
8	Nahrung	COST		C	0.937	1.18
9	Bau	COST		C	0.970	0.87
10	Handel	COST	K	C	0.986	1.76
11	Verkehr	COST		C	0.992	1.42
12	Dienstleistungen	COST		C	0.999	2.07

*) Es bedeuten
COST - Kosten pro Produkteinheit in der Vorperiode
K - Kapazitätsauslastung
P - Preisindex für konkurrierende Importe
C - Konstante

Wir wollen exemplarisch die Verhaltensgleichung für den inländischen Preisindex des Sektors 5 (Stahl-,Maschinen-,Fahrzeug-Bau) untersuchen:

$$(16.9) \quad p_{5,t} = \underset{(10.484)}{-35.363} + \underset{(4.490)}{126.003} \cdot COST_{5,t-1} + \underset{(8.910)}{24.389} \cdot \delta_{5,t-1}$$

$$R2 = 0.985 \quad , \quad DW = 1.65$$

In dieser Branche führt eine Überauslastung der Kapazitäten zu höheren Produktpreisen. Da Kapazitätsüberlastungen im Sektor 5 meistens mit langen Lieferzeiten, z.B. im Teilsektor Fahrzeugbau, verbunden sind, ergibt sich für die Firmen wegen der längerfristig gesicherten Absatzlage ein größerer Spielraum bei der Preisbestimmung.

16.3. Die Exportpreise

Die Zeitreihen der Exportpreise konnten bei der Datenerstellung nicht für alle Sektoren des Disaggregierten Prognosesystems aus der amtlichen Statistik [1] entnommen werden. Wegen mangelnder Informationen sind sie zum Teil wie die jeweiligen inländischen Preisindizes berechnet worden [2]. Davon sind die Ausfuhrpreise der folgenden Sektoren betroffen:

- Bau (ganz)
- Handel (teilweise)
- Sonstige Dienstleistungen (teilweise)
- Staat (ganz)
- Private Organisationen und Haushalte (ganz) .

Somit gilt:

$$(16.10) \quad p^E_{i,t} =: p_{i,t} \quad \text{für } i \in \{9,B,L,G,SV,PO,PH\} ,$$

wobei $p^E_{i,t}$ der Exportpreis des Sektors i ist.

Für die anderen Ausfuhrpreise sind wahlweise folgende Verhaltensgleichungen geschätzt worden:

1) Statistisches Bundesamt: Fachserie 17, Reihe 8, jährlich
2) Stäglin u.a. [136], S. 16 ff.

(16.11) $p^E_{i,t} = a_0 + a_1 \cdot p_{i,t} + a_2 \cdot p^E_{i,t-1}$

(16.12) $p^E_{i,t} = a_0 + a_1 \cdot p_{i,t} + a_2 \cdot (FX'SUS_t \cdot p^{\$}_{i,t})$

(16.13) $p^E_{i,t} = a_0 + a_1 \cdot p_{i,t} + a_2 \cdot FX'SUS_t$

(16.14) $p^E_{i,t} = a_0 + a_1 \cdot p_{i,t} + a_2 \cdot p^M_{i,t}$

mit

$FX'SUS_t$ - Wechselkurs (DM/$)

$p^{\$}_{i,t}$ - Weltmarktpreis der dem Sektor i entsprechenden SITC-Gruppe

$p^M_{i,t}$ - Importpreis für Güter der Art $i \in \{1,...,8,10,11,12\}$.

Alle vier Ansätze können mit der gewöhnlichen Methode der kleinsten Quadrate geschätzt werden. Bei der Auswahl der besten Verhaltensgleichungen müssen die Parameterbeschränkungen $a_1, a_2 \geq 0$ beachtet werden. Die Schätzergebnisse sind in der Tabelle 47 zusammengefaßt. Sie müssen nicht näher erläutert werden.

Tabelle 47: Die Schätzergebnisse für die Exportpreise

	Sektor	Einflußgrößen *)					R2	DW
1	Landwirtschaft	PX	PE			C	0.958	2.34
2	Energie/Bergbau	PX			FP	C	0.968	1.14
3	Chemie	PX			F	C	0.982	1.86
4	Eisen/NE	PX			FP	C	0.965	1.47
5	St.Ma.Fz.-Bau	PX			FP	C	0.996	1.24
6	Elektro/EBM	PX	PE			C	0.987	1.35
7	Holz/Textil	PX			FP	C	0.989	0.99
8	Nahrung	PX			FP	C	0.970	1.53
9	Bau	PX					-	-
10	Handel	PX		PM			1.000	1.06
11	Verkehr	PX	PE			C	0.991	2.37
12	Dienstleistungen	PX		PM		C	1.000	2.06

*) Es bedeuten: PX - inländischer Preisindex; PE - Exportpreis der Vorperiode; PM - Importpreis; FP - Wechselkurs x Weltmarktpreis; F - Wechselkurs; C - Konstante

17. Die Elemente der konsolidierten Transfertabelle

17.1. Vorbemerkungen

Die Transferbeziehungen der Sektoren U (Unternehmen), PH (private Haushalte), PO (private Organisationen), GK (Gebietskörperschaften), SV (Sozialversicherung) und E (Ausland) [1] sind in der ersten Variante des Disaggregierten Prognosesystems von Frerichs [34] ausführlich erklärt worden. Für die Referenzperiode 1960 - 1974 hat Hellmuth [54] Regressionsanalysen durchgeführt, deren Ergebnisse weitgehend übernommen werden konnten. Während der Modellaufbauphase sind nur für einzelne Variablen Verbesserungen erforderlich gewesen. Wir verzichten deshalb auf eine detaillierte Darstellung dieses Modellteils und führen exemplarisch einige wichtige Resultate vor. Diese beziehen sich auf die Variablen (-gruppen):

- Lohn-, Gewinn- und Körperschaftssteuereinnahmen der Gebietskörperschaften
- Transferausgaben der Gebietskörperschaften und der Sozialversicherung
- das verfügbare Einkommen der privaten Haushalte .

Alle weiteren Konzepte, Schätzansätze und Resultate werden ausführlich in den Arbeiten von Frerichs [34], Hellmuth [54] und Kiy [70] beschrieben.

17.2. Die Steuereinnahmen der Gebietskörperschaften

Die gesamten Steuereinnahmen der Gebietskörperschaften setzen sich aus den Körperschaftssteuern der Unternehmen ($T^{Körp}$), den direkten Steuern der Gewinnbezieher (T_Q^{dir}), den direkten Steuern der Lohnbezieher (T_L^{dir}) und den indirekten Steuern (T_{GK}^{ind}) zusammen. Betrachtet man die Steuereinnahmestruktur der Gebietskörperschaften im Verlauf der Referenzperiode 1960 - 1974, so sind erhebliche Verschiebungen zu erkennen, wie die Tabelle 48 veranschaulicht.

---

1) vgl. Tabelle 4

Tabelle 48

Prozentuale Aufteilung der gesamten Steuereinnahmen der Gebietskörperschaften auf die vier wichtigsten Steuerarten

Jahr	T_{GK}^{ind}	T_{L}^{dir}	T_{Q}^{dir}	$T^{Körp.}$
1960	59.74	12.87	15.74	11.65
1961	57.63	14.42	16.26	11.69
1962	56.84	15.33	16.59	11.24
1963	56.35	16.28	16.95	10.42
1964	56.08	17.63	16.26	10.03
1965	57.41	17.17	15.86	9.56
1966	56.96	18.25	16.19	8.60
1967	57.85	18.39	15.67	8.09
1968	55.89	19.72	15.49	8.90
1969	56.90	20.34	13.56	9.20
1970	54.51	25.01	12.88	7.60
1971	53.34	27.64	13.01	6.01
1972	54.44	26.78	13.19	5.59
1973	50.79	28.73	14.15	6.33
1974	49.07	30.19	14.87	5.87

Die Anteile der indirekten Steuern und der Körperschaftssteuern an den gesamten Steuereinnahmen nehmen nahezu kontinuierlich ab. Der Gewinnsteueranteil sinkt bis zum Jahr 1970 und nimmt dann wieder zu. Dies ist auf die Steuerreform des Jahres 1971 zurückzuführen. Die Bedeutung der Lohnsteuern für die gesamten Steuereinnahmen der Gebietskörperschaften wächst ständig. Hier kommen u.a. die immer stärker wirkenden Progressionsbereiche des Einkommenssteuertarifs zur Geltung. Diese Tatsache wird in der Schätzgleichung für die direkten Steuern der Lohnbezieher durch einen exponentiellen Ansatz berücksichtigt.

$$(17.1) \quad T_{L,t}^{dir} = \underset{(0.02556)}{L_t^{1.55602}} \cdot \underset{(0.35871)}{\exp(-9.31873)}$$

$$R2 = 0.996 \quad , \quad DW = 1.48 \; .$$

L_t ist das gesamte Lohneinkommen in der Periode t.

Zur Erklärung der Gewinnsteuern ist ein linearer Ansatz gewählt worden. Dadurch werden Möglichkeiten der Steuerverminderung, die die Progression zum Teil ausgleichen, erfaßt. Die Auswirkungen der Steuerrechtsreform des Jahres 1971 berücksichtigen wir durch die Dummy-Variable $D_{70,t}$ [1].

$$(17.2)\qquad T^{dir}_{Q,t} = \underset{(0.02016)}{0.10014 \cdot Q_t} + \underset{(0.03360)}{0.22454 \cdot Q_t \cdot D_{70,t}} - \underset{(6065.6)}{41676.8 \cdot D_{70,t}} + \underset{(2525.88)}{4594.38}$$

$$R2 = 0.979 \quad , \quad DW = 2.18$$

Q_t sind die gesamten Gewinne im Jahr t.

Die Analyse der Körperschaftssteuern ist besonders schwierig, da hier je nach Größe der veranlagten juristischen Personen verschiedene Steuersätze zugrundegelegt werden [2]. Im folgenden Ansatz sind sowohl die Einflüsse der Steuerreform, als auch eine Verzögerung zwischen Entstehung und Zahlung der Steuerschuld erfaßt worden.

$$(17.3)\qquad T^{Körp}_t = \underset{(0.01610)}{0.05658 \cdot (Q_t + Q_{t-1})/2} -$$

$$\underset{(0.00708)}{0.01000 \cdot D_{70,t} \cdot (Q_t + Q_{t-1})/2} + \underset{(1947.9)}{3551.5}$$

$$R2 = 0.747 \quad , \quad DW = 1.58$$

17.3. Die Verteilung der Transferausgaben der Gebietskörperschaften und der Sozialversicherung

Das Gesamtvolumen der Transferausgaben der Gebietskörperschaften (T^r_{GK}) und der Sozialversicherung (T^r_{SV}) ist bereits im Kapitel 8 bestimmt worden [3]. Die Verteilung dieser Größen wird auf der Grundlage einer statischen Variante des staatlichen Optimierungsverhaltens (8.6.a-c) durchgeführt.

1) vgl. Kapitel 8.
2) Eine gute Darstellung dieser Problematik gibt Frerichs [34], S. 98 ff.
3) vgl. Tabelle 17.

Seien $t^r_{ij,t}$ die realen Transferzahlungen von Sektor i $\in$ {GK,SV} an Sektor j $\in$ {U,PH,PO,GK,SV,E} und $p^{tr}_{ij,t}$ die zugehörigen Preise. Dann lauten die beiden Optimierungsprobleme:

(17.4.a) $u_{i,t} = \sum_j a_{ij} \cdot \log(t^r_{ij,t}) = \max!$

unter der Nebenbedingung:

(17.4.b) $\sum_j p^{tr}_{ij,t} \cdot t^r_{ij,t} = T^r_{i,t}$ 1), $i \in \{GK,SV\}$.

Mit Hilfe des Lagrange-Ansatzes erhält man die Gleichungen

(17.5) $p^{tr}_{ij,t} \cdot t^r_{ij,t} =: T^r_{ij,t} = a_{ij} \cdot T^r_{i,t}$.

Berücksichtigt man zusätzliche konstante, z.B. gesetzlich festgelegte, Mindesttransferzahlungen, führt dies zu den Schätzansätzen:

(17.6) $T^r_{GKj,t} = a_{0j} + a_{1j} \cdot T^r_{GK,t}$

mit $\sum_j a_{0j} = 0$; $0 < a_{1j} < 1$, $\sum_j a_{1j} = 1$; $j \in \{U,PH,PO,SV,E\}$.

(17.7) $T^r_{SVj,t} = a_{0j} + a_{1j} \cdot T^r_{SV}$

mit $\sum_j a_{0j} = 0$; $0 < a_{1j} < 1$; $\sum_j a_{1j} = 1$; $j \in \{PH,E\}$ 2) .

In den Gleichungssystemen (17.6) und (17.7) haben wir die jeweils größte Transferzahlung als Restgröße bestimmt. Die anderen Gleichungen sind mit dem OLS-Verfahren geschätzt worden. Diese Methode führt aber wegen der besonderen Struktur der Systeme zu den gleichen Resultaten wie der Aitken-Schätzer im Zellner-Modell. Man vergleiche dazu auch die Ausführungen im Kapitel 6.3. In der Tabelle 49 haben wir die Schätzergebnisse zusammengestellt. Die Parameter der als Restgrößen bestimmten Gleichungen sind dabei rückgerechnet worden. Die Angabe der statistischen Prüfmaße R2 und DW entfällt bei diesen Variablen.

---

1) Im Gegensatz zu dem Ansatz (8.6.a-c) geht hier das tatsächliche Ausgabenvolumen $T^r_{i,t}$ in die Budgetgleichung ein, da diese Größen schon in der vorigen Stufe festgelegt worden sind. Vgl. dazu auch Kapitel 14.5.

2) Die Sozialversicherung leistet im Zeitraum 1960 - 1974 nur Zahlungen an die Sektoren PH und E.

Tabelle 49

Die Schätzresultate für die Verteilung der Transferausgaben der Gebietskörperschaften und der Sozialversicherung

Variable	Ansatz	Parameterschätzungen		R2	DW
		a_0	a_1		
$T^r_{GK,U}$	(17.6)	-2324.890 (357.528)	0.20072 (0.00654)	0.986	0.94
$T^r_{GK,PO}$	(17.6)	90.555 (73.126)	0.03748 (0.00134)	0.984	0.86
$T^r_{GK,SV}$	(17.6)	3534.770 (511.658)	0.25007 (0.00936)	0.982	1.25
$T^r_{GK,E}$	(17.6)	-590.029 (485.877)	0.10709 (0.00889)	0.918	1.04
$T^r_{GK,PH}$	Rest	-710.406	0.40463	-	-
$T^r_{SV,E}$	(17.7)	-242.007 (31.562)	0.01270 (0.00047)	0.982	2.59
$T^r_{SV,PH}$	Rest	242.007	0.98730	-	-

17.4. Das verfügbare Einkommen der privaten Haushalte

Das Nettoeinkommen der privaten Haushalte wird gemäß der Abgrenzung des Forschungsplans [80] durch folgende Definitionsgleichung bestimmt:

$$(17.8) \quad Y_t^{verf,PH} := L_t + Q_{U,PH,t} + \sum_j T_{j,PH,t}^r - T_{L,t}^{dir} - T_{Q,t}^{dir} - T_{PH,SV,t}^{dir}$$

mit

L_t - gesamte Lohnsumme

$Q_{U,PH,t}$ - Gewinne der privaten Haushalte bei den Unternehmen

$T_{j,PH,t}^r$ - Transferzahlungen von Sektor j $\in$ {U,GK,SV,E} an die privaten Haushalte

$T_{L,t}^{dir}$ - Lohnsteuer

$T_{Q,t}^{dir}$ - Gewinnsteuer

$T_{PH,SV,t}^{dir}$ - Transfers der privaten Haushalte an die Sozialversicherung [1)]

Nicht erfaßt sind in dieser Abgrenzung die Transferzahlungen der privaten Haushalte an die Unternehmen (z.B. Nettoprämien auf Schadensversicherungen), an die privaten Organisationen (Kirchensteuer, Gewerkschaftsbeiträge) und an das Ausland (z.B. Heimatüberweisungen von Gastarbeitern) [2)]. Dadurch fällt das im Disaggregierten Prognosesystem ausgewiesene verfügbare Einkommen höher aus als die entsprechenden Werte des Statistischen Bundesamtes.

---

1) Es handelt sich hier im wesentlichen um Sozialversicherungsbeiträge.
2) vgl. Hellmuth [54], S. 22,23,28.

18. Sonstige Variable

18.1. Allgemeine Vorbemerkungen

Durch die in den Kapiteln 7 - 17 hergeleiteten und geschätzten Verhaltensgleichungen, das im Kapitel 3 dargestellte definitorische Gerüst und die im Kapitel 4 angegebenen exogenen Variablen sind alle von Null verschiedenen Felder der

- Sozialproduktstabellen (einschließlich des Arbeitsmarktes)
- konsolidierten Transfertabellen und
- Tabellen der Investitionsfinanzierung

des Disaggregierten Bonner Prognosemodells erklärt worden. In die Verhaltensgleichungen vieler Variablengruppen, z.B. der Produktions- und Investitionskoeffizienten, der Arbeitsnachfragefunktionen usw., gehen als erklärende Größen die sektoralen

- durchschnittlichen Kapital-Arbeits-Relationen ($\overline{K}_j/\overline{A}_j$) und
- Kapazitätsauslastungsgrade (δ_j)

ein. Die Kapitalintensität der Arbeit soll dabei den Stand des technischen Fortschritts wiedergeben, während der Kapazitätsauslastungsgrad konjunkturelle Einflüsse erklärt. Beide Variablengruppen müssen im Rahmen eines geschlossenen Modellkonzepts endogen bestimmt werden. Dazu ist es erforderlich, innerhalb des Disaggregierten Prognosesystems eine eigene Potential- und Anlagevermögensrechnung durchzuführen. Beide Berechnungskonzepte, die schon in der ersten Modellvariante angewandt worden sind [1], sollen hier kurz dargestellt und die wichtigsten Resultate dazu angegeben werden. In diesem Rahmen werden folgende Variablen bestimmt:

1) vgl. Kübler [96], S. 171 - 197 und 198 - 213, bzw. Frerichs [34], S. 110 - 115

<u>Anlagevermögensrechnung</u>:

a) sektorale Bruttoanlagevermögen
b) sektorale Nettoanlagevermögen
c) sektorale Abgänge vom Bestand

<u>Potentialrechnung</u>: [1]

a) sektorale Produktionskapazitäten
b) sektorale Kapitalkoeffizienten
c) sektorale Kapazitätsauslastungsgrade

18.2. Die Anlagevermögensrechnung im Disaggregierten Prognosesystem

"Das Anlagevermögen umfaßt alle dauerhaften, reproduzierbaren Produktionsmittel mit Ausnahme der dauerhaften Güter im militärischen Bereich und im Besitz der privaten Haushalte. Das <u>Bruttoanlagevermögen</u> erfaßt die Produktionsmittel für die Dauer ihrer Nutzung stets zum Anschaffungswert. Das <u>Nettoanlagevermögen</u> dagegen erfaßt die Anlagegüter zu ihrem am Stichtag vorhandenen "Zeitwert", wobei dieser Zeitwert durch die Einbeziehung der jährlichen Abschreibungen ermittelt wird". [2]

Entsprechend dieser auf Krelle ([77], S. 120 ff.) zurückgehenden Abgrenzung sind die sektoralen Brutto- und Nettoanlagevermögen im Disaggregierten Prognosesystem definiert. Dabei gibt das Bruttoanlagevermögen den Kapazitätsaspekt wieder - geht also in die Bestimmung der Kapitalintensität der Arbeit ein -, während das Nettoanlagevermögen zur Erklärung finanzieller Aspekte herangezogen wird, z.B. bei der Bestimmung der sektoralen Erlös-Kosten-Relationen [3].

Grundlage der sektoralen Kapitalstockberechnungen bilden vom DIW ermittelte Investitionszeitreihen, die teilweise bis ins frühe 19-te Jahrhundert zurückreichen. Für jeden Wirtschaftszweig wird das reale Bruttoanlagevermögen aufgrund eines "perpetual inventory"-Ansatzes (vgl. Görzig [48]) wie folgt berechnet:

$$(18.1) \quad K_{j,t} = \sum_{\tau=1}^{M_j} g_j(\tau) \cdot i^{ANL}_{j,t-\tau+1}$$

1) nur für die Sektoren der privaten Wirtschaft
2) Kübler [96], S. 198, 199
3) vgl. Kapitel 10.2.2.

mit

$K_{j,t}$ - reales Bruttoanlagevermögen des Sektors j am Ende der Periode t

$i_{j,t}^{ANL}$ - reale Bruttoanlageinvestitionen des Sektors j im Jahr t

$g_j(\tau)$ - Überlebensfunktion für Investitionsgüter des Sektors j

M_j - maximale Lebensdauer der Investitionsgüter im Sektor j [1)]
$j \in \{1,\ldots,11,WO,SO,B,L,G,SV,OH\}$.

Die Überlebensfunktion gibt an, welcher Anteil der durch Investitionen geschaffenen Anlagen, Maschinen usw., jeweils aus dem Produktionsprozeß ausscheidet. Sie wird als quasi-logistisch angenommen, wobei die Parameter der Funktion aus der Vermögensrechnung des DIW (vgl. Kirner [65]) übernommen werden. Es gilt:

$$(18.2)\qquad g_j(\tau) := \begin{cases} 1 & \text{für } \tau=1 \\ \dfrac{1}{1+\exp\left[c_j\{\frac{p}{L_j-\tau}+\frac{q}{1-\tau}\}\right]} & \text{für } \tau=2,3,\ldots,M_j \\ 0 & \text{für } \tau>M_j \end{cases}$$

mit $c_j = 2.2\cdot M_j$

$p = q = 0.5$

$L_j = M_j + 1 \qquad , \quad j \in \{1,\ldots,11,WO,SO,B,L,G,SV,OH\}$.

Da das DIW die unserer Vermögensrechnung zugrundeliegenden Investitionszeitreihen - und somit die zugehörigen Lebensdauern - in einer 25-Sektoreneinteilung getrennt nach Ausrüstungen und Bauten ermittelt, müssen diese Größen zunächst mit der Sektorgliederung des Disaggregierten Modells abgestimmt werden. Das entsprechende Verfahren ist ausführlich in den Arbeiten von Frerichs [34] und Kübler [96] beschrieben worden und wird an dieser Stelle nicht weiter erläutert. Damit die sektoralen Bruttoanlagevermögen modellendogen unter Verwendung der Gleichungen (18.1) und (18.2) bestimmt werden können, sind in das Bonner IAS-System spezielle FORTRAN-Unterprogramme implementiert worden.

---

1) Die durchschnittliche Überlebensdauer ist dann:

$m_j = \sum_{i=1}^{M_j} g_j(i)$; vgl. Kübler [96], S. 203

Um nicht zu jedem Lösungszeitpunkt des Modells auf sämtliche Werte der Investitionszeitreihen zurückgreifen zu müssen - teilweise existieren Zeitreihen mit über 200 Beobachtungen - und aus anderen programmtechnischen Gründen, sind die Berechnungsvorschriften aus (18.1) wie folgt aufgespalten worden:

$$(18.3)\quad K_{j,t} = \sum_{\tau=1}^{t-1950} g_j(\tau)\cdot i^{ANL}_{j,t-\tau+1} + \sum_{\tau=t-1950}^{M_j} g_j(\tau+1)\cdot i^{ANL}_{j,t-\tau} ,$$

$j \in \{1,\ldots,OH\}$.

Der zweite Ausdruck auf der rechten Seite von (18.3) gibt an, in welcher Höhe die bis zum Jahr 1950 getätigten Investitionen des Sektors j zum Zeitpunkt t noch erhalten sind. Diese Größen sind außerhalb des IAS-Systems bis zum Jahr 1995 berechnet und als Zeitreihen $R50_{j,t}$ abgespeichert worden. Der erste Ausdruck gibt den aktuellen Wert der seit 1950 getätigten Investitionen eines Sektors an. Er wird mit einem speziellen FORTRAN-Unterprogramm, das wir mit $F_j\square(t)$ bezeichnen, berechnet. Wir haben somit folgende Bestimmungsgleichungen in das Modell eingebaut:

$$(18.4)\quad K_{j,t} = R50_{j,t} + F_j\square(t) \quad , \quad j \in \{1,\ldots,OH\} .$$

Die realen <u>Anlagenabgänge</u> ergeben sich wie folgt:

$$(18.5)\quad abgv_{j,t} = \sum_{\tau=1}^{M_j} [g_j(\tau) - g_j(\tau+1)]\cdot i^{ANL}_{j,t-\tau}$$

$$= K_{j,t-1} - K_{j,t} + i^{ANL}_{j,t} \quad , \quad j \in \{1,\ldots,OH\} .$$

Im Rahmen des "perpetual inventory"-Konzeptes können auch die sektoralen Nettoanlagevermögen und Abschreibungen bestimmt werden. Die in den Tabellen der Volkswirtschaftlichen Gesamtrechnung ausgewiesenen Abschreibungen würden aber wegen einiger methodischer Unterschiede von diesen Werten abweichen [1]. Aus diesem Grunde haben wir - analog zur ersten Modellvariante - die Nettoanlagevermögen wie folgt erklärt:

$$(18.6)\quad K^{Netto}_{j,t} = K^{Netto}_{j,t-1} + (i^{ANL}_{j,t} - d_{j,t})\cdot p^{I}_{j,t}$$

1) vgl Kapitel 14.2.

mit

$K^{Netto}_{j,t}$ - nominelles Nettoanlagevermögen des Sektors j am Ende der Periode t

$d_{j,t}$ - reale Abschreibungen des Sektors j im Jahr t

$p^I_{j,t}$ - Preisindex für Anlageinvestitionen des Sektors j
$j \in \{1,\ldots,11,SO,WO\}$.

Die Abschreibungen sind schon im Kapitel 14. bestimmt worden.

18.3. Die Potentialrechnung im Disaggregierten Prognosesystem

Die Erklärung der Produktionskapazitäten der 12 privaten Wirtschaftsbereiche erfolgt auf der Grundlage eines Ansatzes von Krelle [80]. Dieses Konzept verbindet einen kapitalorientierten, produktionstheoretischen Ansatz mit Elementen der neoklassischen Wachstumstheorie.

Man nimmt an, das reale Produktionspotential eines Sektors könne durch eine linearhomogene, neoklassische Produktionsfunktion mit Harrod-neutralem technischem Fortschritt bestimmt werden, also:

$$(18.7) \quad x^p_{j,t} = h_j(a_{j,t} \cdot A^p_{j,t}, K_{j,t}) \quad , \quad j \in \{1,\ldots,12\}$$

mit

$x^p_{j,t}$ - reale Produktionskapazität des Sektors j im Jahr t

$a_{j,t}$ - ein mit dem Faktor Arbeit verbundener Fortschrittsterm im Sektor j

$A^p_{j,t}$ - potentielles Arbeitsvolumen im Sektor j im Jahr t

$K_{j,t}$ - reales Bruttoanlagevermögen des Sektors j .

Auf dem Gleichgewichtswachstumspfad gilt dann:

$$(18.8) \quad x^p_{j,t} = k^p_j \cdot K_{j,t} \quad ,$$

wobei k^p_j der reziproke, marginale, potentielle Kapitalkoeffizient ist.

Durch Bilden der ersten Differenzen erhält man

(18.9.a) $x^p_{j,t} = x^p_{j,t-1} + k^p_j \cdot [K_{j,t} - K_{j,t-1}]$

und wegen (18.3) und (18.5)

(18.9.b) $x^p_{j,t} = x^p_{j,t-1} + k^p_j \cdot [i^{ANL}_{j,t} - abgv_{j,t}]$.

$i^{ANL}_{j,t}$ sind die realen Anlageinvestitionen und $abgv_{j,t}$ die im vorigen Unterkapitel definierten realen Abgänge vom Bestand des Sektors j im Jahr t.

Dies ist das theoretische Grundkonzept zur Bestimmung des sektoralen Produktionspotentials. Die explizite Berechnung dieser Größen erfolgt nun in vier Schritten:

1. Schritt: Die realisierten, sektoralen Bruttoproduktionswerte werden durch Zeittrends approximiert. Die so erhaltenen Zeitreihen $\hat{x}_{j,t}$ können als vorläufige Produktionskapazitäten aufgefaßt werden.

2. Schritt: Man erhält vorläufige Werte $\hat{k}^p_{j,t}$ für die reziproken, marginalen, potentiellen Kapitalkoeffizienten mit Hilfe von

(18.10) $$\hat{k}^p_{j,t} := \frac{\hat{x}_{j,t} - \hat{x}_{j,t-1}}{i^{ANL}_{j,t} - abgv_{j,t}} \quad , \quad j \in \{1,\ldots,12\} .$$

Wir nehmen nun an, daß die tatsächlichen, reziproken, marginalen, potentiellen Kapitalkoeffizienten entweder konstant sind oder langfristig einem Trend folgen. Somit schätzen wir $\hat{k}^p_{j,t}$ über den Ansatz

(18.11) $$\hat{k}^p_{j,t} = a_{j0} + a_{j1} \cdot \log(t) + a_{j2} \cdot (1/t)$$ [1].

t ist der Zeitindex.

1) Hier sind mehrere Ansätze versucht worden, u.a. unter Verwendung der sektoralen Kapital-Arbeits-Relationen. Diese führten bei einigen Sektoren langfristig zu negativen Werten für die Kapitalkoeffizienten. Wir haben uns deshalb für den stabileren Ansatz (18.11) entschieden.

<u>3. Schritt</u>: Mit Hilfe der Schätzwerte $\hat{k}^p_{j,t}$ der o.g. Regressionen kann nun der jährliche Zuwachs der sektoralen Produktionskapazitäten berechnet werden:

$$x^p_{j,t} - x^p_{j,t-1} \; =: \; \hat{k}^p_{j,t} \cdot (i^{ANL}_{j,t} - abgv_{j,t}) \; . \tag{18.12}$$

<u>4. Schritt</u>: Man bestimmt Anfangswerte für die sektoralen Produktionspotentiale derart, daß der zugehörige Kapazitätsauslastungsgrad

$$\delta_{j,t} \; := \; \frac{x_{j,t}}{x^p_{j,t}} \tag{18.13}$$

in der Referenzperiode um 1 schwankt [1].

Somit haben wir für jeden der 12 Sektoren der privaten Wirtschaft Zeitreihen der Produktionskapazitäten und Kapazitätsauslastungsgrade bestimmt. Mit Hilfe der Definitionsgleichungen (18.9.b) und (18.13) können diese Variablen modellendogen erklärt werden. Die Fortschreibung der reziproken, marginalen, potentiellen Kapitalkoeffizienten für ex ante-Prognosen erfolgt mit Hilfe der Gleichung (18.11).

Auf die Bestimmung der Produktionspotentiale und der Kapazitätsauslastungsgrade der Staatssektoren, der privaten Organisationen und Haushalte haben wir verzichtet. Einerseits müßte wegen des besonderen Charakters dieser Sektoren ein neues Konzept entwickelt werden, andererseits wird das Verhalten staatlicher Entscheidungsträger weitgehend von der gesamtwirtschaftlichen Konjunkturlage beeinflußt. Dementsprechend werden in den Verhaltensgleichungen der Staatssektoren konjunkturelle Aspekte meistens durch den gesamtwirtschaftlichen Kapazitätsauslastungsgrad berücksichtigt. Dieser wird entsprechend Kübler ([96], S. 190) wie folgt definiert:

$$\delta_{G,t} \; := \; \sum_{j=1}^{12} \frac{A_{j,t-1}}{\sum_{i=1}^{12} A_{i,t-1}} \cdot \delta_{j,t} \quad . \tag{18.14}$$

Somit sind bei der Messung des gesamtwirtschaftlichen Kapazitätsauslastungsgrades sowohl kapital-, als auch arbeitsorientierte Aspekte berücksichtigt worden.

---

1) Mit Hilfe eines FORTRAN-Programms wird jeweils ein Jahr des Referenzzeitraums 1960 - 1974 ermittelt, in dem die Produktionskapazität gleich der tatsächlichen realen Produktion gesetzt wird. Alle anderen Werte ergeben sich dann durch Addition (bzw. Subtraktion) der Zuwächse aus (18.12).

Teil 3

Prognosen und Simulationen

19. Allgemeine Vorbemerkungen

Nach Abschluß der ökonometrischen Untersuchungen sind die einzelnen Modellteile zu einem Gesamtsystem zusammengebaut worden, das wir anhand zahlreicher ex post-, ex ante-Prognosen und Simulationen ausgetestet haben. Da für einige Variablenblöcke, nämlich die Anlageinvestitionen, den Arbeitsmarkt und das Preissystem, mehrere Schätzansätze ausprobiert worden sind, mußten wir dementsprechend verschiedene Modellvarianten miteinander vergleichen. Zusätzlich haben wir zu jeder dieser Versionen Alternativprognosen mit konstanten Produktionsstrukturen durchgeführt, wodurch sich die Zahl der auszuwertenden Testläufe verdoppelt bzw. verdreifacht hat. Wenn man bedenkt, daß bei jeder Prognose mit dem Disaggregierten Modell ca. 25.000 Beobachtungen ausgewertet werden müssen, ist es nicht verwunderlich, daß der Zeit- und Arbeitsaufwand in der Testphase genauso hoch ist wie in der Schätzphase.

Es würde den Rahmen dieser Arbeit sprengen, wenn wir alle Ergebnisse unserer Prognosen und Simulationen im Einzelnen darstellen. Wir begnügen uns deshalb damit, die Resultate für eine Modellvariante anhand ausgewählter Variablen bzw. Variablenblöcke zu analysieren. Dazu haben wir eine Version des Disaggregierten Prognosesystems ausgewählt, mit der - bis auf geringfügige Änderungen [1] - sowohl die ex post-, als auch die ex ante-Prognosen und Simulationen durchgeführt worden sind. In diesem System haben wir bei den o.g. mehrfach erklärten Variablengruppen folgende Verhaltensgleichungen verwendet:

Anlageinvestitionen der privaten Wirtschaft:

Coen's Investitionsfunktion gemäß (10.5) und Tabelle 23 [2]

Arbeitsmarkt:

Der in der Arbeitsnachfragefunktion von Coen unterstellte Anpassungsprozeß [3], der durch die verzögerte Variable $A_{j,t-1}$ wiedergegeben wird, hat bei den Prognosen zu Stabilitätsproblemen geführt. Die Verhaltensfunktionen sind entsprechend korrigiert worden.

---

1) vgl. Kapitel 21

2) Für den Sektor 1 (Landwirtschaft) ist die wachstumstheoretische Investitionsfunktion von Krelle (vgl. Kapitel 10.2,3) verwendet worden. Die anderen Erklärungsansätze haben hier zu erheblich schlechteren Prognoseergebnissen geführt.

3) vgl. (15.3), (15.10), (15.11)

Preissystem:

Die Verhaltensgleichungen für die inländischen Preisindizes gemäß (16.7.a,b) und Tabelle 46 [1)]

Alle anderen Gleichungen werden wie in den vorigen Kapiteln dargestellt in das Gesamtsystem übernommen. Der Ecklohnsatz wird exogen vorgegeben [2) 3)].

Die so spezifizierte Modellvariante hat bei ex post- und ex ante-Prognosen gleichermaßen gute Resultate erbracht. Die Verwendung alternativer Verhaltensfunktionen führt demgegenüber nicht immer zu guten Ergebnissen. Wir wollen dies der Vollständigkeit halber kurz skizzieren.

Anlageinvestitionen der privaten Wirtschaft:

Die wachstumstheoretische Investitionsfunktion von Krelle führt im langfristigen Trend zu vernünftigen Prognosen und ist somit für ex ante-Projektionen besonders gut geeignet. Allerdings erfaßt sie im Rahmen der ex post-Prognosen mit dem Gesamtsystem die konjunkturellen Ausschläge der Jahre 1967 und 1970 nur unvollständig.

Zusätzlich durchgeführte Prognosen unter Verwendung von Krelles log-linearer Investitionsfunktion (vgl. Krelle [84]) haben wegen der starken Überwälzung der Prognosefehler bei den sektoralen Gewinnen zu unbefriedigenden Resultaten geführt.

Preissystem:

Die Erklärung der inländischen Preisindizes durch die Definitionsgleichungen (17.6) und die Verhaltensgleichungen für die sektoralen Monopolgrade führt im Gesamtsystem zu einer erheblichen Erhöhung des Interdependenzgrades. Deshalb bietet sich dieser Ansatz eher für Simulationen mit Submodellen des Disaggregierten Prognosesystems an. So könnte man z.B. das Teilmodell (7.28), mit dem wir die Systemprüfungen bei variablen und konstanten Input-Koeffizienten durchgeführt haben, um die Preisgleichungen erweitern. Man

---

1) Die Gleichungen für die Sektoren 11 (Verkehr) und 12 (Dienstleistungen) führen in den Prognosejahren ab 1980 zu erheblichen Überschätzungen. Sie sind nach dem Ansatz (16.7.b) neugeschätzt und implementiert worden.

2) Dies ist im Hinblick auf die Simulationen von Lohnerhöhungen erforderlich. Da wir zur besseren Vergleichbarkeit der Ergebnisse bei allen Prognosearten und Simulationen die gleiche Modellvariante zugrundegelegt haben, ist auf eine Erklärung des Basislohnsatzes gemäß (15.22) verzichtet worden.

3) Bei den Investitionskoeffizienten sind in den hier durchgeführten Simulationen die jeweils größten Koeffizienten eines Sektors als Restgröße bestimmt worden, so daß auch die reale Übereinstimmung der Anlageinvestitionen mit der jeweiligen Summe der Investitionsgüternachfragen gewährleistet ist.

hätte dann ein System, das im Aufbauprinzip und in der Größenordnung dem Modell von Nakamura [112] entspricht, allerdings mit einem anderen theoretischen Grundkonzept.

Bevor wir auf die Ergebnisse im Einzelnen eingehen, wollen wir noch folgende Bezeichnungsweise vereinbaren. Alle Vorhersagen bis zum Ende des Referenzzeitraums (1974) werden ex post-Prognosen genannt. Mit ex ante-Prognosen bezeichnen wir die Vorhersagen, die über das Jahr 1974 hinausgehen. In der Literatur findet man häufig eine Unterscheidung der drei Prognosearten, nämlich

a) ex post-Prognosen im Schätzzeitraum,
b) ex post-Prognosen außerhalb des Schätzzeitraums, d.h. Vorhersagen, die zwar über das Ende der Referenzperiode hinausgehen, aber noch die Vergangenheitsentwicklung beschreiben,
c) ex ante-Prognosen, d.h. Vorhersagen der zukünftigen Entwicklung.

Wir verzichten auf diese Einteilung aus folgendem Grund. Alle Lösungsläufe mit dem Disaggregierten Prognosemodell werden dynamisch durchgeführt, d.h. wir starten das Modell mit den realisierten Werten der Vorperiode des ersten Prognosejahres und überlassen es dann sich selbst. Bei allen verzögerten endogenen Variablen werden somit in jedem Lösungszeitpunkt (außer dem ersten) die prognostizierten Werte der Vorperiode eingesetzt. Hierdurch sind erhebliche Fehlerkumulationen möglich. Außerdem kann das Modell nicht ohne weiteres von außen beeinflußt werden. Dies gilt umso mehr, je weniger exogene Variable man vorgibt. Im Disaggregierten Modell beträgt die Zahl der wichtigen exogenen Größen ca. 20; demgegenüber hat es ca. 2000 modellendogene Variable. Es ist somit einsichtig, daß wir die Begriffe "ex post" und "ex ante" darauf beziehen, was für das Modell Vergangenheit und Zukunft ist.

In den folgenden drei Kapiteln werden wir die wichtigsten Ergebnisse der

- dynamischen ex post-Prognosen
- dynamischen ex ante-Prognosen
- Simulationen

darstellen und anhand einiger Übersichtstabellen zusammenfassen.

20. Dynamische ex post-Prognosen

Das im vorigen Kapitel angegebene Gesamtsystem ist für den Zeitraum 1962 bis 1974 in drei Varianten gelöst worden. Dazu haben wir analog zu den Systemprüfungen des Kapitels 7.4. die Input-Koeffizienten wie folgt spezifiziert:

a) preis-, technologie- und kapazitätsabhängige Produktionskoeffizienten gemäß den Ergebnissen der Regressionsanalysen des Kapitels 7.

b) konstante Produktionskoeffizienten ($a_{ij,70}$, $a^M_{kj,70}$) gemäß (7.26)

c) konstante Produktionskoeffizienten ($\bar{a}_{ij}$, $\bar{a}_{kj}$) gemäß (7.27) .

Wir beginnen mit der Auswertung der Koeffizientenprognosen selbst. In der Tabelle 50 wird analog zur Auswertung der Tabelle 10 die Verteilung der prozentualen Fehler bei den dynamischen ex post-Prognosen der inländischen und ausländischen Input-Koeffizienten dargestellt. Zum besseren Vergleich geben wir für die variablen Ansätze die Ergebnisse der Systemprüfung des Kapitels 7., in der die Regressoren exogen vorgegeben worden sind, mit an. Die Prognosen der konstanten Koeffizienten haben sich naturgemäß nicht geändert. Das erstaunliche Ergebnis ist, daß sich die Prognosen der preis-, technologie- und kapazitätsabhängigen Verhaltensgleichungen trotz der modellendogen bestimmten Regressoren kaum verschlechtert haben. Ca. 80 % der Vorhersagen inländischer und ca. 60 % der Vorhersagen ausländischer Input-Koeffizienten weisen Fehler von weniger als 10 % auf. Dieses Resultat ist um ca. 20 % besser als das der konstanten Ansätze. Da wegen der schlechten Datenlage Prognosefehler bis zu 10 % (bei Importkoeffizienten sogar bis zu 20 %) als akzeptabel anzusehen sind, ist dieses Ergebnis sehr zufriedenstellend. Demgegenüber sind konstante Input-Koeffizienten für die Beschreibung einzelner Felderwerte unzureichend, wie der hohe Anteil der Prognosefehler über 20 % beweist.

Diese Ergebnisse werden durch die Auswertung der Prognosen der wichtigen Input-Koeffizienten gemäß den Tabellen 11 und 12 bestätigt. Wir betrachten dazu die Tabellen 51 und 52. Die Resultate der Systemprüfungen sind wiederum zur besseren Vergleichbarkeit übertragen worden. Man erkennt, daß sich im wesentlichen nur die Vorhersagen der Koeffizienten der Wichtigkeitsklassen 1 und 2 etwas verschlechtert haben. Dennoch ist die Prognosequalität der variablen Produktionsstrukturen den beiden konstanten Ansätzen weit überlegen. Die preis-, technologie- und kapazitätsabhängigen Input-Koeffizienten

Tabelle 50

Verteilung der prozentualen Fehler bei dynamischen ex post-Prognosen mit variablen und konstanten Input-Koeffizienten

Auswertung: Sämtliche Input-Koeffizienten

Variablen-gruppe	Ansatz	prozentuale Abweichung				Summe
		0 - 5	5 - 10	10 - 20	> 20	
inländische Input-Koeffizienten	variabel *)	2021 (62.9%)	727 (22.6%)	368 (11.5%)	95 (3.0%)	3211 (100%)
	variabel **)	1797 (56.0%)	784 (24.4%)	446 (13.9%)	184 (5.7%)	3211 (100%)
	const. 1970	1015 (31.6%)	622 (19.4%)	717 (22.3%)	857 (26.7%)	3211 (100%)
	const. MW	966 (30.1%)	708 (22.0%)	833 (26.0%)	704 (21.9%)	3211 (100%)
ausländische Input-Koeffizienten	variabel *)	729 (36.5%)	537 (26.8%)	435 (21.7%)	301 (15.0%)	2002 (100%)
	variabel **)	648 (32.4%)	495 (24.7%)	450 (22.5%)	409 (20.4%)	2002 (100%)
	const. 1970	477 (23.8%)	236 (11.8%)	348 (17.4%)	941 (47.0%)	2002 (100%)
	const. MW	328 (16.4%)	302 (15.1%)	479 (23.9%)	893 (44.5%)	2002 (100%)

*) Ergebnis der Systemprüfung des Kapitels 7.
**) Ergebnis der dynamischen ex post-Prognose

weisen in nur 23 von 3029 Fällen (die Prognosen der inländischen und ausländischen Koeffizienten zusammengenommen) Prognosefehler von mehr als 20.% auf. Bei dem Ansatz "const. MW" sind es schon 85, bei "const. 1970" sogar 157. Bei den wichtigsten Koeffizienten (Klasse 1) sind die Resultate unseres Ansatzes um ca. 20 - 30 % besser.

Tabelle 51

Auswertung der dynamischen ex post-Prognosen inländischer Input-Koeffizienten nach den Wichtigkeitskriterien der Tabelle 11

Klasse	Anzahl der Koeffizienten nach Tab. 11	Anzahl der Beobachtungen im Lösungszeitraum	Anzahl der Prognosewerte, die das Kriterium nicht erfüllen			
			variabel (aus Tab. 13)	variabel	const. 1970	const. MW
1	24	312 (100%)	5 (1.6%)	21 (6.7%)	107 (34.3%)	74 (23.7%)
2	16	208 (100%)	4 (1.9%)	30 (14.4%)	36 (17.3%)	16 (7.7%)
3	27	351 (100%)	6 (1.7%)	8 (2.3%)	38 (17.3%)	19 (5.4%)
4	19	247 (100%)	-	2 (0.8%)	13 (5.3%)	3 (1.2%)
5	14	182 (100%)	-	-	3 (1.6%)	1 (0.5%)
6	11	143 (100%)	-	-	15 (10.5%)	1 (0.7%)
7	9	117 (100%)	-	-	-	-
8	10	130 (100%)	-	-	-	-
9	8	104 (100%)	-	1 (1.0%)	13 (12.5%)	-
10	3	39 (100%)	-	-	-	-
Summe	141	1833 (100%)	15 (0.8%)	62 (3.4%)	225 (12.3%)	114 (6.2%)

Tabelle 52

Auswertung der dynamischen ex post-Prognosen ausländischer Input-Koeffizienten nach den Wichtigkeitskriterien der Tabelle 12

Klasse	Anzahl der Koeffizienten nach Tab. 12	Anzahl der Beobachtungen im Lösungszeitraum	Anzahl der Prognosewerte, die das Kriterium nicht erfüllen			
			variabel (aus Tab. 14)	variabel	const. 1970	const. MW
1	24	312 (100%)	95 (30.4%)	114 (36.5%)	165 (52.9%)	180 (57.7%)
2	20	260 (100%)	24 (9.2%)	30 (11.5%)	126 (48.5%)	113 (43.5%)
3	9	117 (100%)	-	-	26 (22.2%)	20 (17.1%)
4	7	91 (100%)	1 (1.1%)	7 (7.7%)	15 (16.5%)	11 (12.1%)
5	5	65 (100%)	-	-	16 (24.6%)	3 (4.6%)
6	9	117 (100%)	-	3 (2.6%)	38 (32.5%)	16 (13.7%)
7	5	65 (100%)	-	-	6 (9.2%)	-
8	6	78 (100%)	-	-	2 (2.6%)	1 (1.3%)
9	4	52 (100%)	1 (1.9%)	1 (1.9%)	2 (3.8%)	2 (3.8%)
10	3	39 (100%)	1 (2.6%)	1 (2.6%)	-	8 (20.5%)
Summe	92	1196 (100%)	122 (10.2%)	156 (13.0%)	396 (33.1%)	354 (29.6%)

Wir kommen nun zur Auswertung der dynamischen ex post-Prognosen für die Variablengruppen

- reale Bruttoproduktion
- reale inländische Vorlieferungen an die Industrie
- reale inländische Vorlieferungen an den Staat
- reale Importe
- reale importierte Vorlieferungen an die Industrie
- reale importierte Vorlieferungen an den Staat
- nominelle Kosten für inländische Vorlieferungen
- nominelle Kosten für ausländische Vorlieferungen
- Gewinne

der 12 Industriesektoren. In der Tabelle 53 haben wir eine Analyse analog zur Tabelle 9 durchgeführt. Der Vergleich beider Tabellen zeigt - insbesondere bei der Variablengruppe "Bruttoproduktion" -, daß die modellendogene Erklärung sämtlicher Endnachfragekomponenten die Prognosen erheblich beeinflußt. Waren in der Systemprüfung, d.h. bei exogen gesetzter Endnachfrage, 99.4 % der Prognosefehler bei den realen Produktionswerten (73.1 % bei den realen Importen) kleiner als 5 %, so sind es in der dynamischen ex post-Prognose nur noch 66.7 % (bzw. 48.7 % bei den Importen). Berücksichtigt man den sehr ungünstigen Schätzzeitraum - mit zwei Regierungswechseln und der Rohölkrise 1973/74 -, so müssen wir eine Fehlergrenze von 10 % akzeptieren. In diesem Falle können die Prognosen der inländischen Größen als gut, die der importierten Variablen als zufriedenstellend bezeichnet werden. Modelle mit einem längeren und etwas günstigeren Schätzzeitraum würden sicherlich zu noch besseren Resultaten führen. Läge zusätzlich für alle zu erklärenden Größen ein zuverlässiges Datenmaterial vor, könnte man auch bei sektoral tief gegliederten Prognosesystemen innerhalb einer 5 %-Fehlergrenze prognostizieren.

Aufgrund der Überlagerungseffekte durch die Vorhersagen der anderen endogen bestimmten Modellteile rücken die Prognosen mit variablen und konstanten Produktionsstrukturen enger zusammen. Dennoch sind die Unterschiede noch ziemlich groß. Im Schnitt sind die Vorhersagen mit preis-, technologie- und kapazitätsabhängigen Input-Koeffizienten um 10 - 20 % besser.

Zum Abschluß dieser Fehleranalyse wollen wir die Vorhersagen einiger gesamtwirtschaftlicher Variablen untersuchen. Für das Bruttosozialprodukt und seine Komponenten Konsum, Investitionen, Exporte und Importe ergeben die

Tabelle 53

Verteilung der prozentualen Fehler bei dynamischen ex post-Prognosen mit variablen und konstanten Input-Koeffizienten

Auswertung: Produktion, Importe, Vorlieferungen, Kosten und Gewinne der Sektoren der privaten Wirtschaft

Variablengruppe	Ansatz	prozentuale Abweichung				Summe
		0 - 5	5 - 10	10 - 20	> 20	
sektorale Bruttoproduktion	variabel	104 (66.7%)	44 (28.2%)	8 (5.1%)	0 (0.0%)	156 (100%)
	const. 1970	77 (49.5%)	54 (34.6%)	24 (15.3%)	1 (0.6%)	156 (100%)
	const. MW	100 (64.1%)	35 (22.4%)	21 (13.5%)	0 (0.0%)	156 (100%)
inländische Vorlieferungen an die Industrie	variabel	90 (57.7%)	44 (28.2%)	19 (12.2%)	3 (1.9%)	156 (100%)
	const. 1970	68 (43.6%)	36 (23.1%)	37 (23.7%)	15 (9.6%)	156 (100%)
	const. MW	72 (46.1%)	36 (23.1%)	36 (23.1%)	12 (7.7%)	156 (100%)
inländische Vorlieferungen an den Staat	variabel	87 (55.8%)	37 (23.7%)	27 (17.3%)	5 (3.2%)	156 (100%)
	const. 1970	62 (39.7%)	32 (20.5%)	33 (21.1%)	29 (18.6%)	156 (100%)
	const. MW	53 (34.0%)	47 (30.1%)	43 (27.6%)	13 (8.3%)	156 (100%)
sektorale Importe	variabel	76 (48.7%)	49 (31.4%)	25 (16.0%)	6 (3.9%)	156 (100%)
	const. 1970	49 (31.4%)	42 (26.9%)	29 (18.6%)	36 (23.1%)	156 (100%)
	const. MW	62 (39.7%)	41 (26.3%)	31 (19.9%)	22 (14.1%)	156 (100%)

Forts.-

Forts. Tabelle 53

Variablengruppe	Ansatz	prozentuale Abweichung 0 - 5	5 - 10	10 - 20	> 20	Summe
importierte Vorlieferungen an die Industrie	variabel	76 (48.7%)	33 (21.2%)	38 (24.3%)	9 (5.8%)	156 (100%)
	const. 1970	39 (25.0%)	35 (22.4%)	31 (19.9%)	51 (32.7%)	156 (100%)
	const. MW	42 (26.9%)	40 (25.7%)	37 (23.7%)	37 (23.7%)	156 (100%)
importierte Vorlieferungen an den Staat	variabel	65 (41.7%)	27 (17.3%)	27 (17.3%)	37 (23.7%)	156 (100%)
	const. 1970	53 (34.0%)	14 (8.9%)	19 (12.2%)	70 (44.9%)	156 (100%)
	const. MW	49 (31.4%)	17 (10.9%)	26 (16.7%)	64 (41.0%)	156 (100%)
Kosten für inländische Vorlieferungen	variabel	90 (57.7%)	43 (27.6%)	22 (14.1%)	1 (0.6%)	156 (100%)
	const. 1970	60 (38.5%)	55 (35.2%)	31 (19.9%)	10 (6.4%)	156 (100%)
	const. MW	83 (53.2%)	43 (27.6%)	24 (15.4%)	6 (3.8%)	156 (100%)
Kosten für importierte Vorlieferungen	variabel	71 (45.5%)	36 (23.1%)	37 (23.7%)	12 (7.7%)	156 (100%)
	const. 1970	53 (34.0%)	25 (16.0%)	35 (22.4%)	43 (27.6%)	156 (100%)
	const. MW	51 (32.7%)	31 (19.9%)	41 (26.3%)	33 (21.1%)	156 (100%)
sektorale Gewinne	variabel	44 (28.2%)	26 (16.7%)	39 (25.0%)	47 (30.1%)	156 (100%)
	const. 1970	23 (14.7%)	27 (17.3%)	46 (29.5%)	60 (38.5%)	156 (100%)
	const. MW	28 (17.9%)	34 (21.8%)	39 (25.0%)	55 (35.3%)	156 (100%)

dynamischen ex post-Prognosen folgende "mittleren, absoluten, prozentualen Fehler" (MAPE) [1]:

reales Bruttosozialprodukt	2.8 %
realer Konsum	2.4 %
reale Anlageinvestitionen	4.9 %
reale Exporte	1.7 %
reale Importe	3.2 %

Augenfällig ist die relativ schlechte Prognosequalität bei den realen Anlageinvestitionen. Diese Tatsache wird auch durch die ex ante-Prognosen des folgenden Kapitels bestätigt. Demgegenüber werden die realen Exporte sehr gut erklärt. Dies liegt einerseits an der exogenen Vorgabe der Weltmarktpreise, des Wechselkurses und des Welthandelsvolumens; andererseits führt die gute Nachbildung der Inputstrukturen zu vernünftigen Vorhersagen der Inlands- und Exportpreise. Im Vergleich dazu gibt die Alternativprognose mit der konstanten Vorleistungsstruktur des Jahres 1970 bei den gesamten realen Exporten ein MAPE von 2.7 %.

Die Vorhersagen des Bruttosozialprodukts, des Konsums und der Importe sind zufriedenstellend. Dabei ist zu beachten, daß ein wesentlich besseres Resultat hauptsächlich wegen der unzureichenden Nachbildung der Auswirkungen der ersten Rohölkrise 1973/74 nicht erreicht wurde. Die Alternativprognosen mit konstanten Inputkoeffizienten fallen deutlich schlechter aus. So führt der Ansatz "const. MW" beim realen Bruttosozialprodukt zu einem MAPE von 4.0 %, der Ansatz "const. 1970" sogar zu einem MAPE von 5.4 %.

---

1) $$\text{MAPE} := \frac{1}{T} \sum_{t=1}^{T} \frac{|B_t - P_t|}{B_t} \cdot 100$$

mit

B - beobachteter Wert
P - prognostizierter Wert
T - Zahl der Prognosezeitpunkte (hier T = 13).

21. Dynamische ex ante - Prognosen

In diesem Kapitel sollen die Ergebnisse der dynamischen ex ante-Prognosen für die Jahre 1975 bis 1980 ausgewertet werden. Diese Vorhersagen dienen außerdem als Normalprognose für die im folgenden Kapitel beschriebenen ex ante-Simulationen. Leider ist es nicht möglich, eine detaillierte Auswertung der ex ante-Prognosen aller sektoraler Variablen durch einen Vergleich mit der tatsächlichen Entwicklung bis 1980 vorzunehmen, da das DIW die dem Disaggregierten Prognosesystem zugrundeliegenden Input-Output-Tabellen nicht fortgeschrieben hat. Wir müssen uns deshalb damit begnügen, die ex ante-Prognosefähigkeit des Modells anhand einiger ausgewählter aggregierter Variablen, deren Zeitreihen wir aus den Datenbasen des Bonner Modells 10 bzw. des USW-Modells [89] und den Veröffentlichungen des Statistischen Bundesamtes [141], [142] entnommen haben, zu überprüfen. Wegen der Revision des Jahres 1976 [140] weichen diese Daten zwar geringfügig von denen des Disaggregierten Modells ab, doch können wir den daraus resultierenden Fehler in unserer Auswertung vernachlässigen.

In der Tabelle 54 sind die mittleren, absoluten, prozentualen Fehler (MAPE) der Vorhersagen für 30 ausgewählte gesamtwirtschaftliche Größen zusammengestellt worden. Zusätzlich geben wir die entsprechenden Resultate einer Alternativprognose mit konstanten Input-Koeffizienten des Jahres 1974, d.h. mit der aktuellsten, im Schätzzeitraum verfügbaren, Produktionsstruktur, an.

Betrachtet man die Vorhersagen des Bruttosozialprodukts und seiner Komponenten, so werden die Ergebnisse der ex post-Prognosen des vorigen Abschnitts bestätigt. Die Prognosen des Bruttosozialprodukts, des Konsums, der Exporte und der Importe sind zufriedenstellend, während die Investitionen wesentlich schlechter prognostiziert werden. Das Modell neigt hier zu Überschätzungen, was wiederum auf den ungünstigen Referenzzeitraum zurückzuführen ist. Die Entwicklung des Arbeitsmarktes, ausgedrückt durch die Vorhersagen der Erwerbstätigenzahlen, der Arbeitsvolumina und der Lohnsummen, wird gut erfaßt. Erstaunlich genau sind auch die Prognosen der gesamten Gewinne, obwohl diese Variable durch Aufsummierung der als Restgrößen bestimmten sektoralen Gewinne gebildet wird [1]. Dementsprechend wird auch das Volkseinkommen vernünftig prognostiziert. Obwohl die Lohnsumme mit einem MAPE von 2.33 sehr gut erklärt wird, fallen die Prognosen der Lohn-

---

1) vgl. Kapitel 3.

Tabelle 54

Dynamische ex ante-Prognosen mit variablen und konstanten Input-Koeffizienten

Auswertung: MAPE für ausgewählte Variablen

Variable	variabel	const. 1974
reales Bruttosozialprodukt	2.22	5.87
realer Konsum der privaten Haushalte	3.91	1.93
realer Konsum des Staates	4.53	3.62
reale Investitionen der Industrie	9.42	16.26
reale Investitionen des Staates	5.86	8.95
reale Exporte	3.97	4.06
reale Importe	4.22	5.33
nominales Bruttosozialprodukt	3.71	8.21
nominaler Konsum der privaten Haushalte	2.75	1.72
nominaler Konsum des Staates	4.77	7.83
nominale Investitionen der Industrie	12.59	18.34
nominale Investitionen des Staates	6.80	7.68
nominale Exporte	1.16	1.22
nominale Importe	1.98	2.23
Erwerbstätige in der Industrie	2.50	3.38
Erwerbstätige beim Staat	4.70	7.67
Arbeitsvolumen in der Industrie	3.06	1.87
Lohnsumme in der Industrie	1.96	2.36
Lohnsumme beim Staat	6.39	11.24
Volkseinkommen	2.24	6.64
gesamte Gewinne	3.33	12.22
Lohnsteuer	8.71	11.36
gesamte indirekte Steuern	4.52	6.27
gesamte Subventionszahlungen	12.42	11.64
gesamtwirtschaftliche Kapazitätsauslastung	3.99	0.76
Preisindex (Bruttosozialprodukt)	3.65	2.21
Preisindex (privater Konsum)	1.24	1.05
Preisindex (gesamte Investitionen)	3.44	3.52
Preisindex (Exporte)	5.10	5.17
Preisindex (Importe)	3.10	10.01

steuer mit einem MAPE von 8.71 ziemlich schlecht aus. Hier ist eine Verbesserung des einfachen exponentiellen Ansatzes (17.1.) erforderlich, z.B. die zusätzliche Aufnahme eines additiven Gliedes in den Schätzansatz. Die jetzige Verhaltensgleichung neigt zu Überschätzungen der tatsächlichen Entwicklung. Insgesamt müssen die ex ante-Prognosen mit variablen Input-Output-Koeffizienten als erstaunlich gut bezeichnet werden, wenn man bedenkt, daß in diesen Prognosezeitraum sowohl die Auswirkungen der ersten, als auch der zweiten Rohölkrise des Jahres 1979 fallen.

Die Vorhersagen mit der konstanten Produktionsstruktur des Jahres 1974 weisen zwar bei einigen wenigen Variablen bessere Ergebnisse auf als die Normalprognose (z.B. beim realen Konsum und dem Arbeitsvolumen); insgesamt fallen sie aber wesentlich schlechter aus. Die starken Abweichungen bei den Gewinnen, den Investitionen, der Lohnsumme des Staates und den Importpreisen sind auf einseitige Fehlprognosen zurückzuführen. Hier zeigt sich, daß durch das Konstanthalten der Produktionsstruktur des Jahres 1974 das gesamte Modellgefüge nicht mehr richtig spezifiziert ist. Die Prognose mit variablen Input-Koeffizienten weist demgegenüber kaum extrem starke Abweichungen auf.

22. Ex ante-Simulationen

22.1. Vorbemerkungen

Ausgehend von der im vorigen Kapitel dargestellten ex ante-Prognose sind mit dem Disaggregierten Bonner Prognosemodell zahlreiche ex ante-Simulationen durchgeführt worden. Wir wollen exemplarisch die Resultate von 3 Simulationen für die Jahre 1975 bis 1980 vorführen. Es handelt sich um Untersuchungen über die Auswirkungen

- einer Veränderung der Weltkonjunkturlage
- einer Erhöhung der Investitionsausgaben des Staates und
- einer Lohnsatzvariation.

Um anhand dieser Simulationsexperimente einen ersten detaillierteren Einblick in die Arbeitsweise des Disaggregierten Modells zu geben, werden sowohl die Veränderungen wichtiger gesamtwirtschaftlicher Variablen wie das Bruttosozialprodukt, die Erwerbstätigkeit u.a. ausgewiesen, als auch sektorale Wirkungen in Bezug auf Produktionswerte und Preise betrachtet. Wegen der Fülle der zu verarbeitenden Ergebnisse kann unsere Darstellung nur beispielhaft sein und nicht den Anspruch auf Vollständigkeit erheben.

Bevor wir auf die Simulationen im Einzelnen eingehen, sollen kurz die im Folgenden verwendeten Begriffe

- prozentuale Veränderung
- Elastizität

erläutert werden.

Sei x_t eine beliebige endogene Modellvariable und v_t diejenige Größe, die bei der Simulation verändert wird. Mit dem Index "N" bezeichnen wir den Wert der Normalprognose, mit "S" den Wert der Simulationsprognose. Dann ist die prozentuale Veränderung der Variablen x_t definiert als:

$$(22.1) \qquad \frac{x_t^S - x_t^N}{x_t^N} \cdot 100 \quad .$$

Die Elastizität der Größe x_t mit Bezug auf die Veränderung der Variablen v_t wird wie folgt erklärt:

$$(22.2) \qquad \frac{x_t^S - x_t^N}{v_t^S - v_t^N} \cdot \frac{v_t^N}{x_t^N} \quad .$$

Beide Größen beziehen sich also auf die laufende Periode.

Der Einfachheit halber werden in den Übersichtstabellen der folgenden drei Abschnitte nur die prozentualen Veränderungen ausgewiesen, während wir im Rahmen der Interpretation der Simulationsergebnisse auch Elastizitäten und Differenzen angeben.

22.2. Simulation einer veränderten Weltkonjunkturlage

Die Abhängigkeit der deutschen Wirtschaft vom Außenhandel ist bereits im Kapitel 13.1. eingehend beschrieben worden. Die Resultate der dort durchgeführten Datenanalyse sollen durch folgende Simulation ergänzt werden. Wir unterstellen für die Jahre 1975 bis 1980 ein gegenüber der Normalprognose um 1 % höheres Welthandelsvolumen [1] und fragen nach den Auswirkungen dieser verbesserten Weltkonjunkturlage auf die wirtschaftlichen Aktivitäten in der Bundesrepublik Deutschland. Insbesondere interessieren uns hier die Einflüsse auf die direkt und indirekt vom Export abhängigen Sektoren und die gesamtwirtschaftliche Beschäftigungslage.

Wir beginnen mit der Analyse der gesamtwirtschaftlichen Implikationen, deren wesentliche Resultate in der Übersicht der Tabelle 55 zusammengefaßt sind. Die verbesserte Weltkonjunkturlage führt im gesamten Zeitraum 1975 - 1980 zu einer erhöhten Exporttätigkeit der deutschen Wirtschaft, die im Durchschnitt um ca. ein Prozent über dem ursprünglichen Exportvolumen liegt. Die Elastizität der Gesamtexporte in Bezug auf die Veränderung des Welthandelsvolumens beträgt in den ersten beiden Jahren 1.02 bzw. 1.03 und fällt bis 1980 auf 0.89 ab. Dieser von außen bewirkte Aufschwung wird im wesentlichen durch zwei Effekte verstärkt. Zum einen regt die steigende Auslandsnachfrage die Investitionstätigkeit an, die einen zusätzlichen Akzelerator-

---

1) bereinigt um die realen Exporte der B.R.D.; vgl. Kapitel 13.

Tabelle 55

Gesamtwirtschaftliche Auswirkungen eines gegenüber der Normalprognose um 1 % höheren Welthandelsvolumens

Variable \ Jahr	1975	1976	1977	1978	1979	1980
reales Bruttosozialprodukt	0.5	0.9	1.1	1.2	1.2	1.3
realer Konsum	0.2	0.7	0.9	1.1	1.2	1.3
reale Investitionen	0.4	1.0	1.3	1.3	1.2	1.1
reale Exporte	1.1	1.1	1.0	1.0	1.0	0.9
reale Importe	0.6	0.8	0.9	0.9	0.8	0.8
Preisindex privater Konsum	0.0	-0.1	-0.1	-0.1	-0.0	-0.0
Preisindex für Anlageinvestit.	0.0	0.0	0.0	0.1	0.1	0.2
Preisindex für Exporte	0.0	0.0	0.1	0.1	0.1	0.2
Erwerbstätige	0.2	0.4	0.6	0.7	0.8	1.0
Arbeitsvolumen	0.3	0.6	0.8	0.9	1.1	1.2
Gewinne	1.1	1.4	1.5	1.5	1.4	1.4
Lohnsumme	0.3	0.7	0.9	1.1	1.2	1.4
verfügbares Einkommen	0.3	0.7	0.9	1.0	1.1	1.2
privater Konsum	0.2	0.6	0.8	0.9	1.0	1.1

*) prozentuale Veränderung gemäß (21.1)

Multiplikator-Prozeß in Gang setzt, dessen Wirkungen mit einer Verzögerung von zwei Jahren vollständig zum Tragen kommen. Die Elastizität der gesamten Investitionen mit Bezug auf das Welthandelsvolumen steigt dabei von 0.41 im Jahr 1975 bis auf 1.22 in 1977, um dann wieder auf 1.07 im Jahr 1980 abzusinken.

Zum zweiten wird wegen der erhöhten Exporttätigkeit und der daraus resultierenden Mehrproduktion mehr Arbeit nachgefragt. Die Auswirkungen auf den Arbeitsmarkt fallen entsprechend der modellierten Verhaltensweisen der sechziger Jahre recht stark aus [1]. Im Jahr 1980 werden gegenüber der Normalprognose ca. 250.000 Personen mehr beschäftigt. Das entsprechend höhere gesamtwirtschaftliche Lohneinkommen führt über ein erhöhtes - wenn auch durch die Lohnsteuer abgeschwächt - verfügbares Einkommen der privaten Haushalte zu einem stetig wachsenden Mehrkonsum, der im großen Maße an der positiven Entwicklung des Bruttosozialprodukts (BSP) beiträgt. Gemindert wird die Zunahme des BSP durch eine gleichgerichtete Entwicklung der Importe.

Die Preise für Konsum-, Investitions- und Exportgüter reagieren langsam und relativ schwach auf die wirtschaftliche Entwicklung, wobei sektoral unterschiedliche Auswirkungen feststellbar sind. Zu erklären ist dies durch die im Kapitel 16 beschriebene Modellierung der sektoralen inländischen Preisindizes. Einerseits führt die erhöhte Nachfrage wegen der mit zeitlicher Verzögerung erfolgenden Anpassung des Produktionspotentials zu steigenden Kapazitätsauslastungen und Lieferengpässen, die den Preiserhöhungsspielraum vergrößern. Dies gilt insbesondere für die Sektoren 5 (Stahl-, Maschinen-, Fahrzeugbau), 6 (Elektro/EBM), 9 (Bauwirtschaft) und 10 (Handel). Demgegenüber ist dieser Effekt aufgrund der empirischen Untersuchungen nicht im für den privaten Konsum wichtigen Dienstleistungssektor feststellbar. Andererseits führt eine erhöhte Arbeitsproduktivität, die sich wegen des im Simulationsexperiment exogen gesetzten Basislohnsatzes nur bedingt in höheren Lohnabschlüssen wiederspiegelt [2], zu sinkenden Lohnstückkosten. Wir erhalten insgesamt gegenläufige Effekte, die sektoral unterschiedlich ausfallen. Als Ergebnis ergibt sich ein minimal sinkender Preisindex für Konsumgüter, während die Investitions- und Exportpreise mit einer Verzögerung von zwei Jahren ansteigen.

Wir wollen nun einige sektorale Auswirkungen analysieren. Dazu betrachten wir die in der Tabelle 56 zusammengefaßten prozentualen Veränderungen der realen Produktionswerte der privaten Wirtschaftssektoren. Man erkennt zunächst, daß alle Wirtschaftszweige von der verbesserten Weltkonjunkturlage profitieren. Im ersten Jahr wird der Aufschwung hauptsächlich von den vier

---

1) Dieses Resultat ist nicht unbedingt mit der seit 1975 betriebenen Beschäftigungspolitik der Unternehmen vereinbar und macht deutlich, wie sehr Modellergebnisse von der Wahl (bzw. Vorgabe) des Referenzzeitraumes, auf dem die Analysen beruhen, abhängen.

2) Im Rahmen spezieller Fragestellungen ist hier natürlich eine modellendogene Bestimmung angemessener. Es sei aber nochmals auf den rein experimentellen Charakter der hier durchgeführten Simulationen hingewiesen.

Tabelle 56

Auswirkungen eines gegenüber der Normalprognose um 1 % höheren Welthandelsvolumens auf die sektoralen Bruttoproduktionen in der privaten Wirtschaft *)

Sektor	Jahr	1975	1976	1977	1978	1979	1980
1	Landwirtschaft	0.3	0.5	0.7	0.7	0.7	0.8
2	Energie/Bergbau	0.4	0.6	0.6	0.6	0.5	0.7
3	Chemie	0.8	1.1	1.2	1.3	1.2	1.1
4	Eisen/NE	0.9	1.3	1.4	1.4	1.3	1.3
5	Sta.-Ma.-Fz.-Bau	1.0	1.3	1.4	1.3	1.2	1.1
6	Elektro/EBM	0.8	1.1	1.1	1.1	1.0	0.9
7	Holz/Textil	0.7	1.3	1.5	1.6	1.6	1.7
8	Nahrung	0.3	0.6	0.8	0.9	1.0	1.2
9	Bau	0.3	0.9	1.2	1.4	1.4	1.3
10	Handel	0.6	1.1	1.2	1.2	1.2	1.4
11	Verkehr	0.4	0.8	1.0	1.1	1.1	1.1
12	Dienstleistungen	0.2	0.5	0.7	0.8	0.9	0.8

*) prozentuale Veränderung gemäß (21.1)

exportstärksten Sektoren [1] 3 (Chemie), 4 (Eisen/NE), 5 (Stahl-, Maschinen-Fahrzeug-Bau) und 6 (Elektro/EBM) getragen. Der Sektor 4 partizipiert an der erhöhten Auslandsnachfrage zusätzlich als wichtigster Vorlieferer der o.g. Wirtschaftszweige. Aufgrund des durch die ab 1976 erhöhte Investitionstätigkeit in Gang gesetzten Akzelerator-Multiplikator-Prozesses profitiert die eisenschaffende Industrie in den folgenden Jahren außerdem von Vorleistungslieferungen an die investitionsgüterproduzierenden Sektoren 9 (Bau) und 5 (Stahl-Maschinen-Fahrzeug-Bau).

1) vgl. Kapitel 13.1.

Von einer durch den gleichen Prozeß induzierten Mehrnachfrage nach Vorprodukten wird auch der Chemiesektor begünstigt, der aufgrund unserer Abgrenzung [1] den Zweig "Steine und Erden" - den wichtigsten Vorlieferer der Bauindustrie - enthält. Ab 1979 ist in den Sektoren 9, 5, 4 und 3 die Abschwächung des Akzelerator-Multiplikator-Prozesses feststellbar.

In den konsumgüterproduzierenden Wirtschaftszweigen, insbesondere den Sektoren 1 (Landwirtschaft) und 8 (Nahrung), kommt es zu einer langsamen, aber stetigen Aufwärtsentwicklung, die vor allem durch die verbesserte Beschäftigungssituation und daraus resultierend höheren Einkommen - bei nahezu unveränderten Preisen - induziert wird.

Bei allen Auswirkungen ist im übrigen zu beachten, daß diese wiederum indirekte Effekte auf alle Sektoren haben, so daß z.T. erhebliche Überlagerungswirkungen entstehen, z.B. beim Sektor 7 (Holz/Textil).

22.3. Simulation einer Erhöhung der staatlichen Investitionsausgaben

Aus dem Bereich der finanzpolitischen Maßnahmen des Staates führen wir exemplarisch ein Simulationsexperiment durch, das die sektoralen Auswirkungen einer erhöhten Investitionsgüternachfrage des Staates analysieren soll. Aufgrund der in den Investitionsverflechtungsmatrizen des Disaggregierten Prognosemodells abgebildeten Zusammenhänge bietet sich eine Vielzahl von Untersuchungsmöglichkeiten an, z.B.:

- laufende (bzw. einmalige) Erhöhung (bzw. Senkung) der <u>gesamten</u> staatlichen Investitionsausgaben
- Veränderungen der Investitionsausgaben der <u>einzelnen Staatssektoren</u> (Bund, Länder, Gemeinden, Sozialversicherung)
- Veränderung der staatlichen Investitionsgüternachfrage <u>nach bestimmten Gütern</u>, z.B. nach Gütern des Bausektors .

Frerichs und Kübler [40] haben hierzu schon detaillierte Untersuchungen mit der ersten Variante des Disaggregierten Prognosemodells durchgeführt.

---

1) vgl. Tabelle 1

In der hier durchgeführten Simulation haben wir die nominalen Investitionsausgaben des Bundes gegenüber der Normalprognose um jährlich 10 Mrd. DM erhöht (also insgesamt um 60 Mrd. DM in den Jahren 1975 bis 1980). Analysiert wird im wesentlichen die Nachfragewirkung dieses Programms, während z.B. die Effekte des höheren staatlichen Finanzierungssaldos auf monetäre Größen und deren Rückwirkungen auf den realen Teil des Systems aufgrund der Modellkonzeption nicht erfaßt werden können. Deshalb wollen wir im Rahmen dieser Simulation in erster Linie eine dynamische quantitative Ergänzung zu der Datenanalyse des Kapitels 11.5. geben. Die in der Tabelle 57 angegebenen Resultate, die die Auswirkungen auf die sektoralen Bruttoproduktionswerte der privaten Wirtschaft ausweisen, können wie folgt zusammengefaßt werden:

- Aufgrund der jährlichen Mehrausgaben des Bundes für Investitionsgüter wird ein Akzelerator-Multiplikator-Prozeß in Gang gesetzt, der seinen Höhepunkt im Jahr 1977 erreicht und sich bis 1980 zum Teil deutlich abschwächt.
- Antriebsfeder sowohl des zunächst kräftigen Aufschwungs, als auch des Nachlassens der Aufwärtsentwicklung ab 1978 ist der Bausektor, der am meisten von den staatlichen Investitionsausgaben profitiert [1]. Er weist einerseits die höchste relative Steigerung des realen Bruttoproduktionswertes auf; andererseits sind hier die gegenläufigen Kräfte ab 1978 so stark, daß 1980 die prozentuale Erhöhung der Produktion schon unter der des Jahres 1975 liegt.
- Gleichlaufende Entwicklungen ergeben sich für die nächstgrößten investitionsgüterproduzierenden Sektoren 5 (Stahl-Maschinen-Fahrzeug-Bau) und 6 (Elektro/EBM), sowie den wichtigsten Vorlieferer für die Bauwirtschaft, den Sektor 3 (Chemie).
- Bei der eisen- und stahlerzeugenden Industrie (Sektor 4), die als Produzent von Vorprodukten nur indirekt von der Aufwärtsentwicklung profitiert, sind die prozentualen Veränderungen zwar recht hoch, aber nicht so ausgeprägt wie bei den o.g. Wirtschaftszweigen.
- Im Nahrungs- und Dienstleistungsgewerbe ist ein kontinuierlicher Aufschwung feststellbar, der von der erhöhten Nachfrage aufgrund der verbesserten Beschäftigungssituation [2] getragen wird.
- Interessant sind die Auswirkungen auf die Produktion des Sektors 7 (Holz/ Textil). Hier überlagern sich Effekte, die sich einerseits aus der Stellung dieses Wirtschaftszweiges als bedeutender Konsumgüterproduzent, und andererseits als Vorlieferer für die Investitionsgüterindustrie ergeben.

---

1) vgl. Kapitel 11.5.
2) vgl. Kapitel 21.2.

Tabelle 57

Auswirkungen einer Erhöhung der Investitionsausgaben des Bundes um jährlich 10 Mrd. DM auf die sektoralen Bruttoproduktionen in der privaten Wirtschaft *)

Sektor	Jahr	1975	1976	1977	1978	1979	1980
1	Landwirtschaft	0.4	1.0	1.5	1.5	1.4	1.3
2	Energie/Bergbau	1.1	1.8	1.7	1.5	1.5	1.8
3	Chemie	2.1	3.7	3.6	3.2	2.8	2.0
4	Eisen/NE	2.1	3.2	3.2	2.9	2.6	2.5
5	Sta.-Ma.-Fz.-Bau	1.6	2.6	2.8	2.6	2.5	2.4
6	Elektro/EBM	1.6	2.7	2.6	2.2	1.7	1.3
7	Holz/Textil	1.8	3.7	4.0	3.8	3.5	3.1
8	Nahrung	0.6	1.4	1.8	2.0	2.1	2.2
9	Bau	8.0	9.2	9.3	9.0	8.4	7.7
10	Handel	1.8	3.1	3.0	2.7	2.6	2.5
11	Verkehr	1.2	2.6	2.9	2.8	2.6	2.4
12	Dienstleistungen	0.4	1.4	2.0	2.2	2.1	2.0

*) Prozentuale Veränderung gemäß (21.1)

Gesamtwirtschaftlich führt die erhöhte staatliche Investitionstätigkeit zu einer Entwicklung des realen Bruttosozialprodukts, die im Jahr 1975 um 1.7 %, 1977 um 2.9 %, 1980 aber nur noch um 2.1 % über dem Verlauf in der Normalprognose liegt. Die Abschwächung der Auftriebskräfte ist im wesentlichen auf die erhöhte Preisentwicklung - insbesondere bei den Sektoren der Investitionsgüterindustrie - und daraus resultierender schwächerer Export- und verstärkter Importtätigkeit zurückzuführen.

Insgesamt werden bis 1980 im Bereich der privaten Wirtschaft 600.000 Arbeitsplätze geschafffen.

22.4. Simulation einer Lohnsatzvariation

Im Rahmen unserer letzten Untersuchung wollen wir eine Simulation durchführen, die besonders im Hinblick auf die aktuelle lohnpolitische Diskussion interessant ist. Gefragt wird nach den Auswirkungen eines gegenüber der Normalprognose um 1 % höheren Ecklohnsatzes des Sektors 4 (Eisen/NE) in den Jahren 1975 bis 1980. Dabei wollen wir vor allem die gesamtwirtschaftlichen Implikationen analysieren und demgegenüber sektorale Einzelergebnisse außer acht lassen.

Eine Lohnsatzerhöhung führt im Disaggregierten Bonner Modell zu zwei gegenläufigen Wirkungen. Einerseits ergibt sich eine Einkommensausweitung bei den privaten Haushalten, die zu einer Mehrnachfrage nach Konsumgütern und erhöhter Ersparnisbildung führt. Andererseits verschlechtert sich die Gewinnsituation der Unternehmen; die sektoralen Inlandspreise steigen und vermindern somit die Wettbewerbsfähigkeit gegenüber ausländischen Produkten. An dieser Stelle sollte beachtet werden, daß der Wechselkurs im Disaggregierten Prognosemodell exogen vorgegeben wird und somit der letztgenannte Effekt nicht über eine eventuelle Veränderung der Austauschverhältnisse der Währungen relativiert wird.

Eine dritte Wirkungsrichtung ergibt sich aus der Verschiebung der Faktorkostenrelationen von Arbeit und Kapital. Aufgrund der ökonometrischen Untersuchungen der Kapitel 10. und 15. sind diese Effekte aber relativ gering.

Wir wollen nun die wichtigsten Ergebnisse dieses Simulationsexperiments anhand der Übersicht der Tabelle 58 diskutieren.

In den beiden ersten Jahren des Simulationszeitraums führt das Ansteigen des Ecklohnsatzes um 1 % zu sektoral unterschiedlichen Lohnerhöhungen, die die gesamtwirtschaftliche Lohnsumme um 0.64 % ansteigen lassen. Bei einer gleichgerichteten Veränderung der Lohnsteuern und einer Verminderung der (verteilten) Gewinne führt dies zu einem um 0.35 % höheren verfügbaren Einkommen der privaten Haushalte. Daraus resultieren Mehrausgaben für Konsumgüter um 0.26 %. Bei nahezu unveränderter Preisentwicklung im ersten Simulationsjahr bewirkt diese Nachfrageerhöhung einen Anstieg des realen Bruttosozialprodukts um 0.04 %. Trotz der verschlechterten Gewinnsituation der Unternehmen dominiert auch bei der Investitionstätigkeit der Nachfrageeffekt. Die Exporte bleiben zunächst wegen der kaum reagierenden Inlandspreise unverändert, während die Importtätigkeit im Zuge des Anstiegs der inländischen Aktivitäten zunimmt.

Tabelle 58

Auswirkungen eines gegenüber der Normalprognose um 1 % höheren Ecklohnsatzes des Sektors 4 (Eisen/NE) im Zeitraum 1975 bis 1980 *)

Variable / Jahr	1975	1976	1977	1978	1979	1980
reales Bruttosozialprodukt **)	0.04	0.02	-0.15	-0.19	-0.22	-0.21
gesamter Konsum	0.03	0.05	-0.11	-0.14	-0.18	-0.17
gesamte Investitionen	0.09	0.11	-0.12	-0.26	-0.27	-0.24
Exporte	0.00	-0.05	-0.10	-0.11	-0.11	-0.11
Importe	0.15	0.07	-0.04	-0.06	-0.03	-0.01
privater Konsum ***)	0.26	0.19	0.17	0.15	0.15	0.15
verfügbares Einkommen	0.35	0.17	0.16	0.14	0.15	0.15
Lohnsumme	0.64	0.61	0.56	0.49	0.47	0.44
Gewinne	-1.04	-0.90	-0.90	-0.82	-0.80	-0.70
Lohnsteuer	0.78	0.73	0.66	0.57	0.54	0.51
Gewinnsteuer	-2.11	-1.62	-1.54	-1.35	-1.33	-1.11
Preisindex Konsum	0.01	0.09	0.16	0.19	0.20	0.21
Preisindex Investitionen	0.00	0.09	0.14	0.17	0.17	0.16
Preisindex Exporte	0.00	0.10	0.17	0.19	0.20	0.18
Erwerbstätige (gesamt)	-0.00	-0.04	-0.08	-0.14	-0.17	-0.20
Erwerbstätige (private Wirtschaft)	0.05	0.03	-0.05	-0.11	-0.15	-0.17

*) prozentuale Veränderung gemäß (21.1)
**) in Preisen von 1970; in laufenden Preisen
***) in laufenden Preisen

Während die Beschäftigung in der privaten Wirtschaft noch steigt, wird im Staatsbereich schon weniger Arbeit nachgefragt.

Auch im zweiten Simulationsjahr dominieren die Auswirkungen der Einkommensausweitung noch alle anderen Effekte. Die Preise beginnen allerdings zu steigen, und zwar um 0.09 % bei Konsum- und Investitionsgütern bzw. um 0.1 % bei Exportgütern. Dementsprechend ist ein leichter Rückgang der realen Exporte feststellbar. Der vermeintliche Aufschwung des Jahres 1975 weist insgesamt deutliche Abschwächungstendenzen auf.

Der Umschwung tritt im Jahr 1977 ein. Das verfügbare Einkommen und die nominale Konsumnachfrage der privaten Haushalte liegen zwar noch um 0.16.% (bzw. 0.17 %) über der Entwicklung in der Normalprognose; die weiter ansteigenden Preise führen aber real zu einer Verminderung des gesamtwirtschaftlichen Konsums. Die Exporte verringern sich auf ein Niveau, das ca. 0.1 % unter der ursprünglichen Entwicklung liegt. Dieser relative Rückgang bleibt bis zum Ende des Simulationszeitraums bestehen, so daß sich langfristig eine Elastizität der Exporte mit Bezug auf den Basislohnsatz von -0.1 ergibt.

Wesentlich verstärkt werden die Abschwächungskräfte durch die Entwicklung der Investitionstätigkeit, die aber erst im Jahr 1979 ihr relatives Minimum gegenüber der Normalprognose erfährt. Hier kommt indirekt die verschlechterte Gewinnsituation der Unternehmen zum Ausdruck.

Ab dem Jahr 1979 ist bei den realen Importen wiederum eine entgegengesetzte Tendenz feststellbar. Die Verminderung der Importe aufgrund nachlassender inländischer Aktivitäten in den Jahren 1977 bis 1979 wird kompensiert durch eine zunehmende Substitution von inländischen Produkten durch Importgüter aufgrund einer Erhöhung der terms of trade. 1980 liegen die realen Importe wieder um 0.01 % über dem Wert der Normalprognose.

Auf dem Arbeitsmarkt führt die Politik höherer Löhne zu einer Senkung der Arbeitsnachfrage, wobei im letzten Simulationsjahr ca. 50.000 Personen weniger beschäftigt sind.

Schlußbemerkungen

Mit dem hier vorgelegten Bericht finden die mittlerweile fünfzehnjährigen Arbeiten am Disaggregierten Bonner Prognosesystem einen vorläufigen Abschluß. Im Rahmen dieses von der DFG großzügig unterstützten Forschungsprojektes sollten die wesentlichen Voraussetzungen für die Konstruktion und praktische Handhabung großer ökonometrischer Input-Output-Modelle geschaffen werden. Dies betraf eine Vielzahl von Bereichen, z.B.

- die Datenerstellung; hier insbesondere die Konstruktion jährlicher Input-Output- und Investitionsmatrizen

- die Bereitstellung von software zum Schätzen, Lösen und Auswerten grosser ökonometrischer Systeme

- das Entwickeln ökonomischer Theorien zur Erklärung sektoraler Wirtschaftsabläufe
- den Aufbau, die Handhabung und Auswertung von Prognosesystemen einer bis dahin noch nicht verwirklichten Größenordnung.

Zu allen diesen Teilkomplexen sind wichtige Pionierarbeiten geleistet worden. Repräsentativ seien nur die umfangreichen Arbeiten des Deutschen Instituts für Wirtschaftsforschung (DIW) an der Datenbasis und die Entwicklung des Bonner IAS-Systems genannt. Es ist im Rahmen dieses Abschlußberichtes gezeigt worden, daß ökonometrische Input-Output-Modelle mit mehr als 2000 Gleichungen durchaus ein geeignetes und vielfältig verwendbares Instrument der Politikberatung sein können. Insbesondere die hier vorgestellten Resultate in Bezug auf

- die theoretisch fundierte Vergangenheitsanalyse

- die Prognosequalität und

- die Realitätsnähe der Simulationsergebnisse

haben deutlich gemacht, daß - entgegen der allgemeinen Skepsis gegenüber monströs, unhandlich und unübersichtlich wirkenden Input-Output-Modellen - hier ein Entwicklungsstand erreicht worden ist, der bei entsprechendem Mitteleinsatz wertvolle Hilfestellungen für strukturpolitische Entscheidungen verspricht. Will man in der Strukturpolitik Maßnahmen im Rahmen eines konsistenten Modellzusammenhangs abstimmen, so erweisen sich ökonometrische

Modelle, die die Veränderung von Produktionsstrukturen erfassen, geeigneter als Systeme mit festen Input-Koeffizienten, z.B. die von vielen Wirtschaftsforschungsinstituten in der Strukturberichterstattung verwendeten statischen Leontief-Modelle. In den Untersuchungen des Kapitels 7. ist gezeigt worden, daß Vorleistungsstrukturen so großen Änderungen unterliegen, daß plausible Vorhersagen nur mit Hilfe variabler Erklärungsansätze möglich sind. Entsprechendes gilt für die Investitionsstrukturen.

Trotz dieser vielversprechenden Erfahrungen beim Aufbau des Disaggregierten Bonner Prognosesystems ist eine Vielzahl von Problemen, die insbesondere ökonometrische Input-Output-Modelle aufweisen, noch nicht zur vollständigen Zufriedenheit gelöst worden. Sie seien hier kurz skizziert:

a) Die Datenproblematik ist bei Input-Output-Modellen erheblich größer als bei Makromodellen. Sequenzen von Input-Output-Tabellen sind einerseits nicht schnell verfügbar, so daß man im günstigsten Fall fünf Jahre hinter der aktuellen Entwicklung zurückbleibt; andererseits liegt für große Teile der Input-Output-Matrizen kein originäres Datenmaterial vor, so daß die entsprechenden Zeitreihen modellmäßig erstellt werden müssen. Die Qualität dieses Datenmaterials ist zweifelhaft (vgl. Hansen [50], Lindner [102]). Insbesondere sind Input-Output-Tabellen gegenüber Revisionen der Volkswirtschaftlichen Gesamtrechnung äußerst anfällig.

b) Die Erklärungsansätze zur Analyse sektoraler Entwicklungen und Zusammenhänge sind in den meisten Fällen entweder aus makroökonomischen Vorstellungen übertragen worden oder rein heuristischer Natur. Eine ökonomische Theorie des Strukturwandels ist leider noch nicht entwickelt worden. Dies ist aber eine wichtige Forderung an die Theorie, da die bisher verwendeten theoretischen Konzepte vielfach der Problematik nicht angemessen sind. Heuristische Erklärungsansätze müssen grundsätzlich abgelehnt werden, es sei denn, man will reines Datenfitting betreiben.

c) Der manpower-, Speicherplatz- und Rechenzeitbedarf ist bei ökonometrischen Input-Output-Modellen erheblich größer als bei Makrosystemen. Diese Probleme sind zwar zu bewältigen, führen aber zu wesentlich höheren Kosten.

Leider hat die Modellbauentwicklung der letzten Jahre Richtungen eingeschlagen, die uns nicht sinnvoll erscheinen. Zum Einen werden vollintegrierte und relativ aktuelle Input-Output-Modelle auf der Grundlage von fast vollständig modellmäßig erstellten Verflechtungsmatrizen konstruiert (vgl. Rettig [118]). Dabei werden außerdem die meisten Input-Koeffizienten durch einen logistischen Ansatz geschätzt. Zum anderen werden Makromodelle mit Input-Output-Konversion entwickelt, die ein aggregiertes ökonometrisches Prognosesystem mit einer konstanten Koeffizientenmatrix koppeln. Beide Methoden können keine sinnvolle Analyse des Strukturwandels liefern. Der richtige Weg scheint uns eine konsequente Weiterentwicklung der Methoden der Datenerhebung und der theoretischen Konzepte zu sein, die auf den bisherigen Erfahrungen beim Bau vollintegrierter Input-Output-Systeme aufbaut. Ziel sollte sein, jährliche Input-Output-Tabellen in großer Disaggregationstiefe schnell verfügbar zu machen und mit Hilfe theoretisch fundierter Konzepte konsistent nachzubilden. Hierzu ist aber ein erheblicher finanzieller Aufwand erforderlich, der nur mit den Kosten zur Erstellung von dynamischen Mikrosimulationsmodellen vergleichbar ist.

Zum Abschluß sei noch einmal der DFG für die großzügige finanzielle Unterstützung dieses Forschungsprojektes gedankt. Die vielfältigen Resultate der fünfzehnjährigen Forschungstätigkeit am Disaggregierten Bonner Prognosesystem haben den Aufwand wohl gerechtfertigt.

L I T E R A T U R

(1) Almon, C., u.a. * Interindustry Forecasts of the American Economy, Lexington, 1974

(2) Arrow, K.J. * Social Choice and Individual Values, New York, 1951

(3) Bach, H., Riefers, R. * Zeitreihen zur Erwerbstätigkeit. Die Erwerbstätigen nach 26 Wirtschaftsbereichen und nach der Stellung im Beruf von 1960 bis 1968 (Inlands- und Unternehmerkonzept).
in: Mitteilungen aus der Arbeitsmarkt- und Berufsforschung , 3. Jg., 1970, Heft 2, S. 107 ff.

(4) Bach, H., Kohler, H., u.a. * Arbeitszeit und Arbeitsvolumen in der Bundesrepublik Deutschland, 1960 - 1975.
in: Beiträge zur Arbeitsmarkt- und Berufsforschung 23, Nürnberg, 1978

(5) Bartels, H. * Das Einkommenskonto für den Staat in den Volkswirtschaftlichen Gesamtrechnungen.
in: Wirtschaft und Statistik, 1955, S. 124

(6) Barten, A.P. * Maximum-Likelihood-Estimates of a Complete System of Demand Equations.
in: European Economic Review, Bd. 1, 1969, S. 7 ff.

(7) Barten, A.P. * The Systems of Consumer Demand Approach: A Review.
in: Econometrica, Bd. 45, 1977, S. 23 - 51

(8) Barten, A.P., Boehm, V. * Consumer Theory.
in: Handbook of Mathematical Economics, Band II, Kapitel 9, Amsterdam, 1982

(9) Baumgart, E., Staeglin, R., u.a. * Jährliche nominale Input-Out-Tabellen, Importmatrizen und Investitionsmatrizen für die Bundesrepublik Deutschland 1960 - 1974.
in: DIW Beiträge zur Strukturforschung, Heft 59, 1979

(10) Beckmann, M., Uebe, G. * Makroökonomische Untersuchungen der Auswirkungen von Steuersystemänderungen, Wiesbaden, 1970

(11) Beckord, J. * Lohnführerschaft u. kollektive Lohnverhandlungen. Frankfurt - Bern - Las Vegas, 1977

(12) Blackorby, C., Lady, G., Nissen, D., Russel, R.R. * Homothetic Separability and Consumer Budgeting.
in: Econometrica, Bd. 38, 1970, S. 468 ff.

(13) Blackorby, C., Primont, D., Russel, R.R. * Duality, Separability, and Functional Structure: Theory and Economic Application. North - Holland, Amsterdam, 1978

(14) Box, G., Jenkins, G. * Econometric Models and Multivariate Time Series Analysis.
in: Anderson, D. (Hrsg.): Time Series, North Holland, Amsterdam, 1970

(15) Braun, J. * Schätzung von Input-Output-Tabellen mit Pseudoinversen einer Matrix. Dissertation, Bonn, 1976

(16) Bridge, J.L. * Applied Econometrics. Amsterdam - London, 1971

(17) Brown, T.M. * Habit Persistence and Lags in the Consumer Behavior in: Econometrica, Bd. 20, 1952, S. 355 ff.

(18) Brown, M., Heien, D. * The S-Branch Utility Tree: A Generalization of the Linear Expenditure System. in: Econometrica, Bd. 40, 1972, S. 737 - 747

(19) Cochrane, A., Orcutt, G.H. * Application of Least Square Regression to Relationships Containing Autocorrelated Error Terms. in: American Statistical Association Journal, Bd. 44, 1949, S. 32 ff.

(20) Coen, R.M. * Effects of Tax Policy on Investment in Manufacturing. in: American Economic Review, Bd. 2, 1968, Papers and Proceedings, S. 200 ff.

(21) Coen, R.M., Hickmann, B.G. * Constraint Joint Estimation of Factor Demand and Production Functions. in: Review of Economics and Statistics, Bd. 52, 1970, S. 287 ff.

(22) Commission of the European Communities * Project for a Multinational, Multisectoral Model. 1980, unveröffentlicht

(23) Conrad, K., Kohnert, P. * Economic Activity, Interest Rates and the Exchange Rate in the Bonn Forecasting System No. 10. in: Schriftenreihe des Instituts für Gesellschafts- und Wirtschaftswissenschaften, Bonn, Juli 1978

(24) Conrad, K. * Input-Output-Analyse bei preisabhängigen Koeffizienten. in: Zeitschrift für die gesamte Staatswissenschaft, Bd. 135, 1979, S. 629 ff.

(25) Christensen, L.R., Jorgenson, D.W., Lau, J. * Transcendental Logarithmic Production Frontiers. in: Review of Economics and Statistics, Bd. LV, 1973, S. 38 - 45

(26) Diekheuer, G., Meyer, K., Schumann, J. * Ein Dynamisches Input-Output-Modell zur simultanen Erklärung der Entwicklung von Mengen und Preisen angewendet auf die Bundesrepublik Deutschland 1954 - 1967. in: Makroökonomische Input-Output-Analysen und dynamische Modelle, Seetzen, Krengel, v. Kortzfleisch (Hrsg.), Basel, 1979

(27) Diewert, W.E. * Applications of Duality Theory. in: Frontiers of Quantitative Economics, Bd. 2, Intriligator, M.D., Kendrick, D. (Hrsg.), Amsterdam, 1974

(28) Durbin, J., Watson, G.S. * Testing for Serial Correlation in Least-squares Regression II. in: Econometrica, Bd. 38, 1951, S. 159 - 178

(29) Eichhorn, W., Völler, J. * Theory of the price index: Fisher's test approach and generalization.
in: Lecture Notes in Economics and Mathematical Systems, Berlin, 1979

(30) Faddejew, D.K., Faddejewa, W.W. * Numerische Methoden der linearen Algebra. München, 1979

(31) Fleck, M., Quinke, H. * Bonner Modell 5.4.: Variablen, Gleichungen, Normalprognose, 1977 - 1985. Manuskript, Bonn, Juli 1977

(32) Fleck, M., Weihs, C. * IAS-System Bonn, Benutzerhandbuch, 3. aktualisierte Auflage.
in: Schriftenreihe des Instituts für Gesellschafts- und Wirtschaftswissenschaften, Nr. 121, Bonn, Juli 1982

(33) Frerichs, W., Kübler, K. * Die Datenbasis des disaggregierten Prognosesystems - Dokumentation -.
in: Schriftenreihe des Instituts für Gesellschafts- und Wirtschaftswissenschaften, Nr. 78, Bonn, 1975

(34) Frerichs, W. * Ein disaggregiertes Prognosesystem für die Bundesrepublik Deutschland, 1. Die Staatssektoren. Meisenheim, 1975

(35) Frerichs, W. * Konsum-, Investitions- und Transferfunktionen des Staates.
in: Schriftenreihe des Instituts für Gesellschafts- und Wirtschaftswissenschaften, Nr. 62, Bonn, Februar 1975

(36) Frerichs, W. * Sektoral indirekte Steuer- und Subventionsfunktionen.
in: Schriftenreihe des Instituts für Gesellschafts- und Wirtschaftswissenschaften, Nr. 65, Bonn, Juni 1975

(37) Frerichs, W., Kübler, K. * Analyse und Prognose der Technologie einer Vielsektorenwirtschaft durch preis-, fortschritts- und kapazitätsabhängige Input-Output-Koeffizienten.
in: ASA (Hrsg.): Technologieeinsatz und wirtschaftlicher Strukturwandel als Problem für die Input-Output-Analyse, Köln, 1976

(38) Frerichs, W., Kübler, K. * Das Gleichungssystem des Disaggregierten Prognosesystems, Version I. Stand: Februar 1977, Dokumentation, Bonn, 1977

(39) Frerichs, W., Kübler, K. * Interindustry Forecasts of the West-German Economy. Discussionspaper 9th Annual Meeting of PROJEKT LINK, Kyoto, 1977

(40) Frerichs, W., Kübler, K. * Sectoral Investment Control as a Factor of Economic Growth. Discussionpaper Contributed to the 5th World Congress of Economists, Tokyo, 1977

(41) Frerichs, W. * Das Bonner Disaggregierte Modell, Tätigkeits-Bericht des SFB 21. Bonn, 1978

(42) Frerichs, W., Hollmuth, T., Jäger, W., Kübler, K. * Die Datenbasis zum Disaggregierten Prognosesystem II (Referenzperiode 1960 - 1974). - Dokumentation -.
in: Schriftenreihe des Instituts für Gesellschafts- und Wirtschaftswissenschaften, Bonn, April 1979

(43) Frey, B., Lau, J. * Towards a Mathematical Model of Government Behavior.
in: Zeitschrift für Nationalökonomie, Bd. 28, 1968, S. 357 ff.

(44) Friede, G. * Preisabhängige Darstellung von Input-Koeffizienten der Bundesrepublik Deutschland.
in: J. Seetzen, R. Krengel, G. v. Kortzfleisch (Hrsg.): Makroökonomische Input-Output-Analysen und dynamische Modelle, Basel, 1979

(45) Fuss, D., Mc Fadden, D. * Duality of Production, Cost and Profit Functions.
in: M. Fuss, A. Fadden (Hrsg.): Production Economics: A Dual Approach to Theory and Applications, Bd. 1.

(46) Gorman, W.M. * Seperable Utility and Aggregation.
in: Econometrica, Bd. 27, 1959, S. 468 - 481

(47) Goerzig, B., Kirner, W. * Konzeption einer Strukturberichterstattung für die Bundesrepublik Deutschland. Möglichkeiten und Grenzen der Analyse sektoraler Strukturentwicklungen, Sonderheft 122 des DIW, Berlin, 1970

(48) Goerzig, B., Kirner, W. * Anlageinvestitionen und Anlagevermögen in den Wirtschaftsbereichen der Bundesrepublik Deutschland.
in: DIW Beiträge zur Wirtschaftsforschung, Heft 41, Berlin, 1976

(49) Gruber, J., Ring, J. * Komplettes Ausgabengleichungssystem für den Nahrungsmittelsektor.
unveröffentlicht

(50) Hansen, G. * Probleme mit konstanten und variablen Input-Koeffizienten in disaggregierten, ökonometrischen Modellen für die Bundesrepublik Deutschland.
in: Zeitschrift für Wirtschafts- und Sozialwissenschaften, 1982, Heft 3, S. 259 - 278

(51) Hart, R.A., Robb, A.L. * Production and Labour Demand Functions with Endogenous Fixed Worker Costs.
in: IIM - papers, Berlin, Dezember 1980

(52) Hasenkamp, G. * A Demand System Analysis of Disaggregated Consumption. Göttingen, 1980

(53) Hedtkamp, G. * Bestimmungsgründe für Umfang und Struktur der öffentlichen Ausgaben.
in: Beiträge zur Theorie der öffentlichen Ausgaben, Schriften des Vereins für Socialpolitik, Bd. 47, Berlin, 1967

(54) Hellmuth, Th. * Transferverflechtungen der Wirtschaftssektoren in der Bundesrepublik Deutschland. Diplomarbeit, Bonn, Mai 1979

(55) Henkner, K. * Stellung der Bundesrepublik Deutschland im Internationalen Handel.
in: Abschwächung der Wachstumsimpulse, Materialband 2 zur Strukturberichterstattung 1980, Berlin, März 1981

(55) Hicks, J.M. * A Contribution to the Theory of Trade Cycle, Oxford, 1950

(57) Hudson, E.A., Jorgenson, D.W. * U.S. Energy Policy and Economic Growth, 1975 - 2000.
in: The Bell Journal of Economic and Management, Science, Bd. 5, Nr. 2, 1974, S. 461 ff.

(58) Hujer, R., Bauer, G., Knepel, H. * The SFB-3-Macroeconomic Model, Theoretical Aspects and first Simulation- and Forecasting Results, Beitrag zum IIM/Ifo-Seminar über Makroökonometrischen Modellbau, Berlin, März 1982

(59) Jäger, W. * Die Struktur des Arbeitsmarktes in der Bundesrepublik Deutschland, Dissertation, Bonn, 1979

(60) Johansen, L. * Production Functions. Amsterdam - London, 1972

(61) Jorgenson, D. * Capital Theory and Investment Behavior.
in: American Economic Review, Papers and Proceedings, Bd. 53, 1963, S. 247 ff.

(62) Jorgenson, D., Stephenson, J.A. * Investment Behavior in U.S. Manufactoring 1947 - 1960.
in: Econometrica, Bd. 35, 1967, S. 169 - 220

(63) Karrenberg, H. * Input, Output, Importe und Investitionen von Bund, Ländern, Gemeinden und Sozialversicherung. unveröffentlichte Daten, Essen, 1973

(64) Karrenberg, H. * Input-Output-Verflechtung der Gebietskörperschaften 1968 bis 1973. RWI-Papiere Nr. 5, Essen, 1977

(65) Kirner, W. * Das Anlagevermögen und seine Nutzung in den Sektoren der Volkswirtschaft.
in: DIW-Beiträge zur Strukturforschung, Heft 5, Berlin, 1968

(66) Kirner, W. * Abschlußbericht des DIW zum Gesamtprojekt "Mittelfristiges Prognosesystem für die Bundesrepublik Deutschland". Berlin, 1974 (unveröffentlicht)

(67) Kirner, W., Mertens, D. * Input-Output-Rechnung: Investitionsverflechtung in der Bundesrepublik Deutschland 1950 - 1970.
in: DIW-Beiträge zur Strukturforschung, Heft 38, Berlin, 1975

(68) Kirner, W., Staeglin, R. * Zur Anwendung disaggregierter Modelle für die Strukturberichterstattung.
in: Abschwächung der Wachstumsimpulse, Materialband 1 zur Strukturberichterstattung 1980, Berlin, März 1981

(69) Kiy, M. * Ergänzungen zur Datenbasis des Disaggregierten Prognosemodells II - Dokumentation -.
in: Schriftenreihe des Instituts für Gesellschafts- und Wirtschaftswissenschaften, Nr. 110, Bonn, September 1980

(70) Kiy, M. * Das Disaggregierte Prognosemodell II, Dokumentation, Bonn, Mai 1981

(71) Klein, L. * Economic Fluctuations in the US: 1921 - 1941, New York, 1950

(72) König, H., Timmermann, V. * Ein Ökonometrisches Modell für die Bundesrepublik Deutschland 1950 - 1960. in: Zeitschrift für die gesamte Staatswissenschaft, Bd. 118, 1962, S. 598 ff.

(73) Kohnert, P. * Flexible Wechselkurse - Eine theoretische und ökonometrische Studie. Volkswirtschaftliche Dissertation, Bonn, 1981

(74) Komarnicki, J., Neuhaus, K.H. * Der Staatssektor in der Input-Output-Rechnung. Berlin, 1972

(75) Krelle, W. * Ersetzung der Produktionsfunktion durch Preis- und Kapazitätsabhängige Produktionskoeffizienten. in: Jahrbücher für Nationalökonomie und Statistik, Bd. 176, 1964, S. 289 ff.

(76) Krelle, W., Helmstädter, E. * Forschungsplan für ein mittelfristiges Prognosemodell für die Volkswirtschaft der Bundesrepublik Deutschland. Bonn, Dezember 1966

(77) Krelle, W. * Volkswirtschaftliche Gesamtrechnung. Berlin, 1967

(78) Krelle, W. * Dynamisierung der Nutzenfunktion. in: Zeitschrift für Nationalökonometrie, Band 32, 1972, S. 59.ff.

(79) Krelle, W., Gabisch, G. * Wachstumstheorie, Berlin - Heidelberg - New York, 1972

(80) Krelle, W., u.a. * Das disaggregierte Prognosesystem für die Bundesrepublik Deutschland, Definitionssystem und Ableitung der Verhaltensfunktionen. Bonn, Dezember 1972

(81) Krelle, W. * Vereinfachte Version des disaggregierten Prognosesystems für die Wirtschaft der Bundesrepublik Deutschland - vorläufige Fassung. in: Schriftenreihe des Instituts für Gesellschafts- und Wirtschaftswissenschaften, Nr. 53, Bonn, Dezember 1973

(82) Krelle, W. * Disaggregated Production Functions. in: Lecture Notes in Economics and Mathematical Systems, Bd. 99: Production Theory, Berlin - Heidelberg - New York, 1974

(83) Krelle, W. * Erfahrungen mit einem ökonometrischen Prognosemodell für die Bundesrepublik Deutschland. Meisenheim 1974

(84) Krelle, W. * Investitionsfunktionen. in: Handwörterbuch der Wirtschaftswissenschaften, 1976

(85) Krelle, W. * Preistheorie, Bd. I, S. 24 ff., Tübingen, 1976

(86) Krelle, W., Frerichs, W., Kübler, K. * Ökonometrische Input-Output-Modellanalysen und Prognosen. in: Makroökonomische Input-Output-Analysen und dynamische Modelle, Seetzen, Krengel, v. Kortzfleisch (Hrsg.), Basel, 1979

(87) Krelle, W., Pallaschke, D. * On the Existence of an Appropriate Representative Household. A Contribution to the Aggregation Problem and the Theory of Linear Expenditure Systems. in: Schriftenreihe des Instituts für Gesellschafts- und Wirtschaftswissenschaften, Nr. 96, Bonn, 1979

(88) Krelle, W. * Ein System der allgemeinen Interdependenz der geistigen und wirtschaftlichen Entwicklung. in: Kung, E. (Hrsg.): Wandlungen in Wirtschaft und Gesellschaft, Tübingen, 1980

(89) Krelle, W., Langer, H.G., Martiensen, J. * USW-Entscheidungsspiel "Bundesrepublik Deutschland". Universitätsseminar der Wirtschaft, 1980

(90) Krelle, W. * Erfahrungen bei der Zusammenarbeit mit PROJEKT LINK. in: Verknüpfung sozio-ökonomischer Modelle, Frankfurt, 1980, S. 131 - 142

(91) Krelle, W., Pallaschke, D. * A General Demand System. in: Schriftenreihe des Instituts für Gesellschafts- und Wirtschaftswissenschaften, Nr. 103, Bonn, Dezember 1980

(92) Krelle, W., Erber, G., Kiy, M. * Forschungsplan für das Disaggregierte Prognosemodell 2, Bonn, Juni 1982

(93) Krengel, R., u.a. * Jährliche nominale Input-Output-Tabellen und Importmatrizen für die Bundesrepublik Deutschland 1954 - 1967. DIW-Beiträge zur Strukturforschung, Heft 21, Berlin, 1972

(94) Krengel, R., u.a. * Jährliche Input-Output-Tabellen und Importmatrizen zu Preisen von 1962 für die Bundesrepublik Deutschland, 1954 bis 1967. DIW-Forschungsbericht 1972

(95) Krengel, R. * Statistische Probleme bei Modellverknüpfungen. in: Schmidt, H., Schips, B. (Hrsg.): Verknüpfung sozioökonomischer Modelle, Frankfurt - New York, 1980

(96) Kübler, K. * Ein disaggregiertes Prognosesystem für die Bundesrepublik Deutschland, 2. Die Unternehmersektoren, Meisenheim, 1972

(97) Langer, H. * Determinanten der Importnachfrage, Dissertation, Bonn, 1972

(98) Leontief, W. * Dynamic Analysis. in: Studies in the Structure of the American Economy, New York, Oxford University Press, 1953

(99) Leontief, W. * Theoretical Assumptions and Unobserved Facts. in: American Economic Review, Nr. 61, 1971, S. 1 - 7

(100) Levenberg, K. * A Method for the Solution of Certain Nonlinear Problems in Least Squares. in: Quarterly Applied Math, Bd. 2, S. 164 - 168

(101) Lindblohm , C.E. * The Intelligence of Democracy, Glencoe, 1965

(102) Lindner, H., Petry, G., u.a. * Möglichkeiten und Grenzen der Anwendung der für die Bundesrepublik Deutschland vorliegenden Input-Output-Tabellen. Tübingen, 1981

(103) Maaß , S. * Die Reagibilität von Prognosen mittels Input-Output-Modellen für Fehler im Datenmaterial - gezeigt am Beispiel des statischen offenen Leontief-Modells, Erlangen - Nürnberg, 1978

(104) Malinvaud, E. * Statistical Methods of Econometrics, Second Edition, North-Holland, 1970

(105) Malinvaud, E. * The Consistancy of Nonlinear Regressions. in: Annuals of Mathematical Statistics, Bd. 41, 1970, S. 956.ff.

(106) Marquardt, D.W. * An Algorithm for Least-Squares Estimation of Nonlinear Parameters. in: J. Soc. Indust. Appl. Math., Bd. 11, 1963, S. 431 - 441

(107) Meadows, D., u.a. * Die Grenzen des Wachstums, Bericht des Club of Rome zur Lage der Menschheit. Stuttgart, 1972

(108) More, J.J. * The Levenberg-Marquardt Algorithm: Implementation and Theory. in: Lecture Notes in Mathematics 630; Numerical Analysis: Ed. G.A. Watson, S. 105 - 116

(109) Nadiri, M.I. * The Effect of Relation Prices and Capacity on the Demand for Labour in the US-Manufactoring Sector. in: Review of Economic Studies 35, 1968, S. 273 - 288

(110) Nadiri, M.I., Rosen, S. * Interrelated Factor Demand Function. in: American Economic Review 59, 1968, S. 457 - 471

(111) Nakamura, S. * Use of the Aggregator Functions to Determine Import Shares in a Multisectoral Model. in: Schriftenreihe des Instituts für Gesellschafts- und Wirtschaftswissenschaften, Nr. 112, Bonn, 1981

(112) Nakamura, S. * A Multisectoral Klems Model of Production with Imperfectly Substitutible Imports for F.R.G. in: Schriftenreihe des Instituts für Gesellschafts- und Wirtschaftswissenschaften, Nr. 128, Bonn, Dezember 1981

(113) Pauly, R., Krelle, W. * Konsum und Investitionen des Staates, Göttingen, 1976

(114) Phlips, Louis * Applied Consumption Analysis. in: Advanced Textbooks in Economics, Bd. 5, North-Holland, 1974

(115) Pischner, R., Stäglin, R., Wessels, H. * Input-Output-Rechnung für die Bundesrepublik Deutschland 1972. in: Beiträge zur Strukturforschung des DIW, Heft 38, 1975, S. 10

(116) Pollak, R.A., Wales, T.J. * Estimation of the Linear Expenditure System. in: Econometrica, Bd. 37, 1969, S. 611 ff.

(117) Preston, R.S. * The Wharton Annual and Industry Forecasting Modell, Philadelphia, 1972

(118) Rettig, R. * Ein disaggregiertes Modell für die Bundesrepublik Deutschland. Essen, 1982

(119) Rawley, J.C.R., Trivedi * Econometrics of Investment, London, 1975

(120) Roy, R. * De Utilité, Paris, 1942

(121) Sachverständigenrat zur Begutachtung der gesamtwirtschaftlichen Entwicklung. Herausforderung von Außen, Jahresgutachten 1979/80, S. 213 ff.

(122) Samuelson, P. * Some Implications on Linearity. in: The Review of Economic Studies, Bd. 15, 1948, S. 88 - 90

(123) Sandermann, G. * Die Zahlungsbilanz der Bundesrepublik Deutschland 1960 - 1970, Meisenheim, 1972

(124) Schäfer, R., Zerwas, A. * Transaktionsmatrizen des monetären Einkommenskreislaufs für die Bundesrepublik Deutschland 1950 - 1970, Münster, 1972

(125) Schindtke, J. * Modell der doppelten Proportionalität zur Schätzung von nichtnegativen Matrizen, insbesondere Input-Output-Tabellen. in: Angewandte Informatik, Heft 4, 1973, S. 143 - 156

(126) Schindtke, J. * Sensitivitätsanalysen im statischen offenen Leontief-Modell. in: DIW-Beihefte zur Strukturforschung Heft 42, Berlin, 1976

(127) Schlönbach, K. * Ökonometrische Analyse der Lohn- und Arbeitsentwicklung in der Bundesrepublik Deutschland 1957 - 1968. Eine Erweiterung des Bonner Prognosemodells. Meisenheim, 1972

(128) Schmidt, J., Stäglin, R., Weiss, J.P., Wessels, H. * Die Bedeutung des strukturellen Wandels für die Beschäftigung. in: DIW-Beiträge zur Strukturforschung, Heft 60, 1980

(129) Schneeweiss, H. * Ökonometrie. Würzburg - Wien, 1971

(130) Schönfeld, P. * Methoden der Ökonometrie. Bd. I, Berlin - Frankfurt, 1969

(131) Schönfeld, P. * Methoden der Ökonometrie. Bd. II, München, 1971

(132) Schumann, J. * Input-Output-Analyse. Berlin - Heidelberg - New York, 1968

(133) Shephard, R.W. * Cost and Production Functions. Princeton, N.J., 1953

(134) Spörel, U. * Transaktionen des monetären Einkommenskreislaufs für die Bundesrepublik Deutschland 1967 - 1972, Münster, 1972

(135) Stäglin, R., u.a. * Multiplikatorwirkungen eines Konunkturprogramms von 1975.
in: DIW-Beiträge zur Strukturforschung, Heft 45, 1976

(136) Stäglin, R., u.a. * Jährliche Input-Output-Tabellen und Importmatrizen zu Preisen von 1970 für die Bundesrepublik Deutschland 1960 - 1974.
in: DIW, Forschungsbericht, Juli 1979

(137) Stäglin, R. * Exportabhängigkeit der deutschen Wirtschaft.
in: Abschwächung der Wirtschaftsimpulse, Materialband 2 zur Strukturberichterstattung 1980 des DIW, Berlin, März 1981, S. 37 - 48

(138) Stäglin, R. * MODOP: Ein Verfahren zur Erstellung empirischer Transaktionsmatrizen.
in: Anwendungen statistischer und mathematischer Probleme. Berichte aus dem Institut für Statistik und Versicherungsmathematik und aus dem Institut für angewandte Statistik der Freien Universität Berlin, Heft 15, 1972, S. 69 - 81

(139) Statistisches Bundesamt * Volkswirtschaftliche Gesamtrechnung Fachserie F, Reihe 1, Konten und Standardtabellen: 1974, Wiesbaden, Oktober 1975

(140) Statistisches Bundesamt * Revision der Volkswirtschaftlichen Gesamtrechnungen 1960 - 1976.
in: Wirtschaft und Statistik, Heft 4, Wiesbaden, 1977

(141) Statistisches Bundesamt * Volkswirtschaftliche Gesamtrechnung, Fachserie F, Reihe 1, Konten und Standardtabellen: 1980, Wiesbaden, Oktober 1981

(142) Statistisches Bundesamt * Statistisches Jahrbuch für die Bundesrepublik Deutschland 1981. Wiesbaden, 1982

(143) Stone, J.R.N. * Linear Expenditure Systems and Demand Analysis an Application to the Pattern of British Demand.
in: Economic Journal 64, 1954, S. 511 - 527

(144) Strotz, R.H. * The Empirical Implications of a Utility Tree.
in: Econometrica, Bd. 25, 1957, S. 269 - 280

(145) Strotz, R.H. * The Utility Tree. A Correction and Further Appraisal.
in: Econometrica, Bd. 27, 1959, S. 482 - 488

(146) Teichmann, D. * Finanzhilfen und Steuervergünstigungen im Unternehmensbereich von 1970 - 1978.
in: Abschwächung der Wachstumsimpulse, Materialband 2 zur Strukturberichterstattung 1980 des DIW, Berlin, März 1981

(147) Theil, H. * Theory and Measurement in Consumer Demand, Bd. 1,2, Amsterdam, 1976

(148) Theil, H. * The system-wide Approach to Microeconomics, Amsterdam, 1978

(149) United Nations (Hrsg.) * Standard International Trade Classification. Revision 2, Statistical Papers, Serie M, Nr. 34, New York, 1975

(150) Weihs, C. * Nichtlineare Systemschätzer im IAS-System Bonn. in: Schriftenreihe des Instituts für Gesellschafts- und Wirtschaftswissenschaften, Nr. 126, August 1981

(151) Weiss, J.P. * Projektion von Input-Output-Tabellen für die Bundesrepublik Deutschland für die Jahre 1980 und 1985. Göttingen, 1976

(152) Wessels, H. * Auswirkungen von Subventionszahlungen an die Endnachfrage. in: Abschwächung der Wachstumsimpulse, Materialband 2 zur Strukturberichterstattung 1980 des DIW, Berlin, März, 1981

(153) Wold, H. * Model Construction and Evalution when Theoretical Knowledge is Scarce. An Example of the Use of Partical Least Squares. Manuskript, Genf, 1979

Vol. 157: Optimization and Operations Research. Proceedings 1977. Edited by R. Henn, B. Korte, and W. Oettli. VI, 270 pages. 1978.

Vol. 158: L. J. Cherene, Set Valued Dynamical Systems and Economic Flow. VIII, 83 pages. 1978.

Vol. 159: Some Aspects of the Foundations of General Equilibrium Theory: The Posthumous Papers of Peter J. Kalman. Edited by J. Green. VI, 167 pages. 1978.

Vol. 160: Integer Programming and Related Areas. A Classified Bibliography. Edited by D. Hausmann. XIV, 314 pages. 1978.

Vol. 161: M. J. Beckmann, Rank in Organizations. VIII, 164 pages. 1978.

Vol. 162: Recent Developments in Variable Structure Systems, Economics and Biology. Proceedings 1977. Edited by R. R. Mohler and A. Ruberti. VI, 326 pages. 1978.

Vol. 163: G. Fandel, Optimale Entscheidungen in Organisationen. VI, 143 Seiten. 1979.

Vol. 164: C. L. Hwang and A. S. M. Masud, Multiple Objective Decision Making – Methods and Applications. A State-of-the-Art Survey. XII, 351 pages. 1979.

Vol. 165: A. Maravall, Identification in Dynamic Shock-Error Models. VIII, 158 pages. 1979.

Vol. 166: R. Cuninghame-Green, Minimax Algebra. XI, 258 pages. 1979.

Vol. 167: M. Faber, Introduction to Modern Austrian Capital Theory. X, 196 pages. 1979.

Vol. 168: Convex Analysis and Mathematical Economics. Proceedings 1978. Edited by J. Kriens. V, 136 pages. 1979.

Vol. 169: A. Rapoport et al., Coalition Formation by Sophisticated Players. VII, 170 pages. 1979.

Vol. 170: A. E. Roth, Axiomatic Models of Bargaining. V, 121 pages. 1979.

Vol. 171: G. F. Newell, Approximate Behavior of Tandem Queues. XI, 410 pages. 1979.

Vol. 172: K. Neumann and U. Steinhardt, GERT Networks and the Time-Oriented Evaluation of Projects. 268 pages. 1979.

Vol. 173: S. Erlander, Optimal Spatial Interaction and the Gravity Model. VII, 107 pages. 1980.

Vol. 174: Extremal Methods and Systems Analysis. Edited by A. V. Fiacco and K. O. Kortanek. XI, 545 pages. 1980.

Vol. 175: S. K. Srinivasan and R. Subramanian, Probabilistic Analysis of Redundant Systems. VII, 356 pages. 1980.

Vol. 176: R. Färe, Laws of Diminishing Returns. VIII, 97 pages. 1980.

Vol. 177: Multiple Criteria Decision Making-Theory and Application. Proceedings, 1979. Edited by G. Fandel and T. Gal. XVI, 570 pages. 1980.

Vol. 178: M. N. Bhattacharyya, Comparison of Box-Jenkins and Bonn Monetary Model Prediction Performance. VII, 146 pages. 1980.

Vol. 179: Recent Results in Stochastic Programming. Proceedings, 1979. Edited by P. Kall and A. Prékopa. IX, 237 pages. 1980.

Vol. 180: J. F. Brotchie, J. W. Dickey and R. Sharpe, TOPAZ – General Planning Technique and its Applications at the Regional, Urban, and Facility Planning Levels. VII, 356 pages. 1980.

Vol. 181: H. D. Sherali and C. M. Shetty, Optimization with Disjunctive Constraints. VIII, 156 pages. 1980.

Vol. 182: J. Wolters, Stochastic Dynamic Properties of Linear Econometric Models. VIII, 154 pages. 1980.

Vol. 183: K. Schittkowski, Nonlinear Programming Codes. VIII, 242 pages. 1980.

Vol. 184: R. E. Burkard and U. Derigs, Assignment and Matching Problems: Solution Methods with FORTRAN-Programs. VIII, 148 pages. 1980.

Vol. 185: C. C. von Weizsäcker, Barriers to Entry. VI, 220 pages. 1980.

Vol. 186: Ch.-L. Hwang and K. Yoon, Multiple Attribute Decision Making – Methods and Applications. A State-of-the-Art-Survey. XI, 259 pages. 1981.

Vol. 187: W. Hock, K. Schittkowski, Test Examples for Nonlinear Programming Codes. V. 178 pages. 1981.

Vol. 188: D. Bös, Economic Theory of Public Enterprise. VII, 142 pages. 1981.

Vol. 189: A. P. Lüthi, Messung wirtschaftlicher Ungleichheit. IX, 287 pages. 1981.

Vol. 190: J. N. Morse, Organizations: Multiple Agents with Multiple Criteria. Proceedings, 1980. VI, 509 pages. 1981.

Vol. 191: H. R. Sneessens, Theory and Estimation of Macroeconomic Rationing Models. VII, 138 pages. 1981.

Vol. 192: H. J. Bierens: Robust Methods and Asymptotic Theory in Nonlinear Econometrics. IX, 198 pages. 1981.

Vol. 193: J. K. Sengupta, Optimal Decisions under Uncertainty. VII, 156 pages. 1981.

Vol. 194: R. W. Shephard, Cost and Production Functions. XI, 104 pages. 1981.

Vol. 195: H. W. Ursprung, Die elementare Katastrophentheorie. Eine Darstellung aus der Sicht der Ökonomie. VII, 332 pages. 1982.

Vol. 196: M. Nermuth, Information Structures in Economics. VIII, 236 pages. 1982.

Vol. 197: Integer Programming and Related Areas. A Classified Bibliography. 1978 – 1981. Edited by R. von Randow. XIV, 338 pages. 1982.

Vol. 198: P. Zweifel, Ein ökonomisches Modell des Arztverhaltens. XIX, 392 Seiten. 1982.

Vol. 199: Evaluating Mathematical Programming Techniques. Proceedings, 1981. Edited by J.M. Mulvey. XI, 379 pages. 1982.

Vol. 200: The Resource Sector in an Open Economy. Edited by H. Siebert. IX, 161 pages. 1984.

Vol. 201: P. M. C. de Boer, Price Effects in Input-Output-Relations: A Theoretical and Empirical Study for the Netherlands 1949–1967. X, 140 pages. 1982.

Vol. 202: U. Witt, J. Perske, SMS – A Program Package for Simulation and Gaming of Stochastic Market Processes and Learning Behavior. VII, 266 pages. 1982.

Vol. 203: Compilation of Input-Output Tables. Proceedings, 1981. Edited by J. V. Skolka. VII, 307 pages. 1982.

Vol. 204: K.C. Mosler, Entscheidungsregeln bei Risiko: Multivariate stochastische Dominanz. VII, 172 Seiten. 1982.

Vol. 205: R. Ramanathan, Introduction to the Theory of Economic Growth. IX, 347 pages. 1982.

Vol. 206: M.H. Karwan, V. Lotfi, J. Telgen, and S. Zionts, Redundancy in Mathematical Programming. VII, 286 pages. 1983.

Vol. 207: Y. Fujimori, Modern Analysis of Value Theory. X, 165 pages. 1982.

Vol. 208: Econometric Decision Models. Proceedings, 1981. Edited by J. Gruber. VI, 364 pages. 1983.

Vol. 209: Essays and Surveys on Multiple Criteria Decision Making. Proceedings, 1982. Edited by P. Hansen. VII, 441 pages. 1983.

Vol. 210: Technology, Organization and Economic Structure. Edited by R. Sato and M.J. Beckmann. VIII, 195 pages. 1983.

Vol. 211: P. van den Heuvel, The Stability of a Macroeconomic System with Quantity Constraints. VII, 169 pages. 1983.

Vol. 212: R. Sato and T. Nôno, Invariance Principles and the Structure of Technology. V, 94 pages. 1983.

Vol. 213: Aspiration Levels in Bargaining and Economic Decision Making. Proceedings, 1982. Edited by R. Tietz. VIII, 406 pages. 1983.

Vol. 214: M. Faber, H. Niemes und G. Stephan, Entropie, Umweltschutz und Rohstoffverbrauch. IX, 181 Seiten. 1983.

Vol. 215: Semi-Infinite Programming and Applications. Proceedings, 1981. Edited by A. V. Fiacco and K. O. Kortanek. XI, 322 pages. 1983.

Vol. 216: H. H. Müller, Fiscal Policies in a General Equilibrium Model with Persistent Unemployment. VI, 92 pages. 1983.

Vol. 217: Ch. Grootaert, The Relation Between Final Demand and Income Distribution. XIV, 105 pages. 1983.

Vol. 218: P. van Loon, A Dynamic Theory of the Firm: Production, Finance and Investment. VII, 191 pages. 1983.

Vol. 219: E. van Damme, Refinements of the Nash Equilibrium Concept. VI, 151 pages. 1983.

Vol. 220: M. Aoki, Notes on Economic Time Series Analysis: System Theoretic Perspectives. IX, 249 pages. 1983.

Vol. 221: S. Nakamura, An Inter-Industry Translog Model of Prices and Technical Change for the West German Economy. XIV, 290 pages. 1984.

Vol. 222: P. Meier, Energy Systems Analysis for Developing Countries. VI, 344 pages. 1984.

Vol. 223: W. Trockel, Market Demand. VIII, 205 pages. 1984.

Vol. 224: M. Kiy, Ein disaggregiertes Prognosesystem für die Bundesrepublik Deutschland. XVIII, 276 Seiten. 1984.

Ökonometrie und Unternehmensforschun
Econometrics and Operations Research

Vol. I Nichtlineare Programmierung. Von H. P. Künzi und W. Kı Mitwirkung von W. Oettli. Vergriffen

Vol. II Lineare Programmierung und Erweiterungen. Von G. B. D: Deutsche übertragen und bearbeitet von A. Jaeger. – Mi bildungen. XVI, 712 Seiten. 1966. Geb.

Vol. III Stochastic Processes. By M. Girault. – With 35 figures pages. 1966. Cloth

Vol. IV Methoden der Unternehmensforschung im Versicherungsw K. H. Wolff. – Mit 14 Diagrammen. VIII, 266 Seiten. 1

Vol. V The Theory of Max-Min and its Application to Weapons Problems. By John M. Danskin. – With 6 figures. X, 126 pa Cloth

Vol. VI Entscheidungskriterien bei Risiko. Von H. Schneeweiss. Abbildungen. XII, 215 Seiten. 1967. Geb.

Vol. VII Boolean Methods in Operations Research and Related Ar L. Hammer (Ivănescu) and S. Rudeanu. With a preface by R. With 25 figures. XVI, 329 pages. 1968. Cloth

Vol. VIII Strategy for R & D: Studies in the Microeconomics of Dev By Th. Marschak. Th K. Glennan Jr., and R. Summers. – With XIV, 330 pages. 1967. Cloth

Vol. IX Dynamic Programming of Economic Decisions. By M. J. Be With 9 figures XII, 143 pages. 1968. Cloth

Vol. X Input-Output-Analyse. Von J. Schumann. – Mit 12 Abbild 311 Seiten. 1968. Geb.

Vol. XI Produktionstheorie. Von W. Wittmann. – Mit 54 Abbildu 177 Seiten. 1968. Geb.

Vol. XII Sensitivitätsanalysen und parametrische Programmierung. V kelbach. – Mit 20 Abbildungen. XI, 190 Seiten. 1969. Geb.

Vol. XIII Graphentheoretische Methoden und ihre Anwendungen Knödel. – Mit 24 Abbildungen. VIII, 111 Seiten. 1969. Geb

Vol. XIV Praktische Studien zur Unternehmensforschung. Von E. N O. Müller, F. E. Schlaepfer und W. H. Landis. – Mit 82 Abb XII, 240 Seiten. 1970. Geb.

Vol. XV Optimale Reihenfolgen. Von H. Müller-Merbach. – Mit 45 Abb IX, 225 Seiten. 1970. Geb.

Vol. XVI Preispolitik der Mehrproduktenunternehmung in der statiscl rie. Von R. Selten. – Mit 20 Abbildungen. VIII, 195 Seiten. 1

Vol. XVII Information Theory for Systems Engineers. By L. P. Hyvärin 42 figures. VIII, 197 pages. 1970. Cloth

Vol. XVIII Unternehmensforschung im Bergbau. Von F. L. Wilke. – M bildungen. VIII, 150 Seiten. 1972. Geb.

Vol. XIX Anti-Äquilibrium. Von J. Kornai. – Mit 31 Abbildungen. XVI, 3 1975. Geb.

Vol. XX Mathematische Optimierung. Von E. Blum, W. Oettli. IX, 4 (davon 75 Seiten Bibliographie). 1975. Geb.

Vol. XXI Stochastic Linear Programming. By P. Kall. VI, 95 pages. 19

GPSR Compliance

The European Union's (EU) General Product Safety Regulation (GPSR) is a set of rules that requires consumer products to be safe and our obligations to ensure this.

If you have any concerns about our products, you can contact us on ProductSafety@springernature.com

In case Publisher is established outside the EU, the EU authorized representative is:

Springer Nature Customer Service Center GmbH
Europaplatz 3
69115 Heidelberg, Germany

Batch number: 10844827

Printed by Printforce, the Netherlands